降低供水漏损

［美］ 吴正易
［英］ 马尔科姆·法利　大卫·图德　卓然·卡帕兰
乔比·博克斯　史蒂芬·芒斯　著
［印度］萨尼亚·德萨哈萨拉　马图丽·穆雷
［加］ 耶胡达·克莱纳

张清周　黄　源　等译
吴正易　赵　明　校

中国建筑工业出版社

著作权合同登记图字 01-2017-6361

图书在版编目(CIP)数据

降低供水漏损/(美)吴正易等著. —北京：中国建筑工业出版社，2017.11

ISBN 978-7-112-21161-6

Ⅰ. ①降… Ⅱ. ①吴… Ⅲ. ①给水管道-水管防漏 Ⅳ. ①TU991.61

中国版本图书馆CIP数据核字(2017)第213483号

本书展现和依次探讨了现有漏损治理技术及原理问题，主要内容包括降低供水漏损引言、分析水漏损、主动漏损控制、漏损数据管理、漏损水力学分析、基于水力模型校正的漏损检测、基于瞬态分析的漏损检测、现场数据、在线监测和检测、压力管理、管道状态评估和更新规划等内容。

本书可供供水企业管理人员、给水排水专业院校师生参考。

责任编辑：于 莉 田启铭
责任设计：王国羽
责任校对：焦 乐 张 颖

降低供水漏损

［美］ 吴正易
［英］ 马尔科姆·法利 大卫·图德 卓然·卡帕兰
乔比·博克斯 史蒂芬·芒斯 著
［印度］萨尼亚·德萨哈萨拉 马图丽·穆雷
［加］ 耶胡达·克莱纳
张清周 黄 源 等译
吴正易 赵 明 校

*

中国建筑工业出版社出版、发行(北京海淀三里河路9号)
各地新华书店、建筑书店经销
北京红光制版公司制版
北京圣夫亚美印刷有限公司印刷

*

开本：787×1092毫米 1/16 印张：16 字数：399千字
2017年11月第一版 2017年11月第一次印刷
定价：**66.00**元

ISBN 978-7-112-21161-6
(30787)

谨以此书献给那些支持供水管网管理

并为降低供水漏损劳力工作和学习的人们！

“《降低供水漏损》是一本关于供水管网系统减少漏损技术和计算机建模应用的最新技术指南。”

Paul West，P. E.，美国西图公司高级供水工程师

“本书很好地拓展了管网漏损控制的知识，增加了如何利用水力模型深入探讨先进的信息技术和优化模型、管网漏损控制成功实践等相关内容。”

Reinhard Sturm，美国加利福尼亚州旧金山水系统优化运营副总裁

“该书带来了解决全球性漏损问题所需的尖端技术和方法。并提供了实用和创新的工具，能够有效且高效地管理配水系统。”

Neil Croxton，英国联合公用事业公司首席建模工程师

“该书提供了一套已在实践中得以验证的创新性工具，以解决管网漏损问题和提高供水公司的运营效率，也让我们看到了消除管网漏损的新希望，并给予启发和灵感，对于所有供水公司的CEO、经理、研究人员、顾问和学术界人士，更是一本必读书刊，以便于他们能努力改善全世界的供水服务。”

William Tsimwa Muhairwe，乌干达国家水务和排水公司总经理，博士

“由该领域首席专家们撰写的《降低供水漏损》，从工程的角度提供了一个关于供水漏损建模和管理的独特论述。它巧妙地填补了供水漏损和管网建模领域之间的空白。所有的重要课题，包括供水漏损、数据管理、水力模型、漏损检测、压力和资产管理都以综合实用的方式涵盖其中。我喜欢这本书，并建议将它作为供水工程师和管理者的必读书刊。”

Kobus van Zyl，南非开普敦大学教授

“《降低供水漏损》提出了一整套先进的方法，旨在有效地减少配水系统中的漏损，不仅有扎实的理论基础，而且有可行的检漏方法。基于模型的漏损检测原理确保了降低供水漏损决策的有效性和成本效益的最大化。”

Eng. Nivaldo Rodrigues da Costa Jr.，巴西圣保罗Sabesp集团东区工程运行部经理

“《降低供水漏损》的作者们做了一项杰出的工作。以我本人从事漏损检测、编写漏损管理程序和已经完成的若干供水系统总体规划的经历，不难看出这本书结构布局合理，内容全面翔实。该书阐述了供水漏损检测的普遍性问题，为经验丰富的工程师和供水公司的管理者提供了更加详细和先进的用于识别、量化和控制漏损的方法。本书包含了解决供水公司每天面临的与漏损相关的实际问题所需要的实用方法和信息。许多概念、方法和技术与我们先前向客户推荐的方法类似，例如建立区域计量范围用于识别和消除漏损。我相信这本书对于供水系统运行和维护的工程师和供水公司的经理来说是一个非常好的参考标准。”

Greg Kolenovsky，P. E.，项目管理专家，项目集管理专家
美国路易斯安那州新奥尔良市Trigon联营公司副总裁

“本书内容合理，既有实用知识，又有高端的漏损管理技术。强大的专家团队确保了不仅简单，而且先进有效的方法，便于世界各地的供水专业人员实施，以减少其供水系统的漏损。”

Dragan Savić，英国埃克塞特大学教授

“本书是解决供水漏损管理相关问题的一本杰作，它影响了全球所有的供水公司。书中突出了该领域知名专家基于多年的研究、行业经验和用来控制漏损的工具和方法。本书是全世界水务行业的所有从业人员、研究人员、顾问和专业人员的‘必读’书目，以提高供水系统的效率。”

Eng. Mutikanga Harrison，乌干达国家水务和污水处理公司坎帕拉水漏损控制经理

“《降低供水漏损》对近几年先进理论和已被实践证明的管理和维护城市饮用水供应的方法作了全面的概述。为了应对全球供水安全、可持续性所面临的挑战，本书在压力管理、供水系统更新以及从间歇供水转换为连续供水等方面的指导显得十分重要。”

Steven G. Buchberger，美国辛辛那提大学教授

“《降低供水漏损》是一本内容充实、资料详尽的优秀书目。它将帮助水务公司理解供水产销差，并研究一个可持续的、实用且可行的方案，以减少漏损引起的损失。”

Stuart Hamilton，英国 JD7 公司总经理

“Bentley 公司聚集了一批杰出的专家，提出了很多关于减少供水漏损最前沿的见解。这本书不但提供了实践性的指导，而且很好地补充了原创研究的不足。是每个供水管理系统‘不可或缺’的参考书目。”

Thomas Walski，P. E.，DEE，美国 Bentley 公司高级产品经理，博士资深水资源工程师

“本书为供水工程师提供了具有经济效益并在实践中得以验证的方法，以降低供水的漏损。优化方法与地理空间系统和管网建模技术相结合，以支持目前所实行的减少漏损的方法。为了更有效地减少漏损，应尽快应用于实践操作中，使供水行业能够在 21 世纪实现可持续发展和节能降耗的目标。”

Paul Sage，英国 WITSConsult 有限公司常务董事

“《降低供水漏损》是一本非常好的书，其中详细阐述了关于降低物理漏损或漏损的理论和实践操作。本书为我提供了关于供水漏损管理方面全面科学的背景和知识。”

Inchio Lou，中国澳门大学助理教授，博士

“水资源显然已成为‘新能源’，社会将不再忍受水泵输送饮用水时造成的巨大损失和水资源的浪费，以至于最后导致经济瘫痪。这本必备书目提供了一个完整的综合方法和管理策略，以减轻全球无收益水的问题。”

Jack S. Cook，Jr. 美国 Bentley 公司供水和污水解决方案副总裁

“《降低供水漏损》可以说是水行业的一大创举！领先的专家团队在书中用一种巧妙的方式涵盖了配水系统漏损管理的最新实践、相关知识和计算机建模理论。这对于供水工程师发起实施有效和可持续发展的漏损管理计划来说是很有必要的。”

Juneseok Lee，美国圣何塞州立大学助理教授，博士

“不管是对于土木工程专业的学生，还是对于想要进入供水漏损管理领域的行业新人，以及想要拓展和丰富自身关于当前水系统工程的专业人士来说，《降低供水漏损》都是一个极好的学习资源。我相信它将在如何写一本内容丰富、妙趣横生的书方面成为一个新的‘标准’。”

Raido Puust，爱沙尼亚塔林理工大学高级研究员，博士

“《降低供水漏损》是该领域专家对水行业的巨大贡献。本书内容全面，为发展中国家和发达国家在水务事业上所面临的漏损技术问题，提出了深入的见解。并且本书对大学生和研究生来说是一本非常实用的参考书，对供水漏损建模师来说也很有帮助。”

Juned Laiq Syed，阿拉伯联合酋长国 Al Ain 经销公司
供水管网建模与研究工程师

“本书阐述了关于减少供水漏损最前沿的知识。所阐述的内容对从业者、学者和学生来说都非常有价值。”

Vladan Babovic，新加坡国立大学教授
新加坡 Singapore-Delft Water Alliance 主任

“我很高兴推荐这本书。该书用不偏不倚的科学态度，阐述了稳态和瞬态漏损控制方面常用的综合性方法。GENIVAR 使用了许多检漏技术，我们将从这些技术和方法中受益。本书提供了水行业高效的检漏方法，有些方法已经嵌入 Bentley WaterGEMS 和 HAMMER 软件中，已经由我们的工程咨询实践证明。经过 15 年的努力，作为 Bentley 的培训代理商，我非常高兴地看到他们不断显著地提高着建模技术，他们的前景一片光明!”

Jean-Luc Daviau，M. A. Sc.，加拿大 GENIVAR 公司
水利专家，应用科学硕士，专业工程师

“《降低供水漏损》为全世界水行业提供了很好的参考资料，也提供了先进的理论和创新的工具，这对于从事供水系统规划、运行与管理的研究生、研究人员和专业人员来说是很有帮助的。”

Bo Jin，澳大利亚阿德莱德大学教授

“本书在讲述关注饮用水资源可持续利用的同时，也阐述了降低漏损的综合治理观念。这是一本配水管网工程师必读的书目，它不仅描述了最先进的方法，而且还概述了在该领域未来的研究趋势，向深入探索专业前沿又迈出了一大步。”

Przemyslaw Kolakowski，波兰 Lomianki 研究与开发有限公司首席执行官

“对于那些希望对饮用水配水系统进行物理漏损管理的人来说,《降低供水漏损》是一本很好的参考书。本书涵盖了发展中国家和发达国家水务系统中减少漏损所遇到的所有技术问题。各级政府对供水漏损问题都十分关注。检漏技术和在线监测技术的不断发展将为水务公司节省大量的人力和财力资源。最后,感谢这本优秀书籍背后伟大的作者们!”

Victor H. Alcocer Yamanaka,墨西哥水利技术学院城市水力学系主任
墨西哥国立大学教授

“供水系统漏损作为供水管网的通病之一,影响着我们每个人。本书将帮助全世界业内人士了解、检测、监控、控制和使用最先进的技术来减少供水漏损。我相信本书定会在业内引起一场新的革命!”

Werner de Schaetzen,加拿大不列颠哥伦比亚省穆迪港
GeoAdvice 工程公司总裁和首席执行官,博士,专业工程师

“*Bentley* 公司及其团队在不断改进着建模技术,通过将水力模型与检漏方法相结合,建模工具能使工程师更好地了解配水系统的性质,并改善漏损管理。《降低供水漏损》是管网专家的必备指南。”

Yaron Geller,以色列特拉维夫水资源规划和管理顾问,硕士

“《降低供水漏损》作为水资源工程专业人士管理漏损和降低漏损的必读书目,它提供了一个切实可行的方法,能够利用水力模型有效地降低漏损。”

Pranam Joshi,美国亚利桑那州凤凰城 NJBSoft LLC 公司总裁

“从基础知识到前端科研,该书前所未有地涵盖了降低供水漏损所有方面的内容,既简明扼要又切实可行。本书适用于工程师学习参考和供水公司对供水系统的可持续经营和管理。”

Olivier Piller,法国波尔多地区中心 Cemagref 高级研究科学家博士

“《降低供水漏损》以非常有趣的方法论和现阶段所有最先进的工业技术来探讨配水管理的问题。本书还为其他类似具有社会和技术挑战的工业领域提供了很有价值的框架结构和逻辑类比。”

陈捷伟,博士,瑞士罗森集团技术经理

“地球上淡水资源的稀缺正日益加剧。因此,本书的出版能及时有效地减少配水系统中的供水漏损。它不仅对管网漏损给出了充分的科学依据,而且还展示了在实践中使用的最先进的建模技术。对于公共事业单位和咨询顾问公司的工程师来说,是一本必备书目。”

Gaurav Agarwal ,美国里弗赛德航空公司
IDModeling 工程服务与应用经理,项目工程师

“当许多监管机构已经开始制定供水漏损审计程序指南时,《降低供水漏损》应运而生。该技术体系将作为学习基本概念、评估技术和实施战略的关键支撑。工程师、管理者

以及供水建模公司的经理将会发现它非常实用。”

Rasheed Ahmad，美国亚特兰大市高级水务经理，项目工程师，博士

“本书全面描述了供水漏损问题的重要性，包括经济损失和不必要的资源浪费。本书涵盖了漏损监测、控制、评估和管理的最先进技术，为学术界和业内专业人士提供了很有价值的参考和指导。由于水资源分布不均匀、缺乏配水基础设施和漏损控制，目前全球很大一部分地区仍面临着严重的缺水问题。即使在淡水资源供应充足的地区，由于气候变化引起的长期干旱频率增加，也让我们意识到了水漏损管理变得越来越重要。因此，我为水行业所有领域的专业人士推荐这本书。”

Walter，中国台湾台中东海大学教授，博士

“我对《降低供水漏损》这本书印象深刻。您组建的这支出色的作者团队从宏观的概念和观点来解决漏损问题。本书涵盖了完整的理论体系、成熟的方法、新兴技术和应用，以及美国和国际观点的一切相关内容。本书将会引起包括供水公司管理者、工程师、操作人员、现场人员、建模师和学者们等广大业内人士的极大兴趣。我十分感谢您对配水系统管理领域所做出的杰出贡献，并希望您能为解决供水管网管理领域的其他问题撰写更多高质量的书籍。”

Walter Grayman，美国咨询工程师，博士

目　录

致　谢

这本书是诸多作者共同努力的结果。首先，我们要向 Bentley 公司的支持表示最深切的感谢。Bentley 公司高级副总裁 Buddy Cleveland 为本书提供了思路和指导，Bentley 研究院的出版社经理 Jeff Kelly 在整个过程中竭尽全力地支持我们的工作。

我们特别感谢我们的项目经理，PreMedia Global 的 Greg Johnson，他负责监督文本的编辑、设计和排版。整本书中的插图和表格都是在 PreMediaGlobal 的 Amy Musto 和 Steve McDonald 的指导下修改和完成的。我们感谢他们巨大的贡献。

我们衷心感谢我们的同行评审们，包括 Tom Walski、Dragan Savic、Paul Sage、Neil Croxton、Stuart Hamilton、Kobus Van Zyl、David Hughes 以及 Kristen Dietrich 的修改意见。他们为本书的修编改进提供了深刻的见解和宝贵的实践经验。本书在出版前也经过了大量的行业专家、研究人员和学者审阅。我们非常感谢他们对本书终稿提出的宝贵意见和巨大贡献。

在本书的中文版翻译、审核、校对和排版过程中，得到了赵洪宾教授和他的研究团队以及中国建筑工业出版社同事们的大力支持。在此衷心地感谢他们为该书的中文版做出的巨大贡献。

最后，特别感谢我们的家人给予我们的爱和支持。正是他们的爱、支持和鼓励才使我们不仅完成了本书，而且还促使我们在职业生涯中充分发挥和展现我们的潜力。我们真诚地感谢他们。

吴正易

（美国 Bentley 股份有限公司研究员，博士）

关于作者

《降低供水漏损》是十多位作者和审阅人共同努力的结果。撰写本书的作者有：

Zheng Yi Wu（吴正易）（第 1、5 和 6 章）
Bentleysystems，Incorporated，USA

Malcolm Farley（第 2 和 3 章）
Malcolm FarleyAssociates，UK

David Turtle（第 4 章）
United Utilities，UK
Zoran Kapelan（第 7 章）
University of Exeter，UK

Joby Boxall 和 Stephen Mounce（第 8 和 9 章）
University of Sheffield，UK

Sanjay Dahasahasra 和 Madhuri Mulay（第 10 章）
MJP，India

Yehuda Kleiner（第 11 章）
National Research Council of Canada（NRC），Canada
Institute for Research in Construction（IRC），Canada

吴正易，博士

吴正易现任 Bentley 公司资深研究员和应用研究总监，哈尔滨工业大学市政工程学院客座教授，贵州大学客座教授及美国 ASCE 水资源与环境研究院（EWRI）研究员。1983 年及 1986 年毕业于贵州工学院（现在的贵州大学）土木工程系水利水电工程建筑专业，分别获工学学士和硕士学位。1994 年获荷兰德尔夫特国际水力环境工程学院水资源信息学硕士学位。1998 年获澳大利亚阿得莱德大学土木环境工程博士学位。他在国际工程咨询和软件研发领域拥有 20 多年的工作经验。发表了 150 余篇论文，编著和参加编著了 3 部技术参考书，担任 20 多个国际学术期刊的评委并多次被评为杰出评阅人，申请并获得了十多项美国科技发明专利，完成的项目和论文曾多次在国际上获奖。他

与美国、英国、荷兰、澳大利亚、新加坡、中国的知名大学和研究机构建立了合作关系。他的研究范围包括：计算机智能算法及技术应用，并行计算及异构计算；城市给水排水管网水力水质模型，传感器布置，模型校正，漏损检测，系统优化设计及调度；结构设计和建筑能耗的多目标优化模型；桥梁等大型基础设施系统的健康监测和安全评价，有限元模型校正及其在维护和运营管理中的应用；视频及图像特征识别分类，视频遥感监测；3D大数据（包括点云），3D实景模型及智慧城市应用。

Malcolm Farley，CEng，CEnv，C. WEM，FCIWEM

Malcolm是一位注册工程师、环境和环境管理专家。他是国际水协（IWA）的长期成员和IWA水漏损专家组的秘书，也是水和环境管理学会（FCIWEM）的特别研究员。

Malcolm在全球供水管网领域拥有40年的工作经验。他在英国水研究中心工作了25年，他的主要职责是无收益水（NRW）管理和漏损项目控制。他率先开展了区域计量（DMA）的研究和开发。1994年，他成立了自己的Malcolm Farley咨询公司。此后，他在许多NRW项目上担任水利设施以及其他机构的顾问，包括亚洲开发银行、世界银行和欧盟等。他专门从事水务审计、制定和实施NRW管理计划，并为世界各地的供水电公司提供培训工作室。他是IWA书籍《配水管网漏损——评估监测和控制专业指南》的共同作者，以及《NRW管理手册》的共同作者，这是一本指导亚洲供水管理者的最佳实践手册。他在2009年更新了该手册并应用于非洲供水企业。

David Turtle，BA（Oxon），CEng，MICE

David是United Utilities的供水计划部经理，该公司位于英国西北部。David先是在牛津大学学习工程科学，之后于1978年作为土木工程师加入Wrexham和East Denbighshire水务公司。

他在水行业拥有30年的丰富经验，包括工程设计及管道、水库和水处理厂的建设、日常运营、规划和监管。最近，他一直专注于自来水资产管理，包括管网漏损和需求战略管理。

Zoran Kapelan，博士

Zoran Kapelan是埃克塞特大学（英国）水系统工程学的教授，在各种水工程学科领域拥有超过20年的研究和咨询经验。在加入埃克塞特大学之前，他在水行业担任了十多年的全职顾问，负责各种复杂的水工程系统设计。他的研究兴趣和经验领域涉及与城市水基础设施系统相关的各种课题，包括漏损评估、检测和管理。Kapelan教授拥有充足的科研经费，并被邀请到世界各地讲学。他是新兴环境与水资源研究所、创新技术委员会、国

际水协漏损工作组和欧洲委员会 COST Action IntelliCIS（关键基础设施系统的智能监测、控制和安全）的成员。他目前是“水资源规划与管理杂志”（ASCE）的副主编。Kapelan 教授（共同）发表了 150 多篇论文，并拥有两项专利，这两项专利涉及配水系统中的实时漏损检测和诊断。

Joby Boxall，博士，CEng，CEnv，MCIWEM

Joby Boxall 教授在英国谢菲尔德大学土木与结构工程系担任水基础设施工程主席，并且是 Pennine Water Group 饮用水研究课题的负责人。他是水和环境管理学会的注册工程师和环境专家。他的研究集中在城市供水系统，特别是饮用水系统方面。他在实验设施的利用和开发方面拥有丰富的经验和专业知识，曾在英国各水务公司进行大量的实地研究。他的研究贯穿水利领域，包括饮用水系统、城市排水系统和自然明渠流。他擅长的领域是建模工具和建模方法的发展，以预测和了解水质、基础设施、污染物转输和混合机制、污染物积累和移动过程的相互作用。他的研究经费来自英国工程和自然科学研究委员会、欧盟和工业领域以及英国工程和自然科学研究委员会挑战工程项目授予的“管道梦想”基金。Boxall 教授是许多科学和技术委员会的成员，同时也是水系统传感器委员会（SWIG）的主任。他曾广泛撰写水工程领域相关文章。

Stephen Robert Mounce，博士

Stephen Mounce 毕业于英国谢菲尔德大学土木与结构工程系，是 Pennine Water Group 的研究员。他具有数学专业的学士学位和计算机科学专业的硕士学位。他于 2005 年获得英国 Bradford 大学机械工程与计算机科学专业博士学位。

他是人工智能技术的专家，将计算机科学技术应用于水工程研究领域，包括漏损监测、可持续发展评估和知识管理。他在英国工程和自然科学研究委员会、欧盟和工业领域赞助的研究项目上有近 15 年的经验。他成功地将软件系统应用于英国水务公司的在线漏损监测试验。他在同行评审的期刊和会议上发表了多篇科技论文，并且他是多个国际期刊的审稿人，包括 IWA 和 ASCE 的期刊。

Sanjay Dahasahasra，博士

S. V. Dahasahasra 博士是孟买 Maharashtra Jeevan Pradhikaran 协会秘书。他是环境工程专业的研究生。1986 年，他被授予水处理领域博士学位。他已经在印度和国际期刊上发表了 49 篇研究论文。他是印度水工业协会的前任主席。他撰写了关于预应力混凝土管的专著。目前他是印度水工业协会杂志的编辑。他是工程师协会、印度水工程协会、

印度操作研究协会、印度环境管理协会、印度技术教育协会、印度地震学会和印度混凝土协会的终身研究员。他是 Maharashtra 污染控制委员会（MPCB）的官方成员。

由于他于 2005 年 7 月 26 日为孟买及其大都市灾难地区水厂联合供水的杰出工作，获得了 BE 卓越奖（2006 年，美国北卡罗来纳州夏洛特市）。Dahasahasra 博士于 2008 年在水质领域荣获 Jal-Nirmalata 奖。为了表彰他对开发 24/7 供水水力模型做出的杰出工作，他再次获得了 BE 卓越奖（2008 年，美国马里兰州巴尔的摩）。他在 2008 年还获得了国家城市水奖。2008 年 10 月 21 日，Hon 州长和首席部长表彰了他在改革城市供水管网方面做出的杰出贡献。他于 2009 年 12 月 12 日获得了国家预应力混凝土奖。这一奖项由工程师协会的国家设计和研究论坛部门为杰出项目颁发。

Madhuri Mulay，博士

Madhuri Mulay 目前是 IT Cell 的负责人，她于 1993 年获得工程学士学位。2004 年她在孟买 VJTI 获得了环境工程硕士学位。她现在在做博士课题，课题是关于城市地铁供水系统的灾害管理。她是印度水工程协会的终身成员。

她在国内和国际期刊上发表了 14 篇研究论文。她是 Brijnanadan 奖的获得者，这是给予杰出年轻工程师的奖项。她获得了印度水工程协会的 Vyankatesh 奖，表彰她在供水系统灾害管理方面的贡献。2009 年，她在美国北卡罗来纳州夏洛特市获得了著名的 BE 卓越奖，表彰她在孟买大都市区供水危机中所做的管理工作。

Yehuda Kleiner，博士，REng

Yehuda Kleiner 是加拿大国家研究院（NRC）及加拿大安大略省渥太华建筑研究所（IRC）埋地公用事业研究组的高级研究员。1996 年他在多伦多大学获得土木和环境工程学博士学位，1991 年在以色列理工学院获得工业管理硕士学位，1983 年在以色列理工学院获得农业工程学士学位。

自 1996 年以来，Kleiner 博士一直参与 NRC 开发优化方法的研究，用于给水和污水管道系统修复和更新的分析与决策。他撰写和参与了许多与这些主题相关的论文和报告，其中一些成果已经为公共/商业计算机所应用。在此之前，他为咨询公司和设备制造商工作，在城市、农村和农业供水、污水、排水和灌溉系统的设计、规划和分析方面积累了大量的国际经验。

译　序

我国在淡水资源领域所面临的问题是：一方面淡水资源贫乏、水环境污染严重，治理十分困难；另一方面城市供水系统存在严重漏损，长期未得到有效治理。这就使得原本就很严重的淡水资源紧缺状况变得雪上加霜。

为保证人民生活和生产活动的正常进行，我国现在所能采取的措施还主要是耗资巨大的调水和储水工程。那些千里迢迢调移过来的淡水资源，来之不易、弥足珍贵，但这些水资源在进入城市供水系统之后竟大量漏损，令人十分痛惜！在城市化进程向大规模尺度和高密度发展的情况下，如何有效地降低供水漏损率、提高用水效率，已然成为我国节约水资源、节省能源、保障社会经济可持续发展的重要问题。如何进行有效的漏损治理，着实是个非常大的科技难题和系统工程。

大量水的漏损，实际上意味着对“供水体系”全过程、全系统管理的不善。

以往我们多是局限于各种“系统”和系统工程思维，而未能在“体系”层面上研究和解决问题。供水系统漏损是全球性的课题，看似平常却长期未得到很好地解决，其本身就在呼唤着一个全新的工程技术思想和理念的出现。

在高效开发和充分利用淡水资源的创新发展征程上，科技进步的空间十分广阔，很多科学问题至今可能还没有被真正地揭示或表达出来。科技研究与创新归根结底是要面向民生、面向节约和安全。可以预见，一个有关漏损管理的高水平科学研究、高效能技术开发和智能型供水工程体系建设的高潮将会到来！

《降低供水漏损》是由世界著名的给水系统专家吴正易博士（Dr. Zheng Yi Wu）集全球在该领域最优秀的学者、有丰富实践经验的工程师和管理者组成的研究与写作团队所著。为了提高专著的质量，作者还专门邀请了8位水系统方面资深的高级专家进行了严格的科学评审和建议。本书把水力模型技术拓展到识别漏损区域，给出了供水管网漏损建模及在实践中的应用。此外，还很好地阐明了漏损建模技术和方法。实际上，利用水力模型有效地降低漏损，将是今后解决供水漏损问题不容忽视的方向。

在我看来，这本书很好地展现和依次探讨了现有漏损治理技术及原理问题，可谓迄今为止在城市供水漏损治理领域水平高、内容全面、技术方法先进的学术专著。该书具有很强的理论性、创新性和实践性，具有很高的研究参考意义和实际推广价值。我们所注重和关心的是，通过中外的学术交流，更加有效地开拓新的供水理念和技术保障体系。以上就是我们组织哈尔滨工业大学的教师、博士生，以及在天津三博水科技公司进行实践的研究生们（参加第一稿翻译的张春生、吴芬芬、冯阳等）共同翻译这部优秀专著的初衷。我们就是要通过自己所做的一些工作，把我国解决漏损问题的事业提升到一个全新的层面和境界。

众所周知，翻译工作是件“苦差事”，但我们却乐在其中，因为这也是一个很好的共同学习、思考和提高的机会。翻译本身也是“再创作的过程”，本专著内容丰富，苦于时间短和一些主客观条件所限，尚未做到对译稿进行精致、全面的润饰，虽经努力，译文仍难免艰涩。敬请读者谅解！

哈尔滨工业大学　赵洪宾
二〇一七年五月

原 序

对全世界而言，管网漏损是供水企业不断面临的一个挑战。目前，水资源短缺逐渐成为一个日趋严重的问题，气候变化正威胁着水资源的可持续发展。随着居民用水量日益增加，管网中的漏损也在不断增加。对于用户尤其是意识到漏损是一种浪费行为和环境变化影响水资源供应的用户来说，管网漏损是一个十分敏感的话题。

当然，饮用水供应商也必须考虑到他们所面临的经济压力，无论供水公司是私企还是国企，经济效益总是企业运行的首要目标。通常供水企业通过计算“经济漏损水平”来平衡这些因素。这实质上指的是漏损水平，考虑到供需平衡，甚至与漏损相关的社会和环境成本，超过该漏损水平，检测和修复漏损将不再经济。然而，随着供水企业接近漏损的“经济”水平之后，他们又面临着进一步的挑战。例如，通过漏损“浪费”掉的水量在消费者眼中变得越来越不可接受；然而，消费者一般不支付因为进一步减少漏损而增加的费用。漏损管理也是水资源长期管理规划的一个重要组成部分。随着世界范围内对生物栖息地和生态系统的保护越来越重要，有时需要减少可用水资源，使得降低管网漏损变得越来越重要。

近年来，在漏损管理方面已经取得了很大的进步。例如，自从供水私有化以来，通过对供水管网实行压力管理和对供水干管进行漏损修复，英格兰和威尔士的漏损量已经从每天 5.155×10^9 L 的峰值减少到每天 3.290×10^9 L。然而，检测供水管网中漏损正变得越来越困难，因此，我们必须将注意力转移到漏损建模和检测技术上。本书由来自世界各地的杰出工程师和研究人员团队撰写，描述了该领域取得的重要进展，我相信，这些技术将帮助供水企业实现可持续发展和高效运营，以此满足消费者的用水需求。

Ian Costigan

英国联合供水公司水资产管理总监

水是新一代的稀缺资源

在这个星球上，为了维持生命，有什么比水更重要的吗？人类的生存、我们的生活以及几乎所有的经济生产方式都直接依赖于水。尽管我们居住在有水的星球，但在世界各地淡水并不是一种丰富的资源。地球上的水只有不到3%是淡水，而且超过80%的淡水被固定在冰川和冰盖中，这些淡水不能被我们使用，因此，地球上只有0.5%的水可以为人类所用，然而，这些水几乎都是地下水。无论是因为干旱还是水资源分配不均造成的缺水都会导致疾病、饥荒甚至爆发武装冲突。不幸的是，根据联合国人口预测，到2025年，在48个国家中，有超过28亿的人将面临用水压力和水资源短缺的状况。

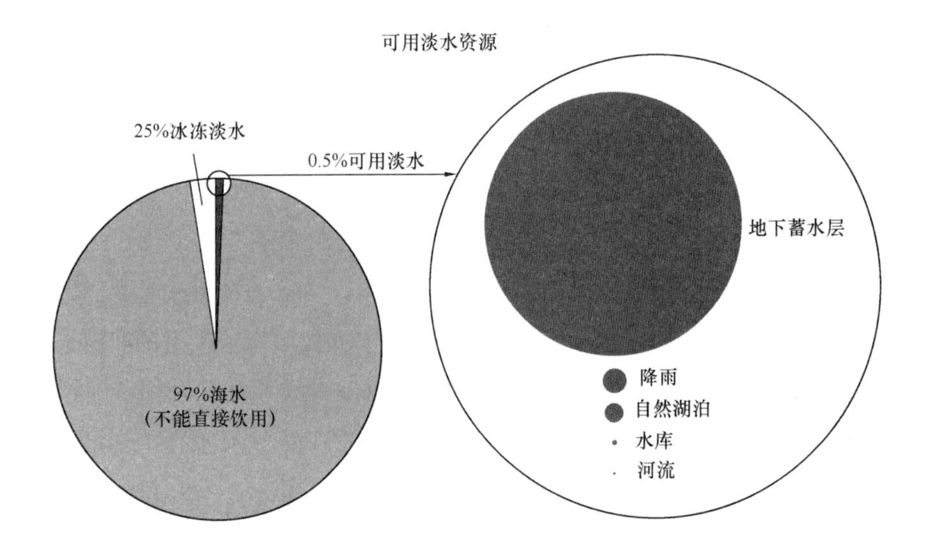

根据联合国和世界卫生组织统计，世界上大约有11亿人没有用到干净的饮用水。几乎占到世界人口的一半，即26亿多人，没有足够的卫生设施。即使存在淡水供应的地方，由于人类排泄物、未经处理的工业废水以及农业径流的污染，淡水供应常常是不安全的。不幸的是，根据联合国统计，“污水估计会影响超过12亿人的健康，平均每年造成1500万儿童的死亡”。[1]显然，节约水资源和减少水污染对于可持续、蓬勃发展和公平的人类社会至关重要。

1 United Nations Environment Programme, “Inequity in Access to Clean Water and Sanitation.” *Vital Water Graphics: An Overview of the World's Fresh and Marine Waters*, 2 nd Ed. (2008). http://www.unep.org/dewa/vitalwater/article63.html.

满足全球对清洁水需求的关键因素是原水处理、供水管网系统能提供干净的饮用水和污水管网系统能够处理污水和雨水径流。对于在发展中国家工作的许多非政府组织（例如与满足基本供水和卫生需求有关的工作）来说，这并不奇怪。淡水资源和废水的有效管理是维持全球人类可持续发展和环境可持续发展不可分割的两个元素。

鉴于清洁水对人类社会的重要性及其作为自然资源的珍贵性，我们真的没有理由去浪费它。然而，从配水管网系统中损失的清洁水量是惊人的。据世界银行统计，每年有超过320亿 m^3 的清洁水从配水管网中漏损掉。另外，由于偷水、计量不准确或者供水企业员工受贿，每年有160亿 m^3 的水下落不明。在发展中国家，配水系统的漏损量接近总供水量的60%。在全球范围内，每年水的处理成本约为146亿美元。在发达国家，配水系统的漏损量大约占总供水量的15%；在发展中国家，平均为35%，最高可达60%。通过简单的数学计算可知，世界范围内每年的平均漏损量约为26%。在现实生活中这些数字意味着什么？如果我们可以减少一半的漏损量，在没有进一步建立新的供水系统或没有进一步挖掘越来越稀少的水源的情况下，可以额外满足9000万人的用水需求。水漏损的负面影响不仅仅是漏损的水没有被利用。考虑到建设水处理设施的环境和成本影响以及处理水所需的能源，此外，考虑到当小漏损未被检测到并且变成灾难性事故时的影响，例如2008年5月纽约市的供水主干管破裂事故，事实上，漏损的水是简单地通过水泵输送到地面。供水漏损听起来可能像一个简单的维护问题，但事实并非如此，这是一个与我们最重要的自然资源相关的全球性问题。

大多数供水公司采用管理策略来解决漏损问题，如降低供水系统压力以将漏损降到最低，同时仍然维持良好的供水服务。然而，这些策略效果有限，不能从根本上解决问题。很明显，堵住漏损点是解决供水漏损问题的最直接方法。然而，这并不像听起来那么容易。配水管网主要位于地下，定位漏损点是极其困难的。在不挖掘管道的情况下，通过肉眼检查是不可能的。也有许多非开挖漏损检测技术，例如各种声学方法和管网中各个管道的逐步检测方法。然而，这些方法不能100%精确地定位漏损点，仍然需要对供水系统进行仔细的检查。因此，这些方法是昂贵和费时的。

根据美国土木工程师协会相关数据统计，在未来20年，仅在美国每年需要额外投资110亿美元用来替换接近使用年限的管道以满足当前和未来的联邦水资源管理条例。是否每个人都期望获得这些投资？或者，我们是否有足够多的合格专业人员来做这项工作？如果你认为这些问题的答案是“否定的”，尤其在当前经济不确定的情况下，我们要做些什么？显然，在有限的预算和有限的资源情况下，为了满足基础设施覆盖率和质量的要求，我们需要不断创新。

在Bentley公司，我们通过开发更好的分析工具来确定漏损位置、优化供水系统监测点的布置、评估有效的压力管理策略以及制定长期的资产管理解决方案，从而解决水系统在多个领域面临的这些问题。Bentley 软件中有一个新颖的分析工具——达尔文校正器（Darwin Calibrator），它能够根据监测点压力/流量的观测值使用遗传算法校正管网水力模型，从而确定潜在的漏损点。该方法由 Bentley 公司和英国联合供水公司一起研发，并在国际水协（IWA）2008 年欧洲区域竞争项目创新奖项中获得应用研究荣誉奖。该功能能够帮助工程师快速定位和修复漏损，比传统方法更有效。诸如达尔文校正器等创新工具通过减少漏损定位的成本来增加供水系统维护的投资回报率。

修复漏损的管道听起来不像是最酷的事情。但解决这个问题不仅需要金钱，而且需要基础设施专业人士具有创造力和创新精神。修复漏损的管道对可持续发展的影响是显著的。在下一代供水系统中，解决供水漏损问题对全球可持续性的影响可能大于下一代绿色建筑或下一代风力涡轮机对全球可持续性的影响，这听起来是非常令人激动的。

A. B. Cleveland，Jr.
美国 Bentley 公司高级副总裁

第 1 章　降低供水漏损引言

1.1　引言

河水或地下水经过净水厂处理之后通过供水管网输送到社区。供水公司根据用户的用水量收取供水服务费用。然而，净水厂生产的水并没有全部到达用户。其中很大一部分的水并没有给自来水公司带来收益，这部分水量称为无收益水量（NRW），即净水厂生产的水量与客户收费的水量之间的差额。无收益水量由以下几个部分组成：

（1）由配水管网系统中的漏损和蓄水设备（例如高位水池）的溢流组成的物理漏损。

（2）由仪器计量不准确、数据处理错误和水盗窃组成的商业漏损。

（3）由公共设施用水（例如消防水量、测试水量和冲洗水量）组成的未收费的合法用水量。

水漏损是由物理漏损（实际漏损）和商业漏损（也称为账面漏损）组成的。无收益水量中很大一部分是由供水干管的漏损和非法用水量组成的。

1.2　供水漏损：这个问题有多严重?

为了评估管网中到底漏损了多少水量，在过去的几年中，研究人员对供水管网中的漏损进行了多方面的研究。研究结果可能不是绝对准确，但是在很大程度上反映了漏损在供水行业的规模。表 1-1 列出了无收益水量在世界不同地区的比例（GWI 2008）。表 1-1 表明发展中国家管网供水漏损的比例高于发达国家。

2008 年世界各地区无收益水量评估结果（GWI）　　　　**表 1-1**

地区名称	人口加权的 NRW	地区名称	人口加权的 NRW
南亚	40.0%	东亚环太平洋地区	22.0%
非洲	40.0%	西欧	20.4%
拉丁美洲和加勒比海地区	39.0%	北美	12.3%
中东和北非	35.9%	全球平均水平	27.0%
欧洲和中亚	35.3%		

表 1-1 中用供水百分比表示无收益水量，没有给出供水管网系统中漏损水量的具体信息。表 1-2 给出了由世界银行研究组织评估的 2006 年世界各地区供水管网系统中漏损水量的具体信息（Kingdom 等 2006）。该报告指出，年产 3000 亿 m^3 的净水厂在配送过程中估计会损失 500 亿 m^3 的水量。

2006 年世界各地区无收益水量估算结果 **表 1-2**

无收益水量估算								
地区	供应的人口数量（百万，2002 年）	系统供水量［L/(人·d)］	无收益水占总水量的比例（%）	比例		水量（10 亿 m^3/年）		
				物理漏损（%）	商业漏损（%）	物理漏损	商业漏损	无收益水总量
发达国家	744.8	300	15	80	20	9.8	2.4	12.2
欧亚大陆	178.0	500	30	70	30	6.8	2.9	9.7
发展中国家	837.2A	250B	35	60	40	16.1	10.6	26.7
合计						32.7	15.9	48.6

A　根据发展中国家总共有 19.027 亿人口使用清洁饮用水，其中有 44%的人口用水依靠供水管网系统供应计算得出。

B　该数据在不同的发展中国家存在较大差距，从贫困国家或严重缺水地区的 100L/(人·d) 到拉丁美洲大城市或东亚地区的 400 多 L/(人·d)。表格中的数据为两者的平均值。

美国土木工程师协会 2009 年关于美国基础设施的工作报告中指出（ASCE 2009），美国饮用水系统获得了 D-的最低评级。老化的设施已经接近使用寿命的极限，供水管网中每天漏损的饮用水量估计有 265 亿 L。图 1-1 展示了奥斯汀供水公司每年供水管网系统的漏损量。由图 1-1 可知，奥斯汀水厂供给管网的水中，合法用水量为 1552 亿 L，流失掉的水为 253.6 亿 L，其中真实漏损达到 168.8 亿 L。总的来说，美国供水系统每天的漏损水量基本上相当于奥斯汀供水公司一年的漏损量。

图 1-1　奥斯汀供水公司每年供水管网系统的漏损量

据报道，英国供水管网系统平均漏损率超过了 15%（Ofwat 2008）。据加拿大安大略省下水道和水管建筑协会报道（Zechner 2007），由于市政管网的老化和漏损，每年大约有价值 10 亿美元的清洁饮用水渗入地下，供水管网中损失掉的水量占总水量的 20%～40%，在某些情况下，损失掉的水量甚至达到总水量的 50%。

供水系统严重的漏损降低了自来水公司和市政当局的服务水平，这对基础设施系统、自然环境和供水公司的金融福利都有多方面的影响。因此，降低供水漏损将为人类社会、自然环境和供水服务部门带来更多的益处。

1.3 降低漏损的效益

降低供水漏损直接提高了水务公司的盈亏底线，同时也提高了社会和环境效益。

1.3.1 增加收益

虽然水是廉价资源，但是对供水公司来说，漏损的代价仍然很高，配水系统中的漏损将导致成本的增加和收益的减少。Kingdom 等（2006）简单地假设发展中国家和发达国家的供水漏损收费分别为 0.2 美元/m³ 和 0.3 美元/m³，则全世界每年的漏损总成本估计有 146 亿美元。

美国土木工程师协会在 2007 年和 2009 年的评估报告中指出，美国水资产状况与过去几年的改善相比，近几年正在逐渐恶化。管道暴裂比以前更加频繁，因此，漏损的成本也越来越高。例如，基于 Kingdom 等（2006）使用的漏损收费表，奥斯汀水厂每年损失 253.6 亿 L 的饮用水，将会亏损 800 万美元的收益。美国每天会损失超过 265 亿 L 的水，损失大约 30 亿美元（ASCE 2009）。美国自来水厂漏损控制委员会（AWWA 2003）报道称，降低供水漏损和相关收益损失是北美地区最有前途的水资源改进方案。降低供水漏损也能帮助供水公司降低能源消耗和减少碳排放量，从而实现水利基础设施的可持续发展。

1.3.2 节约能源

图 1-2 显示了一个典型的配水系统。水源包括水库和地下水井。从水源到净水厂，水

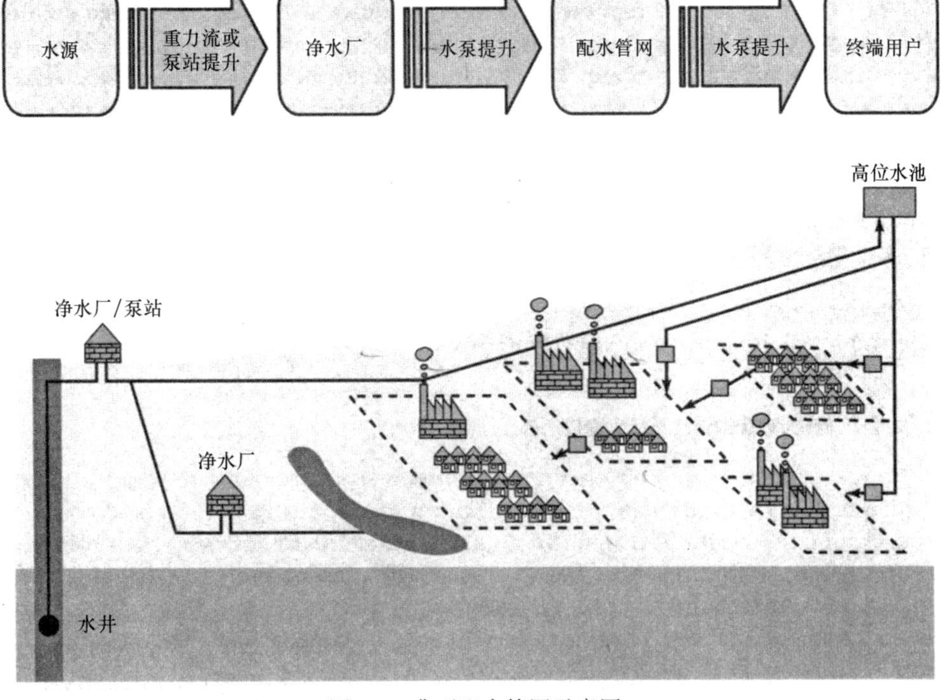

图 1-2 典型配水管网示意图

可以通过泵或重力进行传输，然后经过处理，进入配水管网，最后输送到用户。水在传输和分配过程中都需要水泵消耗电能来提供压力。配水系统中的管道漏损和其他漏损都是通过泵的传送提供的，因此，减少供水漏损无疑会节省能源消耗。

假设管网中位置 i 处压力水头为 H_i，水漏损量为 $Q_{i,l}$，ΔH_i 表示泵站与位置 i 之间的水头损失，则由水漏损造成的能量损失可以表示为：

$$E = \Sigma_i \rho \times g \times Q_{i,l} \times (H_i + \Delta H_i) \times T \tag{1-1}$$

式中 E——由水漏损造成的能量损失；

g——重力加速度；

ρ——流体密度；

T——位置 i 处水漏损时间。

用公式（1-1）可以估算出供水管网中漏损所造成的能量损失。

1.3.3 减少碳排放量

由于供水漏损造成的能量消耗会增加碳排放量，通过下面的公式可以很容易地量化碳排放（Wu 2009a）：

$$CO_2 = E \times C_{intensity} \tag{1-2}$$

式中 $C_{intensity}$——每消耗 1kWh 的电能所释放的二氧化碳量；

CO_2——二氧化碳排放量。

图 1-3 显示了美国能源部给出的不同类型能源的碳排放强度。天然气似乎拥有最低的碳排放强度，而燃油具有最大的碳排放强度。供水系统中的水泵通常从国家电网中获取电能，根据 2007 年的国家电网数据，电能的碳排放强度是 1.36 磅/kWh（1 磅≈0.4536kg）。

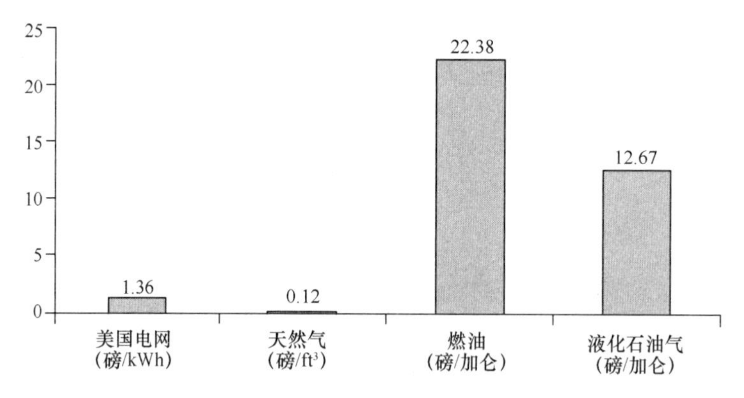

图 1-3 不同类型能源的碳排放强度（eGRID2007）

注：1ft＝0.3048m；1 加仑≈3.785L。

由公式（1-1）和公式（1-2）可知，由供水漏损导致的碳排放量与压力和漏损量成正比。漏损量和压力越大，碳排放量亦越大。减少供水漏损可以直接减少碳排放量。累计减少碳排放量是很重要的，图 1-4 显示了在 50～150Pa 的压力下，漏损量每降低 1L/s，年碳排放量减少的估计值；图 1-5 显示了在 50～150Pa 的压力下，美国每天从漏损的 265 亿 L 水中减少 10％可获得的潜在的年碳排放量降低值。从图中可以看出，降低少量的水漏

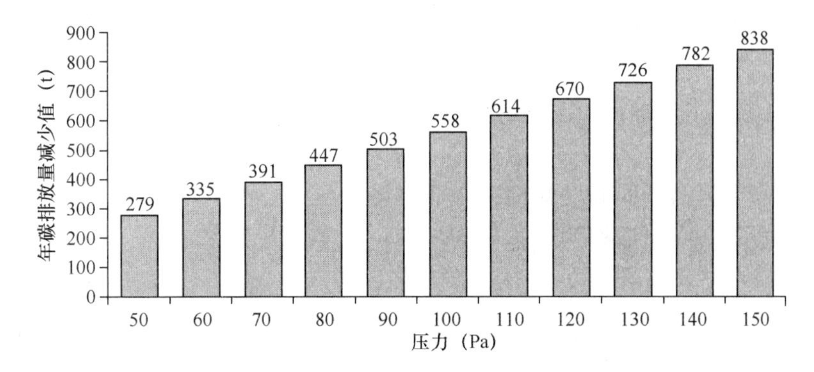

图 1-4　50～150Pa 的压力下，漏损量每降低 1L/s，年碳排放量减少估计值

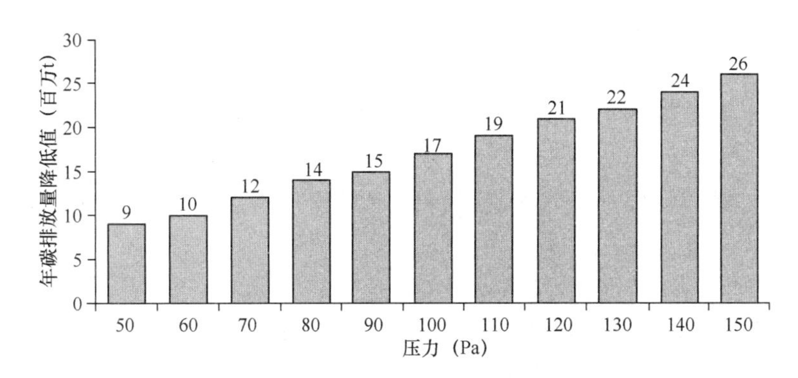

图 1-5　美国每天从漏损的 265 亿 L 水中减少 10%时，年碳排放量降低估计值

损就能降低数百万吨的碳排放量，这将有效地提高能源可持续性和减缓气候变化。

1.3.4　社会效益和环境效益

降低供水漏损除了可以减少碳排放量外，同时还带来了其他的环境和社会效益。通过主动检测和修复漏损，改善了管道的完整性，也避免了潜在污染物的进入。因此，漏损的检测和修复可以更好地保障水质。修复后的管道将有效地降低管道破裂的可能性。最终，降低了当地居民社会生活的干扰。

降低供水漏损也意味着增加了水的供应，使更多的人能得到饮用水的服务。这对于漏损率较高和淡水稀缺的发展中国家尤为重要。Kingdom 等人（2006）估算，如果在发展中国家无收益水量减少到目前水平的一半，将会为 9000 多万人提供 80 亿 m^3 的饮用水，而不用增加对濒危水资源的需求。增加的供水服务无疑会带来更多的经济增长和商业机会，这将帮助社区提高人们的生活质量。

减少漏损组成中的商业漏损也有助于促进违规偷水和用户谎报水表读数之间的公平，从而可以提高供水公司的效率和公众声誉，并最终提高供水公司的服务能力和绩效。

在实践过程中发现，针对不同的供水管网系统，减少水漏损所获得的效益也有所不同。因此，针对指定的供水系统，实际效益应根据提出的漏损控制策略、如何实施策略以及实施方案的投资回收期等进行考虑。这是因为没有完全相同的两个供水系统，而且低供水漏损是一项非常具有挑战性的任务。没有单一的技术或方法可以有效地解决该问题，因此必需针对该问题进行整体分析。

1.4 降低供水漏损的整体方法

降低供水漏损包括降低商业漏损和降低物理漏损（或真实漏损）两个方面。

供水系统中降低商业漏损的措施包括：(1) 提高水表的准确性，确保所有用户的水表运行状况良好；(2) 纠正抄表和计费，避免抄表错误、仪表读数错误、计费处理错误和员工操作错误；(3) 检测非法连接和偷水行为并进行纠正，方便促进供水服务的有效管理。降低商业漏损并不存在许多技术障碍，它是符合成本效益的投资，而且回收快，但是要面临政治挑战。需要下定决心，坚定不移地治理公司员工和小部分用户的违规和欺诈行为。

物理漏损或真实漏损主要是由于管网漏损产生的。降低供水系统的真实漏损需要持续不断的努力，并且需要大量的技术，费用相当昂贵。在过去的十年里，国际水协下属的城市配水系统供水漏损控制工作组提出了有效的漏损管理策略，如图 1-6 所示，该策略包括：

(1) 管网和资产管理：以一种更经济的方式管理供水管网，减少管道维修保养的需求。

(2) 主动漏损控制：定期监测管网流量，及时发现新的漏损，并尽快修复漏损。

(3) 快速优质修复：采用及时有效的方式修复漏损（通常需要一个经验丰富的维修团队，同时也需要仓库存储足够的修复材料）。

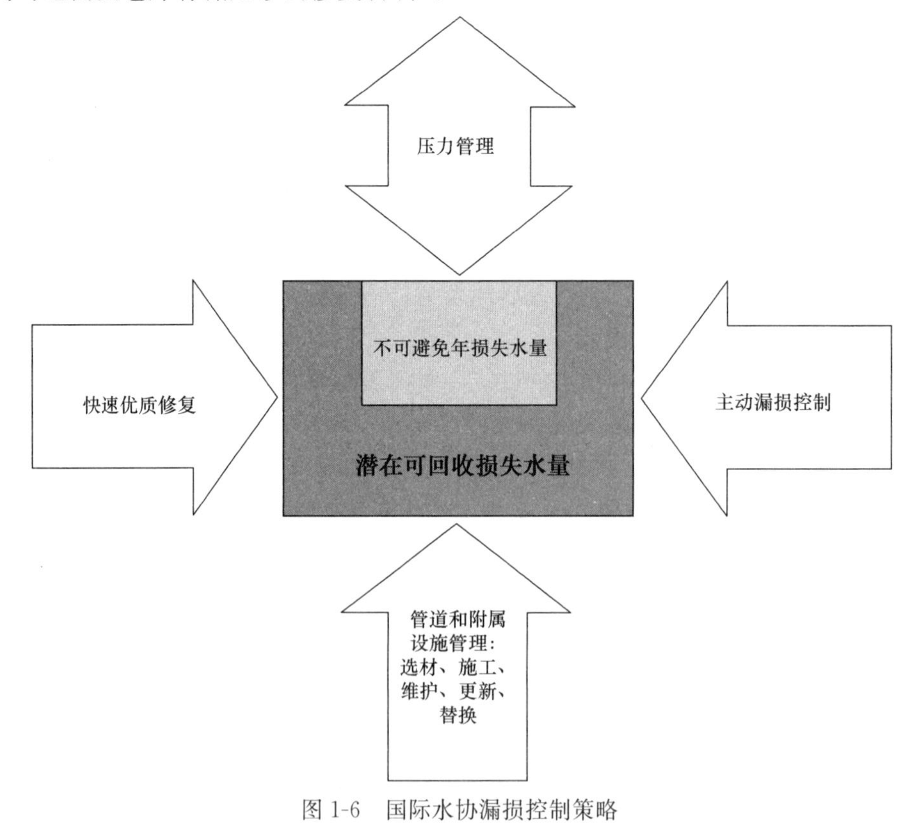

图 1-6 国际水协漏损控制策略

(4) 压力管理：通过减压阀的合理使用调节管网压力。

通过实施以上过程，可以帮助供水公司提出一个较好的降低漏损策略，这将从根本上解决以下问题：

(1) 漏损了多少水量？

(2) 漏损发生在什么地方？

(3) 应该采取什么措施来降低或者修复漏损？

(4) 怎样以一个可持续发展的水平控制漏损？

回答这些问题需要有效地利用供水管网系统的信息并进行深入的分析才能达到良好的结果。另外，信息管理和供水系统分析技术（例如水力模型）已经在世界各地被供水公司广泛采用。将成熟的IT技术与建模方法进行融合，将显著提高降低供水漏损这项任务的效率和有效性。由图1-7可知，漏损管理的四个基本组成部分融合成为两个部分：先进的信息管理和建模技术，从而形成了有效的降低漏损的整体分析方法。

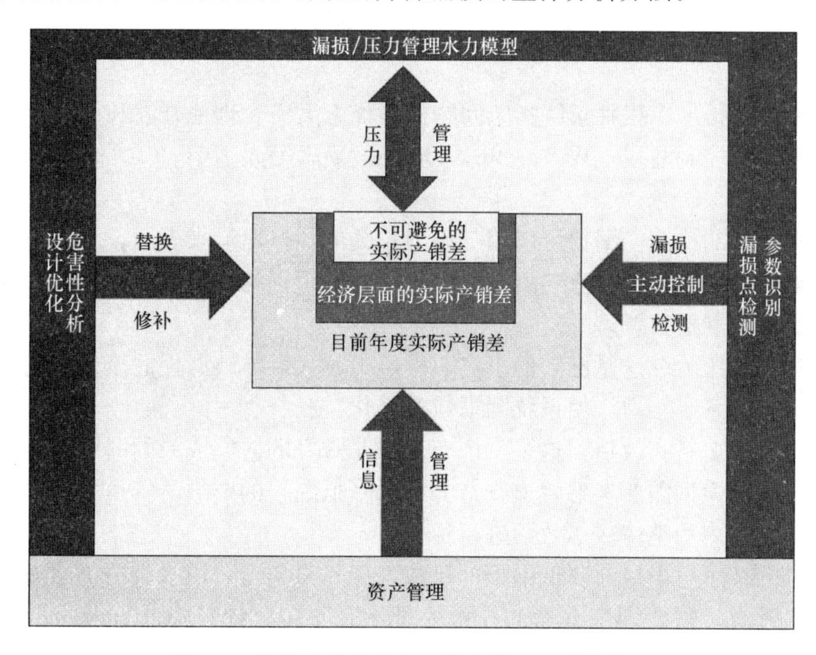

图1-7 降低产销差的全面信息管理和建模技术

1.4.1 资产管理

供水资产管理被定义为一个综合项目，使供水公司拥有和运营的基础设施资产的全生命周期成本达到最小化，同时保持所需的服务水平和支撑的基础设施不变（Allbee 2005；Wu 2006；Wu和Gutierrez 2007）。资产管理以其高度结构化和综合分析为特征识别资产并能充分了解资产的状况。它涉及一个企业的所有部门且需要建立一整套资产绩效评估目标。通过可靠的规划，从开始就为每项资产建立一个计划，对每项资产所用的资源进行计量，根据既定目标对该资产所实现的绩效进行评估。根据定义，资产管理必须建立一个全面的信息管理系统，包括资产识别以及历史和当前管网状态数据。存储良好且分类齐全的信息以及供水用户计费数据，可以用来评估管网系统漏损量和真实漏损经济水平。

1.4.2 水力模型

配水管网系统水力模型是对真实配水管网系统的近似数学模拟。在配水管网分析中，建模工具的开发和应用已经有三十年的历史（Walski 等人 2003）。通过建立水力模型，工程师可以使用模型为不同的应用课题进行各种工况分析。

对于漏损的管理和控制，水力模型可以用于诸多方面的分析，包括：

（1）将大系统划分为若干个较小的子系统，如压力分区（PMA）和独立计量分区（DMA），这是普遍接受的漏损管理的有效方式之一。

（2）建立基于压力的漏损水力模型。

（3）通过对不同漏损控制方案的仿真分析设计和评估压力管理方案（如减压阀的位置及其设置）。

（4）进行管网的关键性（可靠性）分析，并评估管道的更新和改造方案。

1.4.3 优化建模

优化模型可以帮助工程师求解指定问题的最优方案。合理地开发和使用优化模型，可以更有效地管理和控制漏损（Wu 2009b，2009c；Wu. 等人 2010），优化技术可以被应用于诸多方面，包括：

（1）漏损热点的检测。漏损可以用与压力相关的孔口出流来表示，漏损热点可以通过优化漏损节点的位置和孔口出流喷射系数来识别。已识别的漏损热点可以帮助指导现场漏损定位，尽快发现漏损位置。

（2）优化系统压力。这是已知的事实，即压力越大，导致漏损的流量亦越大。可以通过设置减压阀优化系统压力，使系统漏损量最小化。

（3）优化管道更新和改造。这是一个有很多非常好的研究成果的课题。对于管网漏损管理和控制，优化模型需要考虑管道改造方案对降低漏损的影响。管道更新和替换可以通过考虑减少漏损在内的整体成本效益进行优化。

虽然先进的技术可以应对降低漏损的挑战，但是事实上，供水公司仍然需要获得对漏损问题的清晰理解，需要训练有素的技术人员，需要一个针对降低漏损的管理部门。然而，仅靠供水公司的努力还不能达到持续控制漏损的长远目标，还需要借助政府的政策调控，以保证公共事业得到持续关注和承诺。

1.4.4 政策调控

政府机构的监管对于加强供水公司长期降低漏损具有很大的作用。已经证实，在那些物理漏损或管网漏损被合理地管理和控制的国家中是非常有效的。英国在漏损控制中已经树立了很好的榜样，由上议院科学技术委员会撰写的水资源管理 2005—2006 年的报告（House 2006）中指出，配水管网的漏损水平在英国部分地区高得令人无法接受，使得公众对于合理用水的态度产生了负面影响。这份报告呼吁供水协会批准增加英国供水公司的支出以减少漏损。考虑到环境和社会因素以及经济因素，设置漏损降低目标作为供水公司计量绩效的一个关键部分，若没有达到目标则判处严重的罚金。相关报告已在 2008 年 10 月发表（Ofwat 2008），其中包括英国各供水公司生产水量和漏损水量的统计。例如，英国联合供水公司在2007—2008年中总的输送水量为1849.4×10^6L/d，其中总的漏损水量为462.2×10^6L/d，在设置的目标465×10^6L/d之内。

目前，只在少数几个国家建立了漏损监管机构，而诸如美国等许多国家则缺乏相应的监管意识。然而，对于水压、环境影响和可持续性的关注使人们对漏损的意识达到了前所未有的水平，对漏损监管意识也开始发生了积极的转变。Kunkel（2005）报道称，在美国有几个州，监管当局已经采取并推广了标准化的供水漏损管理制度。如果漏损对于用户、供水公司、当地社区和环境在许多预计的利益中得到控制，那么，建立漏损监管体系仅是个时间问题。

1.5 降低漏损的流程

运用已建立的最佳实践方法、成熟的信息管理、水力模拟、分析和优化工具，降低漏损的流程如图1-8所示。事实上，并非所有的过程或步骤都在图中显示，图1-8所示的是以信息技术为支撑的降低漏损的指导性流程。

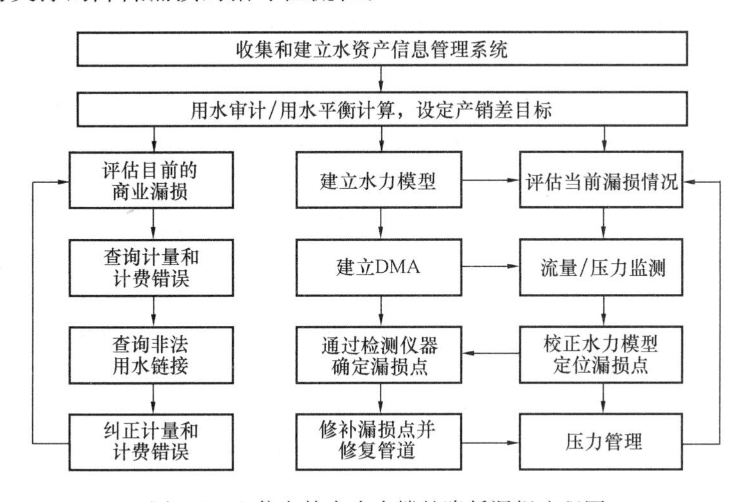

图1-8 以信息技术为支撑的降低漏损流程图

首先，收集供水资产信息，进行用水审计，设定漏损目标，使工程师明确怎样降低供水漏损。如图1-8所示，基于资产信和用户信息，减少商业漏损可以与减少管网漏损同时进行，这将促进水力模型和优化模型的应用。水力模型通常是用供水资产信息和用户信息来建立的。所建立的水力模型将协助工程师建立DMA、合理布置流量和压力监测点，并提出合理的压力管理策略来降低供水管网系统的压力，达到降低管网漏损的目的。水力模型建立之后，必须使用现场监测点的观测数据进行模型校正，才能够对相应运行工况的管网进行模拟。使用基于模型校正的优化分析方法可以识别潜在的漏损热点（Wu等人2010），已标识的漏损热点可以帮助指导现场漏损定位，尽快发现漏损位置，进而可以及时维修和更换管道，以减少管网漏损。降低漏损是供水公司的一项长期战略，需要实施有组织的例行活动；因此，降低管网漏损和商业漏损必须在一个整体系统中重复执行，以确保降低漏损的长期目标得以实现。

剩余的章节将讨论漏损检测和管理的相关技术，并详细说明降低漏损的尖端研究成果以及配水系统降低漏损的最佳工程实践。

参考文献

Allbee, S. (2005). "America's pathway to sustainable water and wastewater systems." *Water Asset Management International* 1.1, pp. 9-14.

American Water Works Association(AWWA) Water Loss Control Committee (2003), "Committee Report: Applying Worldwide BMPs in Water Loss Control." *Journal AWWA*, Vol. 95, No. 8, pp. 65-79.

ASCE (2009), 2009 Report Card for American Infrastructure. http://www.asce.org/reportcard/2009.

ASCE (2007), 2007 Report Card for American Infrastructure. http://www.asce.org/reportcard/2007.

eGRID2007, http://www.epa.gov/cleanenergy/energy-resources/egrid/index.html.

Global Water Intelligence (GWL) (2008). "Global Water Market 2008 Opportunities in Scarcity and Environmental Regulation." http://www.globalwaterintel.com/publications-guide/market-intelligence-reports/global-water-market-2008-opportunities-scarcity-and-environmental-regulation.

House of Lords Science and Technology Committee (2006). "Water Management." the 8th report, http://www.publications.parliament.uk(Oct. 10, 2007).

IWA Water Loss Task Force, http://www.iwaom.org/index.php? name = task-description&tp =3.

Kingdom, W. D, Limberger, R. and Marin, P. (2006). "The Challenge of Reducing NRW in Developing Countries." *WSS Sector Board Discussion Paper* No. 8, World Bank.

Kunkel, G. (2005). "Developments in Water Loss Control Policy and Regulation in the United States." *In Proc. of the Leakage* 2005 *Conference*, Halifax, Canada.

Ofwat (2008). "Service and delivery-performance of the water companies in England and Wales 2007—2009." http://www.ofwat.gov.uk(Nov. 5 2008).

Walski, Chase, Savic, Grayman, Beckwith and Koelle (2003). *Advanced Water Distribution Modeling and Management*, Haestad Press, Waterbury, CT, USA.

Wu, Z. Y. (2009a). "Reducing Water Loss, Reducing Carbon Footprint." http://www.narucmeetings.org/Presentations/07_21_2009_ZhengYiWu.pdf, 2009 Summer Meeting of National Association of Regulatory Utility Commissioners (NARUC), Seattle, USA.

Wu, Z. Y. (2009b). "A Unified Approach for leakage Detection and Extended Period Model Calibration of Water Distribution Systems." *Urban Water Journal*, 6(1), 53-67.

Wu, Z. Y. (2009c). "Bridging Gaps between Theory and Practice for Optimizing Urban Water Systems." World City Water Forum 2009, Aug. 18-22, Incheon, South Korea.

Wu, Z. Y. (2006). "Technological Requirements for Water System Asset Management." *Water Science and Technology*: Water Supply, Vol 6, No 5, pp. 123-128.

Wu, Z. Y. and Gutierrez, A. (2007). "Integrated Modeling, Data Warehousing and Web Publishing for Water Asset Management." IWA *Water Asset Management International*, Vol. 3, No. 2, pp. 27-31.

Wu, Z. Y., Sage, P. and Turtle, D. (2010). "Pressure Dependent Leakage Detection Approach and its Application to District Water Systems." ASCE*Journal of Water Resources Planning and Management*, Vol. 136, No. 1, pp. 116-128.

Zechner, F. (2007). "Time for a Change." *The Underground*, http://www.oswca.org(Sept. 10, 2007).

第2章 分析水漏损

2.1 供水漏损与无收益水

在全球范围内，水的需求在不断上升，而资源却在不断减少，由无收益水导致的水量损失和收入损失的总量是巨大的。为了有效地降低供水漏损和无收益水量，必须全面理解这两个概念。

2.1.1 供水漏损与无收益水的概念

供水漏损和无收益水的概念在国际上已经得到认可，并且取代了未计量水（UFW）的概念，因为它缺少一致性且使得不同国家之间漏损量的对比更加困难。区分供水漏损和无收益水这两个概念是非常重要的，以下公式会帮助我们理解它们的组成：

无收益水（NRW）＝系统供水总量－收费的合法用水量

由于供水公司的收益取决于用户缴纳的水费，因此，无收益水的另一个定义是：

无收益水＝供水漏损量＋未收费的合法用水量

供水漏损＝真实漏损＋账面漏损

真实漏损，是由输配水管网及城市蓄水设备等造成的损失水量（明漏、暗漏、渗透水量），增加了运营成本，同时，由于增加了管网容量，从而造成了更大的投资。

账面漏损，是由用户水表计量不准确、收费或财务上的错误和未经授权的非法用水等给公司带来的经济上损失的水量。

减少无收益水能够增加供水公司的现金流，用于投资新的基础设施和运营维护，同时为用户提供更好的服务。事实上，减少无收益水相当于开发了新的水源和资金源。减少真实漏损会使大量的水被消费者利用且会延缓对新水源的投资，这样还可以降低运营成本。同样，降低账面漏损能产生更多的收益。

虽然对于供水公司来说应该优先考虑减少无收益水，但是很多公司仍然难以达到可接受的无收益水水平。减少无收益水策略失败的原因往往是不了解问题的严重性，缺乏财务或人力资源能力。另外，也存在更换原有基础设施资金不足、缺乏管理承诺或者奖励机制和环境弱化等原因。

无收益水管理不是一次性或者短期的活动，而是需要供水公司所有部门长期参与和坚持。许多供水公司的管理者需要获得整个管网的信息，这将使他们能够充分理解无收益水的性质及其对公司运营情况、公司财务状况和用户满意度的影响。低估无收益水的复杂性和降低无收益水的潜在利益常常会导致项目的失败，相反，要将其与整体资产管理、操作、用户支持、财务分配和其他因素联系起来，建立减少无收益水的策略是良好供水系统管理的基本特征。实施策略所需要强调的步骤在国际水协的出版物《配水管网的漏损》中有详细的描述（Farley 和 Trow 2003）。

2.2 供水漏损原因

2.2.1 真实漏损

真实漏损发生在所有的配水管网系统中，甚至在新建的配水管网中也存在真实漏损，只是漏损量有所不同。真实漏损由管道、接头和配件的漏损，或者通过水库底板和墙壁的漏损以及从水库溢出的水量构成。真实漏损可能是比较严重的，也可能几个月甚至几年都未被检测到。

真实漏损量很大程度上取决于管网的特点，供水公司实施漏损检测和修复取决于以下和其他的局部因素：

（1）管网压力；

（2）管网新出现的漏损和爆管的频率及流量；

（3）已记录的新出现的漏损大小；

（4）背景漏损（没有被检测到的小的漏损）的水平。

由明漏和暗漏引起的漏损大小，取决于其持续的时间。持续时间由下面三个部分组成：

（1）感知时间——从漏损开始到感知到漏损发生的时间；

（2）定位时间——从感知到漏损发生到确定漏损位置的时间；

（3）修复时间——从确定漏损位置到漏损修复的时间。

对于用户支管上发生的漏损，在修复之前，漏损会持续几周甚至是几个月的时间。因此，尽管从管道裂隙中产生的流量相对较小，但是来自用户供水管道的总漏损量却占整个管网总漏损量相当大的比例。图 2-1 说明了在感知、定位和修复时间阶段，高漏损短周期漏损量与低漏损长周期漏损量的相对区别。前者是爆管漏损的典型类型，通常会很快修复

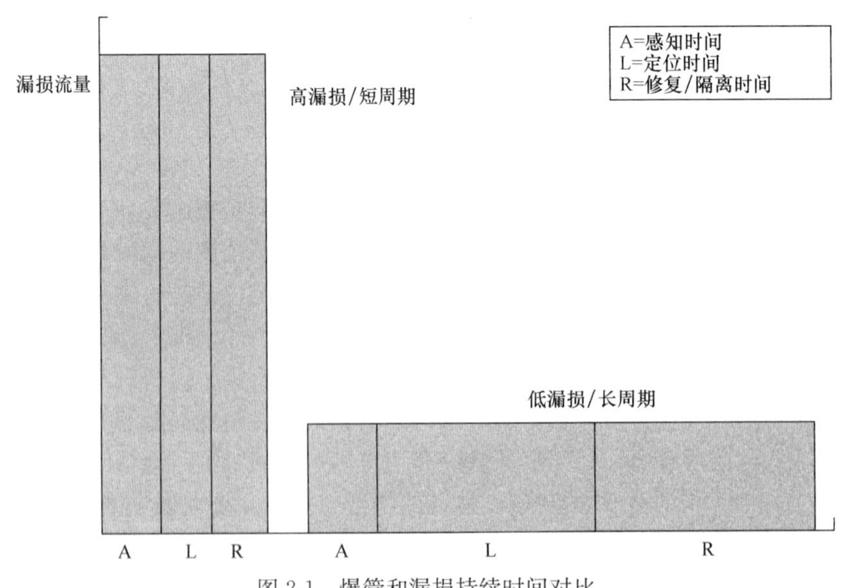

图 2-1　爆管和漏损持续时间对比

或者立即关闭爆管管道；后者是支管漏损的类型，如果发生在地下则可能几个月都未检测到。

即使是在拥有发达基础设施和良好运营实践经验的国家，解决管网中的供水漏损仍然需要长期的运行管理。然而，并非所有的损失都是由基础设施和管道漏损造成的。管网中的账面漏损通常是受社会和文化因素的影响，加之较低的水价或不合理的计量策略，会使供水公司收入更少。

各国之间以及每个国家的各地区之间供水漏损量是有所不同的。同时，各国之间供水漏损不同组分比例和它们的相对重要性也是不同的。因此，降低漏损需要理解每个漏损组分的相对重要性，确保每个组分得到尽可能精确的计量或估算，这样可以按照优先顺序制定相应的实施方案。

2.2.2 账面漏损

账面漏损是指用户水表计量不准确、收费或财务上的错误和管网中非法使用的未计量水量。

账面漏损主要由以下两部分组成：

(1) 用户水表误差和抄表错误；

(2) 非法用水量。

虽然评估第一部分的损失量相对容易，但是对于非法用水量的评估则非常困难。不过我们可以做初始的假设，随着减少无收益水策略的发展，非法用水可以得到不断的检查和修正。

造成非法用水的主要原因如下：

(1) 非法连接；

(2) 消火栓和消防系统的滥用；

(3) 破坏或者加设旁通管绕过水表；

(4) 抄表人员的贪污行为；

(5) 打开边界阀门将水引入到外部配水系统（未知水量的输出）。

2.3 供水漏损管理策略

为了降低潜在的巨大漏损并提高相应的收益，以一种节约成本和高效的方式解决真实漏损和账面漏损只能通过引进全面的供水漏损管理策略实现，即优先处理漏损中的主要因素将会带来更快捷、更有效的回报。建立漏损控制策略的关键是要更好地理解漏损产生的原因和影响它们的因素。另外，可以根据管网的具体特点和地方影响因素开发相应的技术和程序，然后按照优先级的顺序处理每个因素。

建立供水漏损管理策略，需要确保解决方案是可行的，且能够被应用于全世界任何供水公司。管理策略的目标应该是通过应用信息、技术、新技能对当前的运营实践做出改进。

建立管理策略的第一步是提出一些关于管网特点和运营实践的问题，然后针对不同的问题，使用有效的工具和机制提出相应的解决方案：

（1）当前损失了多少水？

（2）漏损发生在什么地方？

（3）水损失的原因是什么？

（4）需要引入什么策略降低漏损并改善绩效？

（5）怎样才能维持策略持续获得相应的收益？

这些问题的答案存在于引入策略的步骤之中。为了评估真实漏损和账面漏损水量，最重要的是水量平衡的计算（详见 2.5 节）。

通过复核管网运营实践和管网特征（包括企业的、社会的和文化的影响），可以得出供水漏损的原因。这也反映了公司对供水管网的管理水平。通过复核，通常会揭示出基础设施落后造成的问题和不善的管理实践。复核应该评估以下几个方面：

（1）特定国家或地区的特点、影响因素和供水漏损的组成；

（2）管网的运行状态；

（3）当前使用的管网运行和管理实践方法，包括监测流量、压力和水库的设施；

（4）在线监测和检测漏损的技术水平；

（5）员工的技术和能力。

提高供水漏损管理是一个循序渐进的过程，该过程包括管网分区和区域计量分区以及改善公司相关组织结构和人力资源政策。漏损主动控制策略（ALC）是漏损管理策略中的有效方法之一，将在第 3 章进行详细介绍。

持之以恒并全面地实施既定策略取决于企业从上级到下级维持有效的交流和沟通、教育和训练，同时也需要对策略的运行和维护有一个清晰的政策。管理层的支持和鼓励对于传递管理理念和实施无收益水管理策略是非常重要的，这可以确保下达的政策能够被理解并且各级员工都充满斗志。去实施与漏损管理策略相关的实施过程在《配水管网中的漏损》一书中有详细的讨论（Farley 和 Trow 2003）。

2.4 评估真实漏损

真实漏损可以通过以下三种方法中的任何一种或者两种或更多方法联合运用进行评估：

（1）自上而下的年水量平衡分析；

（2）自下而上的夜间流量分析；

（3）组分分析。

以上每种方法在接下来的几节中将进行详细概述。

2.4.1 自上而下的真实漏损评估方法

真实漏损可以通过自上而下的年水量平衡方法（详见 2.5 节）评估。系统总供水量扣除合法用水量和账面漏损量之后，剩余部分就是真实漏损量。然而，这种分析方法没有提供真实漏损相关组分的任何信息。它也没有将真实漏损分解成可检测漏损（能够及时查找和修复，对主动漏损控制进行管理）和背景漏损（只能通过压力管理或者基础设施更新降低漏损）。这种分析方法未能提供建立漏损管理策略所需要的基础设施各种要素的真实漏损信息。由于这些原因，如果可能，建议将自上而下的年水量平衡方法与另外两种评估方法相结合。

2.4.2 自下而上的真实漏损评估方法

从自上而下的年水量平衡方法中获得的真实漏损水量能够通过 DMA（详见第 3 章）中自下而上的夜间流量分析进行独立核查。这些 DMA 也许已经在配水系统中建立或者为了从事该分析而进行了临时分区。虽然夜间最小流量（MNF）发生的准确时间会由于各区的性质不同而有所变化，但是在城市管网系统中，MNF 通常发生在凌晨 2：00—4：00 的时间段。在 MNF 发生的时间段，合法用水量通常达到最小值，因此，真实漏损在总水量中占有最大比例。

在 MNF 时段，流入 DMA 的总水量减去该 DMA 中用户合法用水量得到 MNF 时段真实漏损量的估计值，这提供了一个在 MNF 时段真实漏损的估算方法。为了把估计量转化为每日的真实漏损量，有必要统计每日不同时刻系统压力的变化情况（日或时变化系数，通常小于 24h，这取决于压力管理的程度）。由于夜间用户合法用水量是估算的，事实上每个夜晚的计算结果都有所不同，同时，还会存在错误和不确定因素。

自下而上的真实漏损估计方法其优势在于可以分别独立地测量每个区的真实漏损量。如果将该分析方法应用于整个配水管网系统中，则优先对真实漏损量多的区域进行主动漏损控制。同时，还提供了一种水量平衡计算中的相互核对方法，两种方法计算的真实漏损量应该一致（通常不会考虑每种方法计算的累计误差）。

2.4.3 组分分析

年度真实漏损也可以用组分分析的基本原理估算。该方法基于分布于基础设施（包括干管、配水池和支管）各部分不同类型漏损和爆管（包括背景漏损、明漏和暗漏）的数量、平均流量，以不同持续时间估算真实漏损。实施完整的真实漏损组分分析还需要其他数据，包括基础设施数据（干管长度、用户数量和用户到边界计量仪器的支管长度）、背景漏损的基础设施条件影响系数、明漏和暗漏的数量以及它们的平均持续时间、平均系统压力、压力与漏损的关系。

组分分析模型根据主要影响因素将真实漏损分解成基础设施的每个组成部分。标准的组分分析模型对真实漏损的评估管理是非常有用的。模型建立方法在 2.7 节中进行详细描述。

在真实漏损评估过程结束时，将自上而下、自下而上和组分分析三种方法联合使用，优势才能更明显，才能得到更可靠的真实漏损评估结果。

2.5 建立水平衡

漏损水平可以通过执行水量审计（北美术语），然后将结果分类显示在水量平衡（国际术语）表中确定。

水量平衡各组成部分可以用一些技术方法进行测量、估算或计算。虽然在理想情况下，我们能测量水量平衡的重要组成部分，但事实并非如此。通常供水管理者一开始不会建立水量平衡，因为系统的总输水量这种关键数据并不知道。即使主要组分是基于估算的，也值得去尝试建立水量平衡。通过这样做，可以制定一个相关行动方案，以此来改善水量平衡的准确性。

在水量平衡中总是会有数据精度不同的组分，所有计量的或者估测的输入数据会存在误差和不确定性。这些误差在真实漏损的计算中进行累积，从而造成真实漏损计算的不确定性。解决这种不确定性的一个实用方法是使用定制软件，做具有 95%置信度的计算。这种处理不确定性的方法适用于每一种评估实际漏损的方法。使用置信度界限定义置信区间的边界，指出在哪个范围有 95%的概率确定真值的存在。95%置信水平的随意性是显而易见的，但 95%的置信区间是公认的统计范围。

水量平衡是基于对生产的、输入的、输出的、使用的和漏损的水的测量和估算。虽然大多数供水公司能够提供水的生产、输入、输出和使用的估计值，但他们不能够量化供水损失的不同组分。

一个标准的水量平衡结构和术语（见表 2-1）已经由国际水协漏损控制小组建立，它是量化漏损的一种标准化的和统一的方法。以下几节内容描述了量化每个组分所需的步骤。

标准水量平衡表 **表 2-1**

<table>
<tr><td rowspan="9">系统
总供水量</td><td rowspan="4">合法用水量</td><td rowspan="2">收费的
合法用水量</td><td>收费计量用水量</td><td rowspan="2">收益水量</td></tr>
<tr><td>收费未计量用水量</td></tr>
<tr><td rowspan="2">未收费的
合法用水量</td><td>未收费计量用水量</td><td rowspan="7">无收益水量</td></tr>
<tr><td>未收费未计量用水量</td></tr>
<tr><td rowspan="5">漏损水量</td><td rowspan="2">账面漏损</td><td>非法用水量</td></tr>
<tr><td>因用户水表计量误差和数据处理错误造成的损失水量</td></tr>
<tr><td rowspan="3">真实漏损</td><td>输配水干管漏损水量</td></tr>
<tr><td>蓄水池漏损和溢流水量</td></tr>
<tr><td>用户支管至计量表之间漏损水量</td></tr>
</table>

可以使用一些供应商开发的软件进行水量平衡计算，计算结果以电子表格的形式输出。LEAKSSuite 就是其中一款商业软件，提供了一系列的功能，其中包括水量平衡计算、性能指标、压力管理、主动漏损控制和漏损经济水平（ELL）。另外，WB EasyCalc 软件提供了水量平衡计算和性能指标的功能，AquaLite 软件也提供了与 WB EasyCalc 相似的功能，两款软件均可以从网上免费下载。所有这些软件产品均是在 95%的置信区间中计算。

2.5.1 确定系统总供水量

系统日总供水量确定之后，计算系统年总供水量变得相对简单。需要收集计量仪表相关数据，并计算每个 DMA 的年供水量，包括供水公司自己的供水量和供应商的输入水量以及输出到其他供水公司的水量。

理想情况下，使用便携式流量计可以满足计量精度要求。如果发现仪表读数和临时测量之间存在误差，则必须进行问题调查。另外，如果有必要，记录的数据必须进行调整以反映真实情况。在测试使用的仪表时，建议除了验证仪表的精确性之外，还需要审核从仪表到 SCADA 数据库整个数据记录链。

建议供水公司通过使用制造商提供的手册和说明书评估所有计量仪器各自的精度。如果执行 95%的置信区间分析，则需要这些数据。即使不执行 95%的置信区间分析，而是对每年的水量平衡有个大概了解，这些数据也是很有用的。

如果存在未计量的水量，则年未计量水量应该由以下任何一种或组合方法进行估算：

（1）使用便携式设备测量暂时流量；

（2）水库水位下降测试；

（3）水泵特性曲线、压力和平均运行时间分析。

2.5.2 确定合法用水量

2.5.2.1 收费计量用水量

年收费计量用水量的计算与账单和数据处理误差的检查以及账面漏损估计有着密切的关系。

不同消费类别（如生活、商业和工业等）的用水量必须从供水公司的计费系统中提取并分析。应特别注意大用户用水量。

使用计费系统的年计量用水量信息时，必须考虑抄表时间间隔，确保收费计量周期与查账周期一致。

各种国内外生产的计量仪表的精度应该能满足 95%的置信区间分析。与精度相关的水表产品和类型不宜与未注册的仪表相混淆，需进行单独处理。

2.5.2.2 收费未计量用水量

收费未计量用水量可以从供水公司的计费系统中获得。为了提高估算的准确性，未计量居民生活类用户在一段时间内需进行标识和监测，或者通过在未计量的连接处，安装计量仪表测量未计量用户的局部区域的方式进行测量。后者的优点是用户没有意识到他们的用水已被计量，所以不会改变他们的用水习惯。对于未计量的非居民生活类用水，必须进行详细地调查，以检查估算的用水数据的准确性。

2.5.2.3 未收费计量用水量

未收费计量用水量必须以一种与收费计量用水量相似的方法确定。

2.5.2.4 未收费未计量用水量

从传统意义上讲，未收费未计量用水量包括用于公共基础设施正常运营的水量，通常估计值偏大。这可能是由于简化（系统供水总额的一定百分比）或者“降低”供水漏损的过高估计造成的。

对未收费未计量用水量的组分应该进行标识并单独估算。例如：

（1）管道冲洗：一个月冲洗多少次？一次冲洗多长时间？一次冲洗需要多少水量？

（2）消防水量：已经发生了大火吗？需要用多少水灭火？

未收费未计量用水量通常是很小的一部分，但是却经常被过高估算。一旦知道了无收益水的用水量，就有必要将其分解为真实漏损和账面漏损两部分，但这是一项很困难的任务。真实漏损是来自管网中的物理漏损（如漏损），而账面漏损（又称为商业漏损）则是由于非法用水、偷水、计量误差和管理失误造成的漏损。

2.5.3 估算账面漏损

2.5.3.1 非法用水量

为了估算非法用水量，提供共性的指导方针是很困难的。存在许多种情况，而熟知本地的情况，对于估算这部分水量是最重要的。非法用水量包括：

（1）非法连接；

（2）消火栓和消防系统的滥用；

（3）破坏或者加设旁通管绕过水表；

（4）抄表人员的贪污行为；

（5）打开边界阀门将水引入到外部配水系统（未知水量的输出）。

非法用水量的估算是一项困难的任务，应该以某种简单的和基于组分的方式完成，以便于审核或修改结果。

在管网中选取一个具有代表性的DMA作为试点区域，在DMA内寻找未注册的和非法用水的用户，以及破坏或者加设旁通管的水表。然后，根据调查结果估算该DMA非法用水量。

抄表人员的贪污行为，可以通过抽查和定期的监视得到确认，通过轮换抄表人员岗位的方式减少这种行为的发生。

2.5.3.2 用户水表计量误差和数据处理错误

用户水表计量误差的范围必须建立在有代表性的水表测试基础上。水表样本的组成应该反映不同水表和用户水表的使用时间。大用户水表通常在带有测试台的现场进行测试。基于精确测试的结果，建立不同用户群体的平均计量误差（作为已计量用水量的百分比）。

数据处理错误有时是账面漏损的实际组成部分。该问题通常很难被发现，导致许多营业计费系统不能满足供水公司的期望。可通过输出账单数据（前两年的），并使用标准数据库软件进行分析，检测数据操作的误差和计费系统的问题。检测到的问题必须量化，并且每年都需要对这部分进行评估。

2.5.4 计算真实漏损

目前，计算真实漏损最简单的方式是无收益水量减去账面漏损量。为了对真实漏损的量级有个大致的了解，在分析的开始阶段采用这种计算方法是很有用的。然而，我们必须认识到水量平衡可能是有误差的，并且真实漏损的计算量也可能是有错误的。

验证这种计算很重要，可利用2.4节中概述的两种方法：

（1）自下而上的真实漏损评估；

（2）组分分析。

2.6 自下而上的真实漏损评估

2.6.1 24h区域计量

DMA的概念将在第3章中进行详细解释。如果DMA已经建立，便可投入使用；如果管网还未建立 DMA，则通过关闭边界阀门临时建立计量区，在计量区入口和出口仅保留 1～2 根管道。为了获得系统有代表性的样本，配水管网系统应综合多个方面选择合理的计量区域。在这些区域中，通过便携式流量计（例如超声波流量计或者插入探针式流量计）测量 24h 区域水量。流量测量应该与压力测量同步进行，测量分区进入点、平均压力点和边界压力点的压力。然后，收集计量区域所有相关的数据，例如：

（1）干管长度；

（2）支管数量；

（3）家庭用户数量；

（4）非家庭用户数量和类型。

2.6.2 夜间流量分析

最小夜间流量出现的时间会由于地区性质的不同而多种多样，城市地区的最小夜间流量一般发生在较早的凌晨时段，通常是凌晨 2：00—4：00 之间。对于真实漏损而言，最小夜间流量是最有意义的一部分数据。在上述时间段内，合法用水量达到最小值且真实漏损占总流量的最大比例。

所研究区域的真实漏损量，是通过最小夜间流量减去干管中连接的每个用户合法夜间用水量的总和得到的。合法夜间用水量通常包括下面三个部分：

（1）额外夜间使用量；

（2）非家庭夜间使用量；

（3）家庭夜间使用量。

最小夜间流量减去合法夜间用水量得到的结果被称为净夜间流量（NNF），它主要由配水管网的真实漏损组成（见图 2-2）。

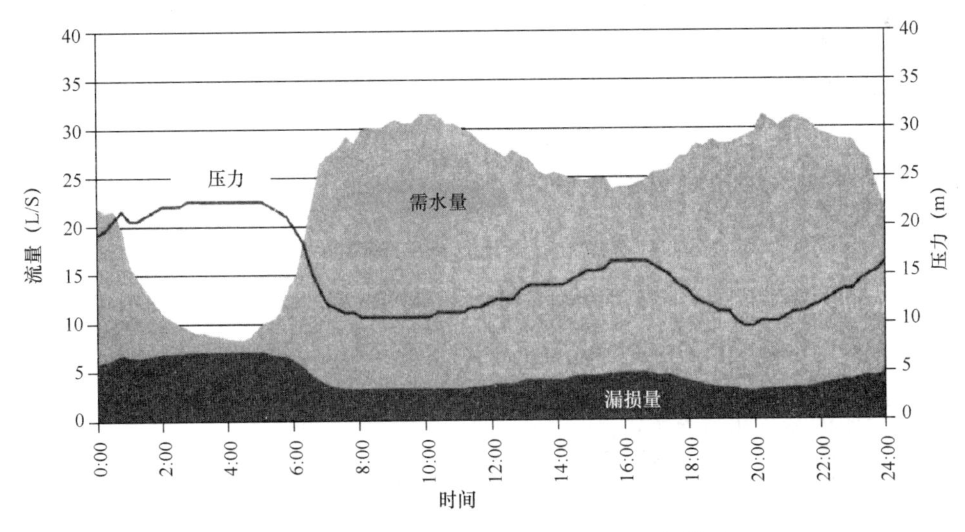

图 2-2 基于最小夜间流量测量的 24h 漏损模型

每天从最小夜间流量分析中得到的真实漏损，由 FAVAD 理论和模拟整个 24h 的漏损量确定。

2.6.2.1 固定与可变面积漏损理论(FAVAD)

漏损根据管道开口面积，可分为固定面积漏损和可变面积漏损。固定面积漏损量随着系统压力的平方根变化，可变面积漏损量随着系统压力的 1.5 次方变化。在任何一个配水管网系统中都存在固定面积漏损和可变面积漏损，只是漏损率随压力指数变化不同，通常情况下压力指数范围为 0.5～1.5。FAVAD 理论中适合真实漏损预测的最简单模型如下：

$$L_1/L_0 = (P_1/P_0)^{N_1}$$

N_1 值越大，漏损量随压力的变化越敏感。FAVAD 理论可以准确预测压力改变时真实漏损的增长量或降低量。当 N_1 值不清楚时，可将其近似看作线性（$N_1=1$）关系（详见 3.6 节）。

2.6.2.2 净夜间流量(NNF)

为了计算净夜间流量，需要评估和计算夜间合法用水量：

额外夜间使用量：一些社会场所、商业、工业和农业用户由于它们各自业务流程的性质在夜间时段需要大量用水。这些用水量与流入分区的最小夜间流量之间有很大联系。而这些用户必须通过询问当地相关人员和分析计费系统中的用水数据进行识别。若分区中的某个用户在夜间使用较大的水量，则在最小夜间流量测量期间的读数将被提取出来。

非家庭夜间用水量：非家庭夜间用户不能像额外夜间用户那样容易被识别出来，但是仍然会在夜间使用水，例如自动冲洗小便器。必须基于供水系统获得的工业类型水数据，额外增加这类夜间用水量。如果有必要，这些数据可通过本地特殊用户水表的短期记录获取。

家庭夜间用水量：家庭用户在最小夜间流量期间也会用水。典型的用水包括厕所冲水、夜间一直运转的自动洗衣机和刷碗机以及园林灌溉。理想情况下，这些数据可在典型地区，使用便携式超声波流量计临时测量家庭夜间用水量获取。另外，也可参考用文献中的相关数据。

2.6.2.3 评估真实漏损组分

需要一个详细的组分分析才能将真实漏损精确地划分成几个组分。然而，用一些基础的评估方法可以做初步的评估。

输水干管或配水干管中的漏损：在配水干管尤其是输水干管上的漏损，通常是看得见的、有记录的和快速维修的大事件。使用维修记录数据，可以计算记录期间（通常是 12 个月）干管漏损的数量，根据漏损发生时的平均流量估算值，干管年漏损总量可按照以下公式进行计算：

记录的漏损数量×平均漏损流量×平均漏损持续时间（例如 2 天）

也可加上干管背景漏损量和当前未被发现的漏损量。

2.6.2.4 蓄水池漏损和溢流水量

蓄水池漏损和溢流水量通常可知并可量化。溢流水量是可观测的，且平均溢流时间和流速是可估算的。可通过在进水阀门和出水阀门关闭的情况下，做水位下降试验计算蓄水池的漏损水量。

用户支管至计量表之间的漏损水量，可通过从真实漏损总量中扣除干管漏损量、蓄水池漏损和溢流水量近似计算。其漏损水量包括支管中的明漏、暗漏（目前未知的）和背景漏损。

2.7 组分分析

配水系统真实漏损组分分析所需的关键数据为：

（1）管网全部配水干管和输水干管的总长度。

（2）支管总数量。

（3）计量水表与用户水表之间的平均支管长度。

（4）每年所有配水干管中，明漏和暗漏的维修总量。

（5）每年所有支管中，明漏和暗漏的维修总量。

（6）整个管网的平均压力。

（7）漏损在感知阶段、定位阶段和修复阶段的持续时间估算值。

（8）蓄水池漏损和溢流水量估算值。

在组织结构较好的供水公司，这些数据中的大部分很容易获得；然而，整个管网的平均压力通常很难精确估算。

2.7.1 平均压力计算

真实漏损分析中平均压力是一个关键参数，因此，对供水公司来讲，做一些详细的工作更好地估算平均压力是非常值得的。平均压力计算方法如下：

（1）对每个独立计量区，计算基础设施（支管、干管或水龙头）组分的加权平均值；可使用简单的电子表格或者管网分析模型简化计算过程。

（2）在每个区域的中心附近，标识一个有相同加权值的测量点，称为区域平均压力点（AZP）。

（3）测量 AZP 的压力作为该区域的平均压力。

AZP 的压力应取 24h 压力的平均值；AZP 的夜间压力通常称为 AZNPs（区域夜间平均压力），它是夜间流量组分分析中的一个关键参数。为了获得整个系统的平均压力，可以用每个区域中支管的数量作为权重计算压力的加权平均值。若配水管网已经建立了水力模型，可基于节点压力计算管网平均压力。

2.7.2 背景漏损计算

真实漏损的第一个计算部分就是背景漏损。背景漏损（管道小的渗漏和接头滴水）是一个持续的过程，其流量太小，不能通过主动漏损检测发现。背景漏损通常不宜被发现，除非是偶然被发现或者已经严重到能被检测到的程度。

表 2-2 提供了设施条件因子（ICF）为 1 时单位压力（m）下，不可避免背景漏损量的参考值。ICF 为计量区域背景漏损的实际水平与该计量区域不可避免的背景漏损计算值的比值。

不幸的是，ICF 通常是未知的。若不进行详细的测量，则不可能知道 ICF 的取值。在不进行测量的情况下，可使用表 2-2 中的默认值，结果可能导致过低的估计背景漏损量，而过高的估计潜在可回收的漏损（额外的漏损）量。使用较大的 ICF（例如取 5）容易导致背景漏损量的估算值偏高，将会造成估算的额外漏损量偏低。因此，建议使用 ICF＝1

时的背景漏损值，除非进行更详细的测量。

不可避免的背景漏损量　　表 2-2

基础设施组分	在 ICF=1 时的背景漏损量	单位
干管	9.6	L/(km・d・m)
支管——干管到用户边界	0.6	L/(c・d・m)
支管——用户边界到用户水表	16.0	L/(km・d・m)

数据来源：IWA 漏损控制小组。

注：L/(km・d・m) 表示每天每千米主干管内单位压力（m）所产生的漏损量（L）；

c 表示每用户支管，L/(c・d・m) 表示每天每用户支管单位压力（m）所产生的漏损量（L）。

2.7.2.1　明漏和暗漏计算

明漏是指地下管道出现爆管或者漏损，漏水出现在地面。供水公司通常会接到市民热线电话反应漏损情况，例如淹没地面。

暗漏是指地下管道出现爆管或者漏损，漏水没有出现在地面，若不进行主动漏损检测，通常发现不了这部分漏损。

收集了干管和支管上每年发生明漏的数量之后，还需要漏损平均流量和平均持续时间的数据。若供水公司没有调查并收集相关的数据，那么建议使用表 2-3 中的数据。

明漏和暗漏的流量　　表 2-3

漏损的位置	明漏流量 [L/(h・m)]	暗漏流量 [L/(h・m)]
干管	240	120
支管	32	32

数据来源：IWA 漏损控制小组。

漏损持续时间可分解为三个时间段：

（1）感知阶段；

（2）定位阶段；

（3）修复阶段。

感知阶段：明漏感知时间通常非常短，在供水公司接到市民热线报警之前一般不会超过 24h。暗漏则不同，暗漏按其定义需要主动实施漏损控制策略才能被检测出。暗漏感知时间取决于 ALC 策略的执行，若定期使用听音杆检测并且每年调查一次供水系统，那么平均感知时间将是 183d。若每年调查两次供水系统，那么平均感知时间将是 90d。

定位阶段：明漏定位通常不需要太多时间，因为它可以被看到，可以快速地确认漏损的位置。而暗漏的定位时间取决于 ALC 策略的执行，若使用常规的音听检漏，那么定位阶段就是 0，因为检查人员在意识到漏损的同时就知道了漏损的位置。若定期进行夜间流量监测，供水公司将会很快意识到某个区域出现了漏损，但仍需要一些时间定位。

修复阶段：修复时间取决于供水公司的维修策略和能力。通常修复干管上的漏损所需时间不超过 24h，但是支管上小的漏损也许会花费 7d 时间才能修复。

2.7.2.2　蓄水池漏损和溢流水量计算

该部分水量必须在具体分析的基础上计算。正常情况下水厂管理人员应知道蓄水池是否发生溢流。在这种情况下，需要估算每小时的流量及溢流持续时间。老的地下蓄水池可能存在泄漏，在这种情况下，需要做水位下降试验量化漏损量。

2.7.2.3 额外漏损量计算

一旦上述提到的所有组分都得到量化，就可以计算额外漏损量。额外漏损量指用当前主动漏损控制策略未检测到的漏损量。

（水量平衡中的真实漏损）－（已知的真实漏损）＝（额外漏损）

若额外漏损量计算值为负，就必须检查真实漏损组分分析（例如漏损持续时间）的假设，并将其改正。如果额外漏损量计算值仍为负，那么显然在年水量平衡（例如低估系统进水量或者高估账面漏损量）中存在错误，所有水量平衡组分都应进行检查。

2.8 真实漏损绩效指标计算

既然真实漏损和账面漏损的损失水平是全世界供水公司讨论的一个非常重要的问题，那么就需要一个精确的绩效指标用于标准化管理、国际绩效比较和设定目标。然而，事实并非如此，当公共事业管理者、咨询公司和监管部门谈论供水损失的时候，仍然使用一种非常不适合的指标。

目前最先进的真实漏损绩效指标（由 IWA 和 AWWA 水损失控制委员会推荐）是供水设施漏损指数（ILI）。

在当前供水压力下，ILI 能够很好地衡量供水管网在控制真实漏损方面的管理水平（如养护、维修和恢复等）。它是目前年真实漏损水量（CARL）和不可避免年真实漏损水量（UARL）的比值。

$$\text{ILI} = \text{CARL}/\text{UARL} \tag{2-1}$$

作为一个比值，ILI 是没有计量单位的，因此，对于那些使用不同计量单位的供水企业或者国家，可采用该指标进行对比。但是什么是不可避免的漏损，又该怎样计算呢？世界各地的漏损管理者清楚地意识到，即使是在新建的和管理良好的供水系统中，真实漏损也是一直存在的。

这只是一个不可避免漏损有多大的问题。在实际应用中，UARL 公式中最初的复杂组分可以用预定义的压力数据取代：

$$\text{UARL} = (18 \times L_m + 0.8 \times N_c + 25 \times L_p) \times P \tag{2-2}$$

式中 L_m——干管长度（km）；

N_c——用户支管数量；

L_p——进户管总长度（km）（从边界管道到用户水表）；

P——平均压力（m）。

干管长度和用户支管数量供水公司是可知的，但进户管总长度却是比较难获得的数据。幸运的是，全球 50％的用户水表放置在离边界管道很近的地方，因此，L_p 可近似为 0。对于离边界管道很远的用户水表，可通过随机抽查用户支管，估算用户水表与边界管道的平均距离或者总距离。

根据图 2-3 可以更好地理解 ILI 的概念。图 2-3 显示了漏损管理的四个组成部分。中间的大方框代表目前年真实漏损水量（CARL），其随着配水管网的老化日趋增加。然而，有效的漏损管理策略可以抑制其增加趋势。黑色方框表示的是不可避免的年真实漏损最低值，或者表示当前供水压力下，技术可达到的年真实漏损最低值。

CARL 和 UARL 的比值，或者说供水设施漏损指数（ILI），是一个从三方面衡量供水企业供水设施管理水平的指标，即维修、管网资产和附属设施管理以及主动漏损控制。虽然完善的管理系统可以使供水设施漏损指数达到 1.0（CARL＝UARL），但是，供水企业未必以此为目标，因为供水设施漏损指数纯粹是一个技术指标，未考虑经济因素。

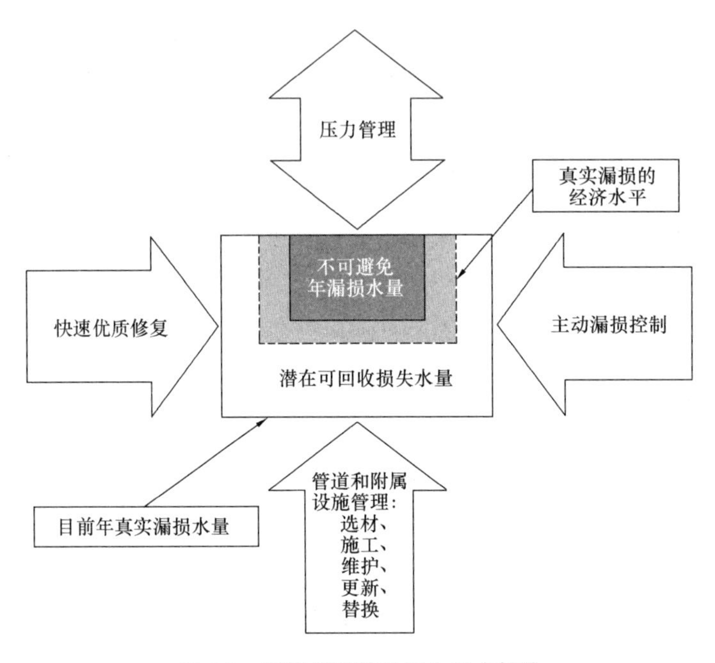

图 2-3　漏损管理策略四个组成部分

表 2-4 显示了供水设施漏损指数（ILI）以及其他由 IWA《供水服务绩效指标：IWA 最佳实践手册》（Alegre 等人 2000）推荐的无收益水量和真实漏损绩效指标。基于功能和等级，对指标定义如下：

第 1 级（基础）：指标的第一层，提供供水企业管理效率和效能的概念。

第 2 级（中级）：是第 1 级指标更深入的附加指标，提供给那些需要更进一步了解详情的使用者。

第 3 级（详细）：指标提供了更具体的细节，适用于高水平的管理机构。

真实漏损和无收益水量的推荐指标　　**表 2-4**

属性	等级	代码	绩效指标	注释
经济指标： 用水量表示 NRW	第 1 级 （基础）	Fi 36	无收益水量（系统总供水量的百分数）	可以用水量平衡计算得出，但没有太大实际意义
运营指标： 真实漏损	第 1 级 （基础）	Op 24	升/(用户支管·日) 或者 升/(单位干管(km)·日) (当用户支管密度＜20 支管数/km 时)	最好的传统绩效指标表示方法，用于目标的制定，但是受限于系统之间的比较

续表

属性	等级	代码	绩效指标	注释
运营指标：真实漏损	第2级（中级）	—	升/(用户支管·日·单位压力(m)) 或者 升/(单位干管(km)·日·单位压力(m)) （当用户支管密度<20支管数/km时）	在ILI未知的情况下，更容易计算指标，更有益于系统之间的对比
经济指标：用成本表示NRW	第3级（详细）	Fi 37	无收益水量的价值（系统年运营成本的百分数）	无收益水量的单位成本，一个好的经济指标
运营指标：真实漏损	第3级（详细）	Op 25	供水设施漏损指数（ILI）	目前年真实漏损水量与不可避免年漏损水量的比值，是系统之间进行对比最有效的指标

2.8.1 第1级指标

Fi 36（经济指标）：以系统总供水量的百分比来衡量的无收益水量，是一种非常基本的经济指标而不是运营指标。它在建立年度用水量平衡之后可以很容易得到计算。

Op 24（运营指标）：首先，为了确定最恰当的指标，必须要计算出支管的密度。由于大多数配水系统每千米干管上连接有超过20个支管，逻辑上每个支管应该作为真实漏损的基础性运营指标。

对于间歇式供水的系统，当系统供水时，运营指标表示为升/用户支管/日。年真实漏损量要除以系统供水的天数，而不是除以365d。

2.8.2 第2级指标

运营指标：升/(用户支管·日·单位压力(m))。与第1级的运营指标相比，这个指标的优点是把系统压力考虑了进来，这样就为比较相同供水公司的不同供水区域，或者不同供水公司的不同压力供水系统提供了一个非常有用的指标。然而，这项指标不是对第1级指标的替换，而是进行补充，因为高的系统压力是一项较大的管理问题，它能够得到控制来减少漏损。

如果用户支管密度<20支管数/km，该指标就表达为升/(单位干管(km)·日·单位压力(m))。

2.8.3 第3级指标

Fi 37（经济指标）：年无收益水量是一个经济绩效指标，它用供水系统年运营成本的一个百分比来表达。这个指标是漏损经济水平（ELL）分析的第一步。在计算无收益水量时，将其分为真实漏损和账面漏损是很重要的，因为平均水价（用于评估账面漏损）可能不同于水的边际成本（通常用于评估真实漏损）。水的边际成本包括：

（1）购买大体积水的价格（如果水是外部供给的）；

（2）水泵运行消耗的电费；

（3）水处理化学药剂的费用；

（4）环境收费或偷窃。

如果供水缺乏，就会采取供水节流的措施或者购买外部水源，这部分外部水量就会当成真实漏损增加到平均水价当中。

Op 25（运营指标）：即供水设施漏损指数（ILI），它是系统之间进行对比最有效的指标。就像上面所描述的，ILI 是一种在目前运行压力下怎样更好地管理配水管网真实漏损的控制指标。

参考文献

Farley, M. and Trow, S.（2003）. Losses in Water Distribution Networks—*A Practitioner's Guide to Assessment, Monitoring and Control*." London：IWA Publishing http：//www.iwapublishing.com/template.cfm? name=isbn1900222116.

LEAKSSuite，www.leakssuite.com.

Liemberger，www.liemberger.cc.

WRP，www.wrp.co.za and www.wrc.orc.za.

Alegre H., Hirner W., Baptista J. M. and Parena R.（2000）. *Performance Indicators for Water Supply Services. IWA Manual of Best Practice*. ISBN 900222272.

第3章　主动漏损控制

3.1　引言

随着对水资源保护意识及对供水效率重视程度的不断提高，供水公司相关部门都在不断降低漏损和提高经济效益。供水公司是为了盈利而运营，因此，需要尽快定位管网漏损部位，减少漏损修复时间。也就是说，需要先进的软件帮助顺利找到漏损区域，并且需要更好的漏损控制技术，以及使用更先进的设备指引工人定位漏损。为避免因挖错位置导致的巨大花费，工程师需要精确定位漏损位置。为了帮助供水公司完成这项任务，陆续出现了许多设备和相关技术用于测量、分析、监控漏损，以减少管网漏损。近年来，完成这项任务的工具与设备越来越多，发展十分迅速：

（1）出现了很多水量平衡分析软件，用于识别管网中可能的漏损区域，并且按重要程度对这些区域排序。

（2）DMA 监控识别是当今国际上在实际工程中监控和管理漏损最好的方式。

（3）电磁流量计（EM）、超声波测量仪、机械流量计等先进流量计量技术。

（4）数据快速获取及通信技术的发展使管网（包括输水干管）漏损和爆管识别更容易。

（5）声学多传感器工具箱及其他设备使漏损定位更准确、容易。

（6）相关漏损检测技术和设备配合使用，能进一步寻找难以发现的漏损。

（7）用户智能水表的使用和抄表系统（AMR）的发展，使识别供水系统账面漏损和用户漏损更加容易。AMR 还可连续自动监测管网中的流量。

以上几个方面有些已经应用了好多年，有些正逐渐被使用。由于科技的飞速发展，新兴产品也在不断地推出，可以采用“多传感器”监测方式，供水工程师根据管网特征及现场条件，使用相关技术及选择合适的设备检测漏损。

众所周知的漏损监测、识别、定位和修复方法是主动漏损控制（ALC）。本章主要介绍主动漏损控制相关的方法、技术和设备，以及如何使用现有的技术提高管网漏损的管理水平，和新兴科技在未来如何帮助人们检测难以发现的漏损。

3.2　DMA 监测

概念：独立计量区域（DMA）的概念已被国际所认可，DMA 是用来监测、识别区域漏损/爆管的一种好方法。

“漏损监控需要在供水管网区域边界的管道上安装流量计，用于记录每个区域的用水量，这些区域定义为独立计量区域。”

《配水管网漏损——漏损评估、监测和控制手册》(Farley 和 Trow 2003)

DMA 技术要求对整个配水管网进行分区和隔离。每个 DMA 有一根（有时候是两根或者多根）供水连接管道，供水连接管道上应安装流量计，其他的边界管道上应安装永久性的隔离阀并关闭阀门。DMA 的大小是不同的，通常大约有 500～3000 户。计量等级及 DMA 设计原则如图 3-1 所示。

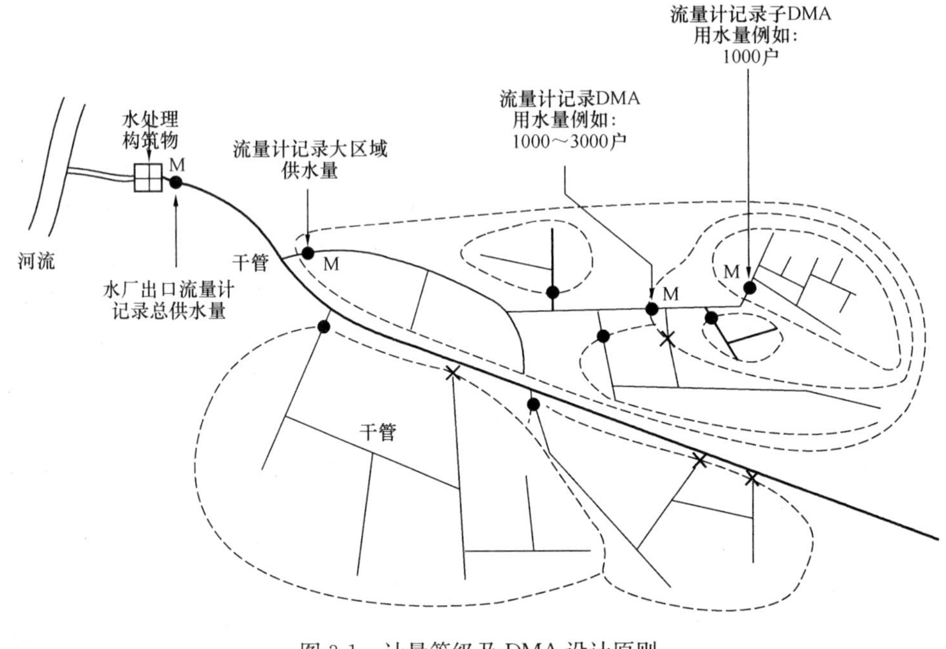

图 3-1　计量等级及 DMA 设计原则

根据管网特性，DMA 具有以下特征：

(1) DMA 通常由一根或多根管道供水。

(2) 一个隔离的区域（例如没有未测量的流量流入邻近的 DMAs）。

DMA 监测能够帮助工程师及时发现哪个区域发生了漏损，从而减少新漏损的感知时间，提高收益和漏损管理水平。DMA 的设计和运行相关内容在 IWA 漏损控制专家组出版的指导手册中作了详细的介绍，该手册可以免费下载（IWA 2007a）。

3.3　DMA 管理

DMA 管理的关键是持续地监控流入 DMA 中的流量，然后分析夜间流量，确定是否存在用户用水量之外的额外流量，这部分额外流量可能就是漏损量。应用 DMA 流量分析对漏损量进行评估应选取 DMA 用水量最小的时段，这段时间通常是在凌晨 2：00—4：00，因为该时段用户用水量最小，因此漏损量占总用水量的比例最高。图 3-2 清晰地阐明了最小夜间流量时段典型的漏损量变化曲线。

如果夜间流量增加，那么可能存在一个新的漏损点或者已存在的漏损点流量变大。通过分析夜间流量数据，确定是用户用水量增加还是出现爆管或者漏损。通过使用软件分析最小夜间流量，可以估计漏损的等级、背景漏损和爆管流量。通常用总供水量减去用户夜

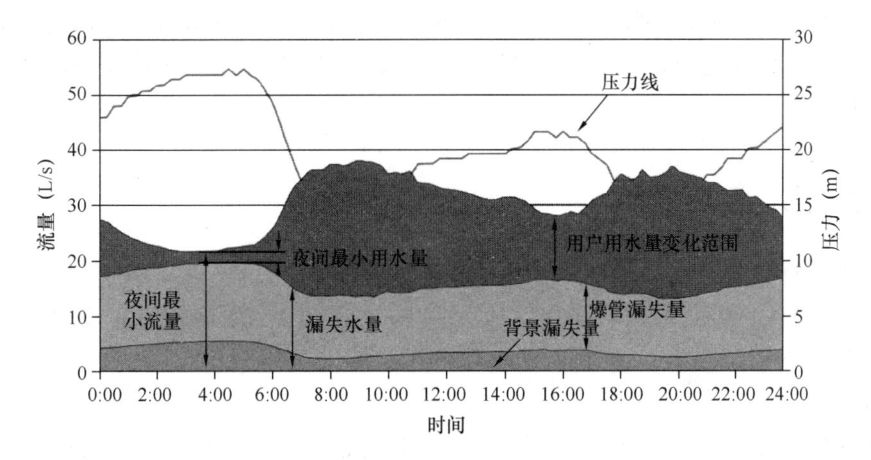

图 3-2 最小夜间流量时段典型的漏损量变化曲线

间用水量估计漏损量。

如果发生严重的漏损，工程师越快地进行 DMA 流量分析，爆管或漏损就能越快地被识别并定位。这样就可以很快地将漏损修复。DMA 的理念以及结合现有的技术和设备联合监测、检测、定位漏损在 IWA 的出版物《配水管网系统漏损》（Farley 和 Trow 2003）中进行了详细的描述。IWA 漏损控制专家组（IWA 2007b）的出版物也提供了详细的指导手册。

配水管网中的夜间流量由用户用水量和漏损量组成。在所有用户都安装水表的 DMA 中能够更好地确定用户用水量。

漏损分析基于最小夜间流量，这些流量被 DMA 中的流量计记录并结合相关软件连续不断的分析。分析可能包括用户用水量，这些流量会被系统从总流量中减去，剩下的就是漏损量。在自动计量系统中，可以得到高精度的用户夜间实时用水量。

工程师可以通过监测一个 DMA 或多个 DMA 的用水量，分析这些数据识别新的漏损以及由于漏损量增大而导致的漏损，并进行快速维修（见图 3-3）。

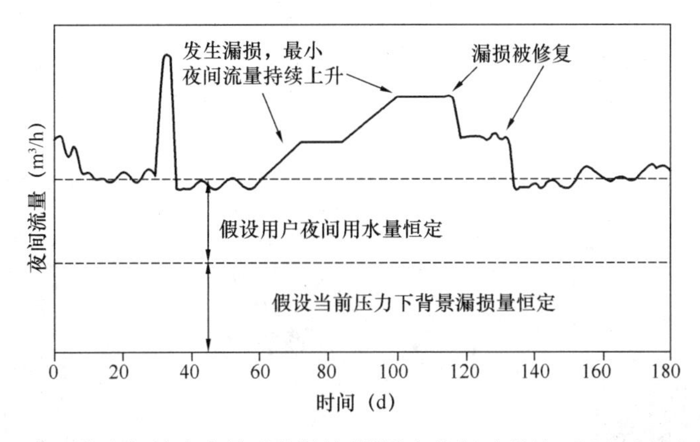

图 3-3 典型的夜间最小流量时段爆管/漏损和修复过程的 DMA 流量变化曲线

将夜间流量数据整合，并转换成年漏损量的计算是自下而上的方法。可以通过自上而下的漏损评估证明其准确性，该技术使用了第 2 章中讲述的水量平衡技术。

对于可疑漏损区域，例如，与其他区域相比具有更高的夜间流量，并且超过了经济漏损的区域，可以使用定位技术（如分级测流法、噪声记录仪）检测定位漏损，这些技术将在 3.8 节讲述。

3.4 流量计量

当前流量计量和数据采集技术在快速识别爆管和估算真实漏损中起到了重要作用。许多供水企业通过传感技术将 DMA 流量数据传输到 SCADA 系统中。该方法结合相关的分析软件，能够帮助管理人员识别出哪些 DMA 发生了漏损，并能及时进行漏损定位、修复。

流量计量也经过了一个演变的过程。在 20 世纪前期，流速计首先在美国街区地下管道中使用（Cole 1907）。到了 20 世纪 80 年代早期，机械流量计开始安装在 DMA 中，在当时是非常有效、可靠、精确的。嵌入了电子元件之后，机械流量计就变为了电子流量计，可以记录规定时间内的流量数据。电磁流量计（EM）不需要安装到管道中，因此，流量计相关元件不会被水流中的杂质或硬物损伤，计量相对准确，但是它也存在两个主要缺点：一是流量计的测量范围没有机械流量计大，二是造价昂贵，因此其应用具有挑战性。随着技术的发展，当前电磁流量计的测量范围已和机械流量计没有区别。此外，由于大批量生产，电磁流量计的价格不再昂贵，已被供水公司广泛使用。由于电磁流量计只有流量计部分安装在地下管道上，然后通过电缆连接到地面相关电子设备上，因此，电磁流量计越来越受到欢迎，正逐渐应用到 DMA 边界管道上，用于实时监测流量。

另一个更重要的进展为流量计提供了一个“优势”，那就是电池单元。电池的一般寿命可长达 6～10 年，这就克服了在偏远地方使用流量计电力不足的问题。其他的技术进展，比如监测数据能与 GSM（全球移动通信系统）和 GPRS（通用分组无线服务技术）连接，也为流量计量提供了有利条件。

目前，有公司发明了超声波流量计。它与电磁流量计相似，也是非插入式，并且在实际应用中被证明效果很好。曾经因为价格昂贵以及能耗的问题，使得电子流量计应用不多，只是用于暂时的流量监测，但随着近几年技术的发展，电子元件能耗降低，使电子流量计广泛地应用到了 DMA 监控系统中，并对漏损的监测起到了十分有效的作用（见图 3-4）。

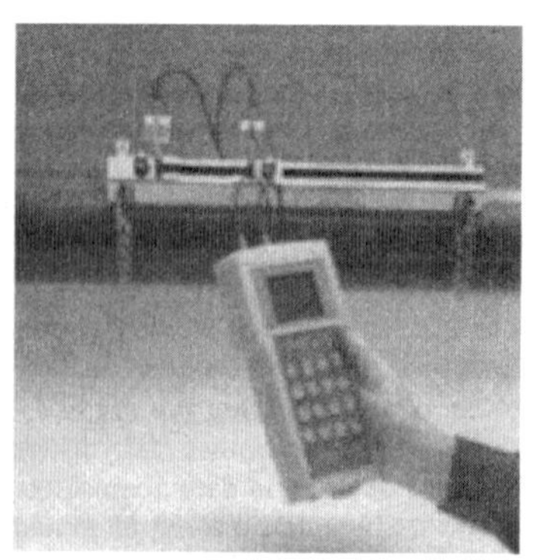
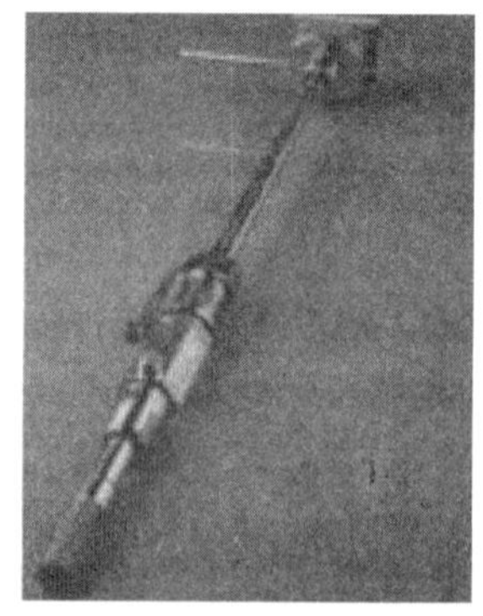

图 3-4　DMA 在线监测流量计（全管径、插入式、钳形超声波流量计）

新一代的便携式电磁插入式流量计和非插入式超声波流量计，拥有全部的流量测量范围。这些仪器十分适合管网的流量分析与运行工况监测，并且适合DMA在线流量监测。生产商生产的电磁插入式流量计包含完整的数据记录元件，能够提供三个流量记录相关的配置：

（1）普通记录（流量和压力）；

（2）高分辨率阶段性测试（流量和压力）；

（3）24h流量累加计量（只测流量）。

目前，生产商已经研制了一种新型的流量测试系统——声波流量计。它是一个嵌入电子元件的阀门并带有一个彩色显示屏。该测试系统基于阀门进行临时测量，操作人员首先关闭阀门，然后重新打开，相关软件记录该过程水流经阀门时产生的声波，然后利用声波信息换算成流量。声波技术可用于测量管网中任何管道的实时流量。该技术对管道流量测量十分有价值，尤其是针对没有安装流量计的管道，并且可能会取代许多传统的流量测试方法。

3.5 数据采集和分析

数据采集是目前发展最快的技术之一。为了满足市场的需求，数据记录仪应满足以下特性：

（1）记录仪外壳坚固、防水。

（2）便于在水表井中安装，避免地面上安装不方便、安装成本高。

（3）数据采集具有通用的数据接口类型。

（4）电池电量充沛（至少可以使用5年）。

另外，可以使用GSM和GPRS技术实现流量数据远程传输，生产商正在生产光学数字流量传感器，能够与流量计数据传输技术相兼容。这类传感器为便携式传感器，不与主电缆或者电话线连接，而且它们有一套复杂的报警系统。新型的数据记录仪配置了一个LCD屏幕，可以从中阅读实时数据，以及使用检索选项检索需要的数据。也可以将数据下载到电脑，并且可以通过无线蓝牙功能点对点传输。具有20年生产经验的某数据记录仪厂商，生产了一种新的无线数据记录仪，该记录仪能够直接使用GSM短信服务（SMS）传输数据和读取数据，并且能够通过互联网将报警信息传递给主机。

3.6 压力管理

压力管理对于一个好的漏损管理策略来说是必不可少的组成部分。配水管网中的漏损量（靠水泵提升压力供水或靠重力供水）是一个与压力有关的函数。

图3-5所示的是漏损量和压力之间的关系曲线。并且有证据表明，管网中的爆管/漏损频率也是与压力相关的函数：

（1）管网压力越高/越低，则漏损量越高/越低。

（2）漏损量与管网压力之间的关系复杂，管理人员通常初步假设两者是一种线性关系，即压力减小10%，则漏损量降低10%。

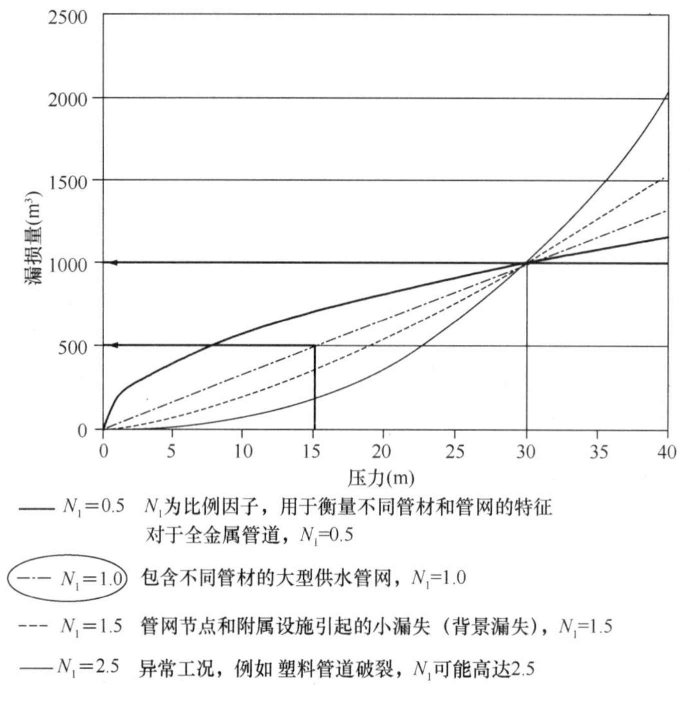

图 3-5 漏损量和压力之间的关系曲线

（3）爆管频率主要受管网压力大小和压力周期的影响。

N_1 是衡量不同管材和管网特征的比例因子，包含不同管材的大型供水管网，漏损量与管网压力趋于线性相关，可以认为 $N_1=1.0$。

为了评估供水管网系统实行压力管理的可行性，供水公司首先需要做以下工作：

（1）通过初步分析，确定潜在的区域、仪器安装点以及用户服务问题。

（2）借助水力模型进行流量分析，确定用户类型和压力控制范围。

（3）利用监测点流量观测值与压力观测值（压力监测点主要设在 DMA 入口管道、区域平均压力点及管网中关键位置）校正水力模型。

（4）使用相关模型计算潜在的效益。

（5）选择合适的控制阀门和控制设备。

（6）通过水力模型验证发生火灾时，对消防用水量不会产生不利的影响。

（7）制定合适的压力控制方案，能够达到预期的结果。

（8）分析成本和效益。

3.6.1 DMA 压力管理

有很多方法可以降低供水管网的压力，包括变速泵调节和压力调节池控制。然而，最常见且最经济的方法是使用自动减压阀（PRV）。自动减压阀需要安装在管网的关键位置，用于降低管网压力或维持设定的压力。自动减压阀使得阀门下游压力维持在设定值，而不影响阀门上游压力和流量的波动。

通常在爆管频率高和漏损量大的 DMA 入口处安装自动减压阀，管网压力少许的波动会对经济利益产生大的影响。实践证明，将 DMA 平均压力从 35m（50psi）减少到 31.5m（45psi）时，平均压力降低了 10%，使得平均漏损量降低了 10%，爆管频率降低了 14%。

自动减压阀通常安装在 DMA 边界入口管道流量计之后，目的是防止出现紊流，影响水表的准确性。最好在减压阀处设置旁通管，便于维修。

DMA 压力管理以及自动减压阀在 DMA 中的安装原则，在《配水管网系统漏损》（Farley 和 Trow 2003）和 IWA 漏损控制专家组（IWA 2007a）出版的指导手册中进行了详细的说明。

3.7 DMA 的替代

分区监测的方法几乎可以应用到所有的供水管网系统。甚至对供水不足的管网系统，区域漏损监测也将逐渐地引入。一次监测一个区域，检查漏损并修复漏损，然后在下一个区域重复这项工作。这种系统的方法不断地提高了管网供水的可靠性和供水效率。

然而，DMA 的概念尚未普及应用，因为其他方法可替代 DMA，这些方法无需使用计量仪器对管网进行细致分区。有很多新方法使用插入式流量计通过测量流量波动探测漏损。这种流量计不需要大规模的挖掘就可以安装在压力管道中。与使用永久计量仪器划分的 DMA 相比，这种方法可以很容易地监测某个区域，将供水影响降到最低。

随着噪声记录仪、多参数监测系统、水力模型技术（详见 3.8 节）的发展，识别可能漏损区域变得越来越简单，因此，有些人认为 DMA 方法有些多余。

3.8 查漏技术

DMA 流量数据分析可以为该区域出现爆管或漏损时提供快速的反馈。而工程师仍然只能确认一个大致的区域，还需要精确查找漏损的位置。若漏损位置定位不准确，则挖掘成本就会增加，挖掘的位置也会出错。漏损精确定位分为以下三个阶段：

（1）DMA 流量监测定位可能漏损区域。

（2）进一步缩小 DMA 中的漏损区域。

（3）精确定位漏损位置。

3.8.1 漏损定位

若管网建立了 DMA 分区，就很容易监测夜间流量。通过定位流量多出的位置，便可定位漏损位置。这种方法可以精确地定位漏损位置。具体实现过程如下：

（1）逐步测试流量：从距离流量计最远的地方开始，到距离流量计最近的管道位置结束，通过关闭阀门隔离测试管道。在流量测试期间，记录每一根测试管道隔离后的 DMA 入口流量计读数。若在测试中，DMA 入口流量计读数明显降低，则说明测试的当前管段存在漏损。

（2）进行相关调查。

（3）安装漏损噪声记录仪进行精确定位。

传统的漏损定位方法（包括使用相关仪器对可疑区域进行“扫荡”式检测，或者关闭阀门隔离管道进行“逐步测试”），已经使用了很多年。近些年，随着漏损定位技术的发展，漏损噪声记录仪（Hamilton 2007）可以实现漏损定位功能。该技术也被广泛应用于输水管道的漏损检测。由于可在夜间独立进行，因此越来越受到用户的欢迎。根据不同的生产厂家，通常一组由 4 个、8 个或 15 个噪声记录仪单元组成，在监测区域内，每个噪声记录仪被安装在相邻的消火栓、水表或其他地面附属设施上（见图 3-6）。使用之前先设定好监测时间段，在设定的时间段内，噪声记录仪会自动监听和记录漏损产生的噪声，监测时间段通常为凌晨 1：00—4：00 的夜间最小流量时段。工程师白天设置噪声记录仪参数，噪声记录仪夜晚自动记录数据，因此，在繁忙或危险的区域，使用该方法检测漏损具有很大的优势。

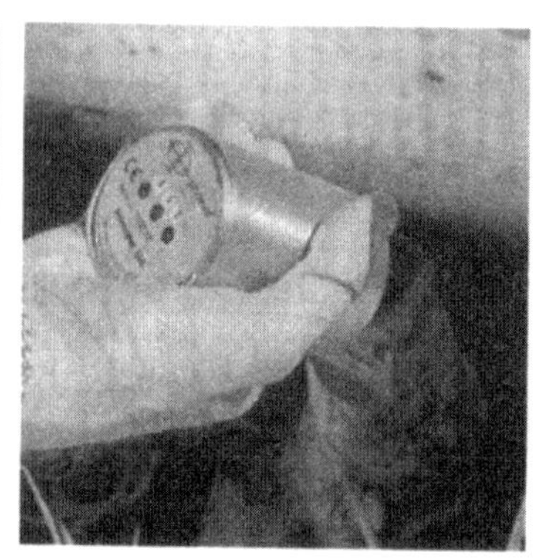

图 3-6　安装噪声记录仪

通过比较每个记录仪记录的声级和响度进行读数分析。如果想弄清楚是否确实有某个或多个管件设备存在异常，需要在该消火栓附近进行更仔细的检查。记录仪在接近漏损点时会发出高分贝、尖锐的噪声。分析结果时，应当彼此比较，不能仅仅比较单个记录仪上的数据。记录仪记录的数据可以在现场进行分析，也可以通过网络下载，或者使用车载接收器依次经过每个记录仪进行收集。疑似为泄漏点发出的噪声会被记录下来，由此找出漏损点。

3.8.2　漏损噪声记录仪

最新一代的噪声记录系统——相关记录仪或多点相关仪，能提供漏损的“即时”位置。通常需要三个步骤来完成：区域定位、子区域定位和精确定位。该方法主要与供水主干管有关，而并非 DMA 系统的一部分。该设备是便携式的，允许高成本单元之间互换使用。

根据英国的案例研究经验，噪声记录仪典型应用和数据分析过程如下：

（1）提前一天晚上部署一组记录仪（15～30 个）。

（2）记录仪记录来自漏损点的噪声以及每个噪声的声级和响度。

（3）分析确定系统中哪个记录仪记录到了较大的噪声，并综合分析噪声以精确定位漏损位置。

（4）使用电脑检索数据、分析数据并发送给检查人员，以确认漏损位置。

（5）数据以图形或表格形式呈现，并且可以生成3D图像给出可视化的展示，有助于提高检查人员的信心。

（6）由于软件技术的进步，具有“自动分析”功能的软件不再要求操作人员具备特别的专业技能。

在英国的另一个案例中，使用“三次扫描”的方法部署噪声记录仪。一个由28名漏损检测技术员和3名项目分析人员组成的小组倾力完成了这项工作。夜间流量从 96.3×10^6 L/d（25.7兆加仑/天）减少到 75.2×10^6 L/d（20.1兆加仑/天），减少了22%。该公司声称90%检测到的漏损点位于预测点2.5m（8.2英尺）范围内。

某噪声记录仪制造商正在将“神经网络”技术引入到声学记录仪产品线，这实际上是一种自动学习模式，将帮助仪器比较漏损和非漏损声音，然后“从自己的错误中学习”，并提高自身识别真实漏损噪声的能力，而不是简单地提取噪声信息。除了在日常漏损检测中具有显著的成效之外，在那些灌溉（人为设计的漏损）普及的地区也具有广泛的应用前景。考虑到在高噪声环境中声音的识别问题，可以将系统配置为适应当前噪声的模式，当噪声分布或噪声“指纹”在预定时间段内改变时，就会被标记为漏损情形。

另一家从GSM记录仪大规模生产中受益，专门从事声学GSM数据记录仪制造的公司，正在开发一种低成本和低功耗的GSM引擎。该引擎已应用于新的噪声记录仪。与其他类型的记录仪相同，记录仪通常以集群方式安装，并将其用于两种基本模式。第一种模式是作为噪声记录仪，其中数据从每个记录仪发送到主机PC（通常每天）或者上传到因特网用于分析。第二种模式由记录仪判断是否存在漏损，如果发生漏损，则SMS（文本消息）与数据一起发送。GPRS用于数据传输，SMS用于报警。记录仪结合噪声数据识别漏损位置。制造商建议初始阶段设备以第一种模式运行，这样漏损检测人员能够每天查看网页上的数据，发现管网中的漏损位置。未来将要做到作为调查工具的同类型记录仪之间相互关联。

上述噪声记录仪既可以作为永久监测工具部署在漏损高发区域，也可以作为连续测量工具（“升降和移位”技术）在该区域范围内移动。无论使用哪种系统，噪声记录仪都能为漏损检测承包商节省时间，其在“按结果付款”基础上的收入取决于定位的速度和精确定位漏损点的准确度。

3.8.3 漏损点精确定位

结合以下一种或多种设备将漏损点精确定位到某个小区域，找到真实漏损位置并进行挖掘：

（1）声学探棒；

（2）电子探棒；

（3）接地麦克风（或沿管道布置的一组麦克风）；

（4）漏损噪声分析仪。

基本仪器是探棒，本质上是简单的机械声学仪器或者具有电子放大功能的仪器。该技术广泛应用于：

（1）地毯式搜索，监听所有管件；

（2）维护和调查期间对服务设施、阀门和消火栓进行检查；

（3）确定其他仪器发现的漏损位置。

尽管漏损定位技术发展迅速，但“音听”（声学和电子）的使用力度和普及程度并未减小，该技术用于确定由分析仪识别出的漏损位置。另外，广泛用于确认漏损位置的接地麦克风也在进行着技术革新。已经有制造商开发了数字地面麦克风，其具有比常规装置更小和更轻便的放大器。漏损噪声分析仪加速传感器技术的应用，更是让数字化漏损监听仪消除了常规仪器中“嘶嘶”的背景声。

接地麦克风可以组装并用于两种模式：接触模式和测量模式。接触模式用于在设备上听音，类似于电子听音棒；测量模式用于在设备之间的管道上搜索漏损。该技术是将麦克风沿着主干管间隔放置在地面上，分析麦克风靠近漏损位置时声音大小的变化。听音者对声音信号的解析也可通过可视化设备增强。当检测漏损时，接地麦克风可以用其中任意一种模式检测漏损位置。

最近几年发展的漏损定位技术之一——声学垫，采用声音探测原理。该仪器紧密耦合的表面上阵列着 8 个互相连接的传感器，镶嵌在声聚合物垫里，总长约 1.5m（4.9 英尺）。垫子沿着主干管移动时可以确认可疑的漏损位置。该技术称漏损定位精度为 20cm（8 英寸），降低了“干孔”概率。

3.8.4 漏损噪声相关仪

漏损噪声相关仪是最复杂的声学漏损定位仪器。它通过检测沿管壁朝向放置的两个麦克风接收到的声音速度差判断漏损，而不依赖监测位置的漏损噪声水平。放置在水柱中的水听器，也可以通过聚焦由水携带的声音增强塑料管或大型管道中的漏损声音。毫无疑问，最新的相关仪可以在大多数管道中精确定位 0.5m（1.6 英尺）以内的漏损，其精度取决于管道尺寸、材料、压力和管道内部特性，如管内结垢和碎屑。该仪器是便携式的，可由单人操作，并且具有频率选择和过滤功能。相关仪（见图 3-7）可以在两种模式下使用：

图 3-7　使用漏损噪声相关仪

（1）作为检测管道漏损的检测工具；

（2）作为识别漏损位置的定位工具。

当相关仪作为检测工具时，通过相关峰（见图 3-8）判断是否存在漏损噪声。在 DMA 中进行相关仪检测之前，需制定一个计划，标明可用于调查的所有阀门和消火栓的位置。然后对计划上的设施进行编号，并制作一个表格，用结尾编号表示管道长度、管道材料类型以及位置之间的估计距离。

制造商不断展示其产品开发中的创新。这些创新包括：

（1）PDA 型相关仪，大小和笔记本电脑差不多，通过“蓝牙”与佩戴在操作者腰带上的小型便携式通信单元通信。如果工作范围在 15m 以内，该单元可放置在车内。

（2）通过数字无线电与传感器/发射器通信的通信单元，其传感器/发射器之间的距离不小于传统相关仪。

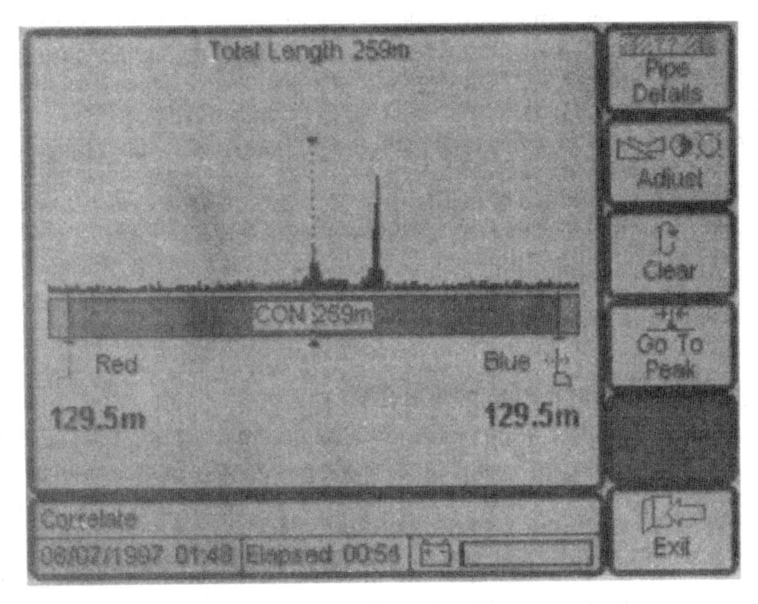

图 3-8　结果显示相关峰

来源：Primayer Limited，www. primayer. com.

(3) 一些相关仪可以在多个频率上显示多个相关结果。

(4) 相关仪可作为记录仪全天工作，传感器可以配置为在 24h 内执行 4 个相关操作。

(5) 目前，大多数制造商都采用三传感器相关仪，通过对速度进行三角测量，提高了漏损定位精度。该设备已被漏损检测承包商使用，他们更加偏爱全数字相关仪，将拥有三个传感器的系统用于检测难以发现的漏损。

(6) 正在开发专门适用于大口径、非金属管道漏损检测的相关仪。

3.8.5　解决难以发现的漏损

总会有一些漏损难以被发现。这些漏损大部分出现在大管径、非金属、低压主干管中。在难以监控的位置也可能出现漏损，这种位置挖掘成本很高，因此，精确定位漏损至关重要。

3.8.5.1　使用低频水听器的相关仪

在大直径输水干管上使用相关仪，长期以来被制造商视为一个难题。他们普遍认为需要更好的滤波和传感技术来改善干管中微弱声音的传播质量，以解决接入点之间距离过大的问题。目前，制造商通过增强低频水听器技术，来提高漏损噪声相关仪的效率。

制造商已经开发了专门用于大直径干管的低频水听器，并且还改进了数据分析程序。这需要专门的传感器，能够在更集中的低频谱上工作。

因此，不应该忽视水听器增强法在发现难监测漏损噪声时的效率。所有相关仪制造商都应当在接入点少、直径大、压力低及非金属型管道的低频相关仪中吸取成功经验。然而，供水企业必须意识到可能需要更多的接入点来实现 100%的传输干管覆盖率。

3.8.5.2 注气

还有许多其他定位方法，包括声学和非声学两种。当声学方法未能找到漏损时，通常使用其他方法替代。其中一种替代方法是注入气体。该技术将工业氢气（95%氮气，5%氢气）注入管道，氢气是所有气体中最轻的，能够通过非常小的裂缝逸出。气体在地面扩散时，在漏损位置可由“电子鼻”检测到。气体检测器对很少量的气体就很敏感，并且能够检测到非常小的漏损。

该技术越来越多地应用于定位非金属管道中的漏损。然而，对于大直径低压管道，除了在特殊情况下，应当避免使用大量气体检测现状管道。注气法特别适用于查找进户管处的小漏损，其所需气体体积较小。注气法也有助于在新安装的塑料管中发现未通过压力测试的小漏损。

3.8.5.3 管道内部检测技术

有一项技术正快速成为大型干管中检漏相关仪的辅助工具。该技术将传感器通过电缆或自由游动的塑料球插入主干管中实现漏损检测。

（1）系绳声学系统

如图 3-9 所示，系绳管内声学检查系统（如 Sahara 和 JD7-LDS1000）将水听器布置到待测管道中。麦克风通过空气阀或特殊腔室插入到加压干管中。麦克风系绳通过校准可以测量从入口点到漏损点的距离，漏损点在麦克风移动的过程中被定位并记录。该信号由具有 4.0m（13 英尺）范围和 100mm（2.5 英寸）精度的接收器接收，也可以通过拍照或 GPS 记录漏损信号。由于传感器从管道内部捕获漏损噪声，因此，该设备适用于各种类型的管材。虽然检查室的安装和检测成本高昂，但是该设备能够在其他技术不能实现的情况下检测漏损，如用在主要公路、铁路轨道和房屋地下铺设的管道中。该技术提供了一种定位管道漏损的方式，并且还可以配备照相机以观察管道内部情况。

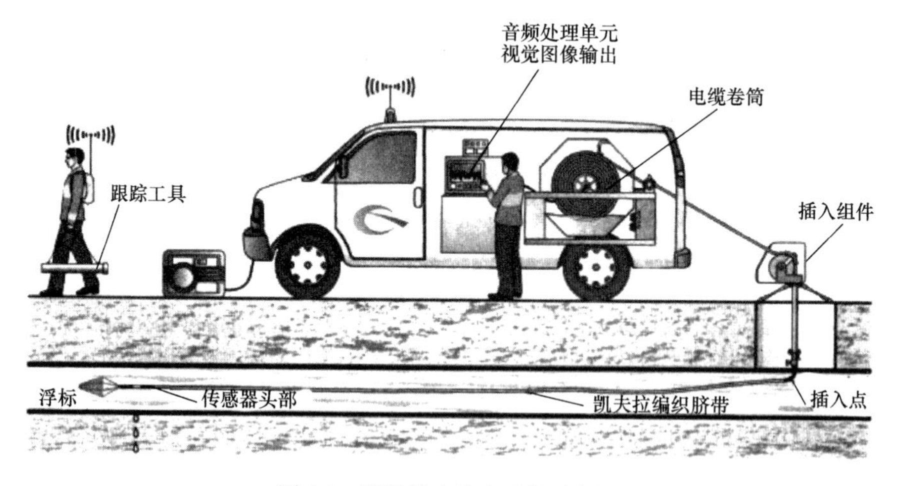

图 3-9 系绳管内检查系统示意图

（2）无线技术

另一种实用技术被称作中性浮力球，也是通过 100mm 阀门在压力作用下进入管道。该仪器由 Pure 科技公司（加拿大）制造，被称为“智能球”（见图 3-10）。它是一个能够自由移动的直径 50mm 的泡沫球，带有智能铝芯，能够检测管道中非常小的声音。使用无线通信和数据记录技术，智能球沿管道传输时能够监听漏损。它通过标准配件插入管道，随水流移动，记录所有漏损的位置。无线通信系统的应用使得该设备能对管道沿线位置进行定期检查，漏损定位装置用于确定其精确位置。当小球经过漏损点后，由下游出口点设置的网回收小球。若小球被水流带到不可预知的位置，就很难回收了。

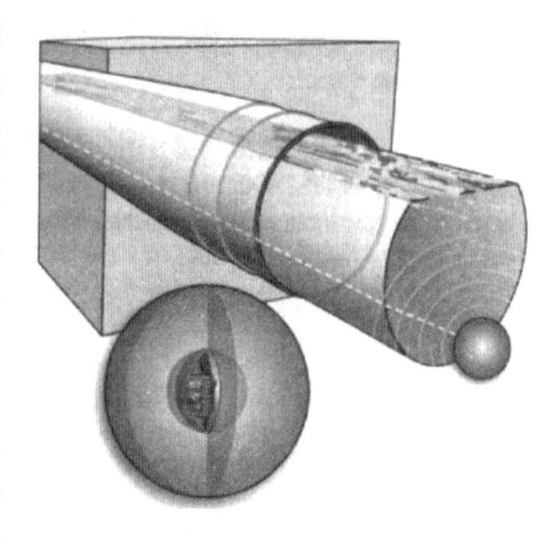

图 3-10 智能球

（3）移动相机检查系统

最近开发的该类型设备如 DJ PipeScan 和 Investigator（JD7 2011），由相机和麦克风组成。传感器通过消火栓放入管道中，相机用于引导电缆穿过消火栓，而麦克风用于检测漏损声音。该技术的优势是减小了挖掘成本。它主要用于大型配水干管，也适用于较大的干管和总干管。

3.8.6 探地雷达（GPR）

作为非开挖技术之一的地面探地雷达（GPR）不需要接近主干管，而是使用电磁波传播定位和识别地面电和磁性的变化，是一种实用的地下扰动和空隙探查技术，能够提供供水公司地下构筑物埋管位置的信息，而且不需要考虑管道材料。GPR 还可以有效地用于“观测”道路层、基岩剖面、加固物、基础条件、下水道和服务设施。当然 GPR 也有局限性，无法在密实、饱和的土壤中使用。

由于 GPR 能够检测地下水容量，因此，它可用作漏损检测的替代技术。它是相关仪器无法使用或不可靠时的另一种替代技术，例如用于农村输水干线，可避免创建新的附加接入点。该技术已经在一些国家获得了巨大成功，例如，南非有经验丰富的运营商每天都在使用 GPR。在其他地方，作为一线漏损检测工具的使用目前尚有限，但在漏损检测承包商中的可信度正在增长。在美国，某公司将 GPR 与另一种非开挖技术——红外传感相结合，通过识别漏损液体引起的温度异常检测供水和污水干管中的漏损。该系统还提供了定位功能，地面和空间均可使用。

GPR 作为快速检测工具布置在长距离输水干管上，能达到不错的经济效益。测量车辆连接着天线，沿着供水主干管以每小时 15～30km（取决于位置和交通条件）的速度行驶。测量设备还可以适配四轮驱动的崎岖地形专用车辆。收集的图像分辨率取决于地层性质，条件有利时，分辨率为几厘米。基于天线和土壤的材料特性，GPR 可以成功地穿透大约 10m（32 英尺）的深度，用以检测大多数市政管网。数据以电子方式存储在项目文件中，以便在必要时进行检索，便于和以后的调查进行比较。对原始数据的分析可以得出诸如埋藏物体（例如井盖、阀门井和仪表盖）的深度、方向、尺寸和形状以及土壤的密度和含水量等信息。GPR 具有检测管道周围土壤密度和含水量差异的能力，因此，能够检测干管的漏损。

数据分析困难仍是阻碍供水公司广泛使用 GPR 的原因。很显然，技术难点在于信号的分析，并且需要高水平的技能和经验解析未经处理的原始数据，使之能被运营商看懂并使用。通常，在熟练的检漏承包商手中，能够快速识别可能的漏损点，然后通过必要的传

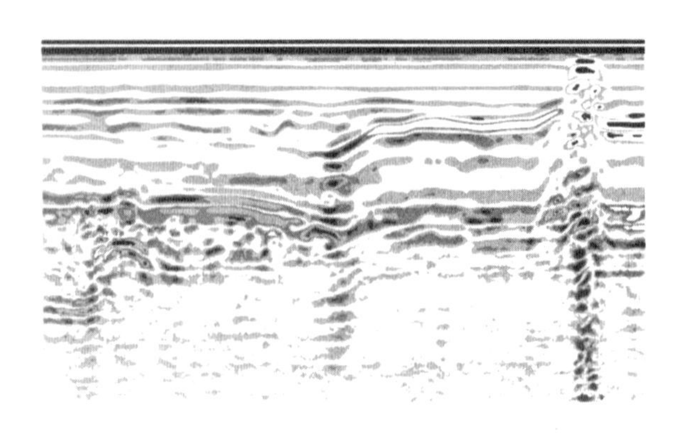

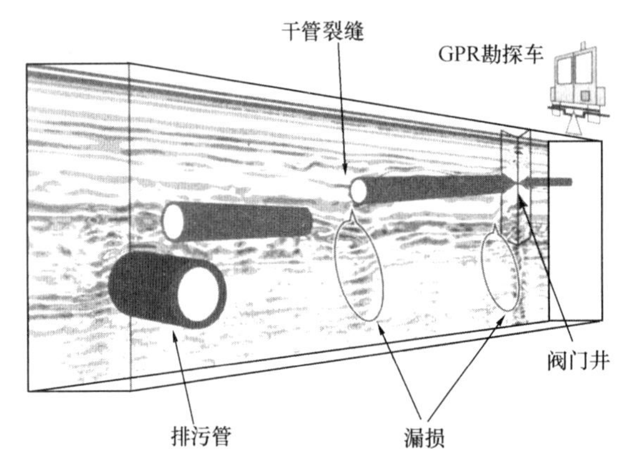

图 3-11　从 GPR 图像中解析数据

统手段确认漏损点。在图 3-11 中，上面的图像为原始信号，下面的图像表示解析之后的信号。红外、超声和其他扫描系统的集成使得输出结果对用户更加友好。

另外还可以使用安装在小型飞机或直升机上的 GPR 进行管道漏损检查，如对管道表面的红外扫描发现土壤温度的变化。但是，与红外扫描不同，GPR 需要移动天线以生成图像。不同的气候和地质特征决定了在特定情况下使用哪种方法。GPR 已经成功地用于识别来自地下储水池的漏损，从顶部到底部扫描储水池，扫描结果可以帮助检漏人员排空储水池进行目视检查。

欧盟最近资助了一个创新研究项目——Waterpipe（Kiss、Koncz 和 Melinte 2007），其目的是开发一个地面穿透成像雷达（GPIR）集成系统，用于检测埋地管道漏损和管道损坏。结合用于修复管理的决策支持软件，这的确可能是未来第一个非开挖式漏损检测/基础设施管理技术。

3.8.7　信号分析

信号分析专门用于检测塑料管道中的“困难漏损”，对低频漏损传输的频移（“俯仰”）信号分析，在市场上是相对较新的技术。追踪埋地塑料管道是对频移原理应用的实践：脉冲发射装置附接在管道的接入点处，之后通过地面麦克风检测脉冲在管道中的传播来跟踪管道，频率的衰减类似于频率在塑料管表面的衰减，并耦合接地麦克风输出的超低频（ULF），将检测范围从正常的 10～20m（33～66 英尺）延伸到至少 300m（约 1000 英尺），同时，可以保持非常低的脉冲功率，以避免管道受损。

目前，仪器只能定位到某段管道发生漏损，无法精确定位漏损位置。但是这种差距正在减小，更精确的漏损定位技术也在开发中。

目前，该仪器是定位非金属管道漏损的另一种工具。

3.9　自动抄表（AMR）和智能仪表

AMR 已在客户中大规模应用，AMR 能够快速识别和预测客户端服务管道的漏损。移动 AMR 将客户仪表连接到无线电发射机，该无线电发射机以较短的时间间隔（例如，每 5s）发送读取到的数据，由配备下载接收机的车辆收集。智能仪表与 AMR 连接，可以形成一个集测量、收集、存储、访问和管理信息等功能于一体的系统。因此，每天的流量甚至每小时的流量数据都能作为识别物理漏损和其他漏损的有效工具。

在某些情况下，漏损的水量可以归类为无收益水量，特别是在没有仪表读数的情况下。供水公司通常将一部分浪费的水量计入漏损水量，这是一种善意的举措。如果遇到读数丢失的情况（例如，由于雪或车辆覆盖导致无法查看仪表读数），这种举措甚至更常见。

一些智能仪表可以以很短的时间间隔连续地（每小时，每 15min）监测流量。智能仪表提供与读数一起检索的报警指示器，可以验证那些备用的用水设施到底有没有被使用，并且还能监测某些形式的盗水。

这类事件都将触及进一步调查，从而在确定和量化漏损方面发挥重要作用。

3.10 声学监测和高级仪表基础设施（AMI）

随着对普通用户计量精度和准确性要求的提高，自动抄表（AMR）已经升级为更先进的 AMI 多用途系统。

固定局域网系统可以读取并传输每天甚至每小时的数据，数据管理系统可以提供用户用水模式的变化信息。被标记的内容包括盗水、回流、连续流、特殊需水量以及高于或低于平均需水量。

结合 DMA 理论，管网系统可以反馈每小时的用水数据，并允许对无收益水进行更全面的分析。例如，如果计算的 NRW（DMA 计量表和客户计量表总量之间的体积差）处于相对恒定的状态，则可能发生漏损。若 NRW 的计算值增加，则应调查故障水表或客户盗水等情况。

当连接到系统内永久放置的噪声监测器时，该装置（称为连续噪声监测器）可以快速识别漏损。该方法可以识别 150m（500 英尺）范围内的漏损，然后进行现场调查确认并精确定位。虽然漏损量大小未知，但是对漏损的立即响应并没有因为漏损量的大小而受影响。这可以防止长期少量的漏损，还可以降低维修成本。

现有的几种噪声监测器，有些连接在管线或仪表上；另一些则设计成磁化探针黏附或埋藏在阀门顶部。这些装置监测夜间规定时间内的漏损噪声，按照时间顺序显示数据。

3.11 多参数监控

最近新上市的设备有噪声监测仪、流量监测仪和压力监测仪。

3.11.1 输水干管

在这些多参数监控设备中，有一种基于三参数 SMS 的报警数据记录仪，已应用于主干管和输水干管，用于测量、记录和传输流量、监测压力和漏损噪声数据，包括数据预测。

该装置可设置以 15min 间隔为单位进行测量并“学习”一个“管道活动特征”（PAS）。该特征包括 24h 内每 15min 间隔的流量、压力和噪声分布。可以在三个频道中的每个频道上设置高、低或组合多种报警，激活并使其运行。包括在敏感时间段内启动特殊的高频率记录方式，以及通过启动 SMS 直接发送到移动电话报警。该方法将用于管理整个大城市的供水系统，包括报警管理和响应处理。

随着系统逐渐能够识别即将发生的爆管信号，供水公司检漏人员将更有可能预测即将发生的爆管事故和确定爆管的位置。这将允许在足够的时间内将资源分派到可能的事故点，以减轻干管爆管所产生的灾难性影响。

SMS 装置对流量、压力和漏损噪声数据进行压缩传输，在对传入的数据进行后处理分析后，软件系统 HydroGuard 将确定无效的数据并标识出可以隔离的部分。验证测试功能已经包含在该软件中，以允许通过供水公司的实时处理系统在水控制中心进行全面测试。

漏损传感器通过使用快速傅里叶变换（FFT）可以计算出对背景噪声具有最大抗扰度的信号。外部加速计可以利用噪声漏损联动器使传感器的作用最大化。

3.11.2 配水管网的监测

另外一个监测系统可用于配水管网的漏损监测。该系统在夜间（在 3：00—4：00 之间）连续监测和分析流量、压力和漏损噪声这三个参数，并与参考值进行比较。若与参考边界值不符，如流量增加、流动方向改变、压力降低或者噪声变大（漏损或流量），则产生报警。参数值与自动计算的参考值之间的相互关联可以识别出哪些区域发生了漏损。该系统可用于 DMA 或在未分区的管网中使用。

3.12 使用管网模型找出漏损范围

长期以来，使用水力模型预测漏损区域一直是科研工作者感兴趣的方向。近些年，该技术已经在定位漏损热点（Wu、Sage 和 Turtle 2010）的实际应用中得到了进一步开发和测试。

该技术利用现场获得的压力数据并基于水力模型进行优化计算，确定漏损“热点”，供后续现场漏损定位。该技术基于压力而不是噪声进行漏损热点定位，漏损定位结果对于所有类型的管道均很好，该方法可以将漏损范围缩小至街道水平，因此可以提高检漏人员的工作效率。该方法注重管网中较大的漏损，并将漏损定位至干管爆管处、漏损点以及相连接的管道。

借助常规水力模型，漏损可以作为压力相关用水量进行模拟，压力越大，漏损越大。漏损检测模块能够识别漏损的位置和大小。另外，该技术能够区分管网漏损和其他用水量，并且能够识别无收益水的其他来源，如未知的或非法的用水量。

使用管网模型缩小漏损区域并识别漏损“热点”的方法将在第 6 章中详细论述。

参考文献

Cole, E. S. (1907). “The Photo-Pitometer and Water Works Losses.”*Proceedings of the Society of Arts*, Vol. 20, No. 2, 141-161.

Farley, M. and Trow, S. (2003). *Losses in Water Distribution Networks—A Practitioner's Guide to*

Assessment, Monitoring and Control. IWA Publishing, London, UK. http://www.iwapublishing.com/template.cfm? name=isbn1900222116.

Hamilton, S. (2007). "Acoustic Principles in Water Loss Management." IWA Water 21, (9)6, pp 47-48.

IWA (2007a). *DMA Guidance Notes*, IWA Water Loss Task Force, 2007. www.iwaom.org/wltf.

IWA (2007b). *Leak Detection Guidance Notes*, IWA Water Loss Task Force, 2007. www.iwaom.org/wltf.

JD7(2011). "Intelligent Pipe Scan Systems."http://www.jd7.co.uk.

Kiss, G., Koncz, K. and Melinte, C. (2007). "WaterPipe project: an innovative high resolution Ground Penetration Imaging Radar (GRIR) for detecting water pipes and for detecting leaks and a Decision-Support-System (DSS) for the rehabilitation management of the water pipelines." In *Preedings of Water Loss* 2007, 23-26 September 2007, Bucharest. Vol. 3, pp 622-631.

Wu, Z. Y., Sage, P. and Turtle, D. (2010). "Pressure Dependent Leakage Detection Approach and its Application to District Water Systems." ASCE Journal of *Water Resources Planning and Managermnt*, Vol. 136, No. 1, pp. 116-128.

第4章 漏损数据管理

4.1 简介

任何模型技术的成功应用都离不开数据的支持。系统、准确地管理漏损数据对减少供水漏损和提高供水系统的完整性都至关重要。本章将综述供水行业现有的数据管理方法，并探讨一种新的数据模型，使其能够更好地管理漏损。

数据管理或许不是最热门的话题之一，却是最重要的话题之一。不准确的漏损报告不仅会误导人们将精力和金钱花费在无用之处，还会浪费大量的时间。

由于漏损不能被直接测量，因此本书中提到的漏损数据均通过计算获得。计算方法综合了从多种途径获得的不同方面的大量信息。大量的数据必须进行存储和管理，以便漏损实现自动化计算。对一些供水企业高度集中化管理的国家尤为重要，例如，对英国供水公司财务状况的统计，可以看出漏损似乎极为严重，且态势一再扩大。因此，对漏损的管理关系到国计民生，有时可能会影响市场的供需平衡。

可见，确保漏损数据的准确性十分重要，它有助于科学地评估管网漏损状况。然而，这并不是唯一的因素，多数供水企业每年在漏损的检测和修复上花费大量的资金，在高漏损量的地区，使用漏损数据尽可能快速地识别并定位漏损区域是十分重要的，这要建立在漏损水平准确计算的基础之上。

准确可靠的漏损数据依赖于优良的数据管理及合适的软件系统。本章将描述需要收集的数据类型，和这些数据如何转化为能被用来进行漏损计算或漏损定位的有用信息。

4.2 数据收集

4.2.1 漏损计算和数据要求

漏损计算需要深入了解需要收集和分析的数据的范围和种类，以便有效地管理漏损。

4.2.1.1 “自下而上”的漏损量计算

“自下而上”的漏损量计算通常以区域为计量单位，即DMA。漏损程度通过测量夜间进入区域的最小流量确定，在最小夜间用水时段，用户用水量最少，漏损量占总流量的比例最大。

最小夜间流量通过监测DMA入口流量进行测量。理想的DMA仅仅有一个计量入口，没有出口；然而，事实并非如此，所以应确保所有进出DMA的流量都被合理地考虑。当计量入口超过一个时，在监测最小流量时应确保各个流量计同时计量读数，公认的做法是测量时间需超过1h。

然后，从最小夜间流量中扣除用户用水量，以此估计夜间漏损量，即：

夜间总漏损量=最小夜间流量－夜间用户用水量

夜间用户用水量由工业夜间用水量和居民夜间生活用水量两部分组成。

工业夜间用水量可以直接测量，也可以按企业用水类型和企业数量估计。因此，需要收集并记录DMA内工业用水类型和企业数量。夜间用水量通常以平均日用水量计，并且将资料存入客户计费系统。

居民夜间生活用水量基于每户用水量进行统计计算，因此，DMA内用户数量也是非常重要的信息，此外，还应考虑每户的规模、类型和入住率等因素。

夜间总漏损量是根据夜间最小流量时段的数据计算所得，因此必须进行调整以符合一天压力波动的变化，以此估计日漏损量。据此，引入修正因子HDF。“自下而上”的漏损量计算方法能和“自上而下”的漏损量计算方法相比较。HDF是夜间流量与日总流量的比值，可根据DMA压力波动曲线计算。

表4-1显示了“自下而上”漏损量计算的关键部分，且简要说明了所涉及的复杂数据类型。

“自下而上”漏损量 **表4-1**

数据分类	备　注	数据分类	备　注
管网配置	DMA进口、出口计量	平均日用水量	企业夜间用水模型
最小夜间流量	进口、出口同步测量	居民生活用水量	按户统计夜间使用量
大用户夜间用水量	直接测量的大型企业	压力曲线	计算HDF
企业用户属性	企业用水类型和企业数量		

4.2.1.2 “额外”漏损量计算

专业的检漏团队期望使用现代的检测技术计算出额外漏损量。额外漏损量通过从夜间漏损量中扣除背景漏损量计算得到。表4-2所示的是基于资产和压力数据的背景漏损量。

“背景”漏损量 **表4-2**

数据分类	备　注	数据分类	备　注
管道总长度	以单个DMA计	压力	压力离散分布
服务管道长度/数量	以单个DMA计	监测仪器数量	估计区域均值压力
基础设施状况	以单个DMA计		

4.2.1.3 “自上而下”的漏损量计算

“自上而下”的漏损量计算方法是指，从每日系统总供水量中扣除每日合法用水量和账面漏损量之后的剩余水量。“自上而下”的漏损量计算方法可以和“自下而上”的漏损量计算方法相比较。

“自上而下”的漏损量计算所需的数据包括：系统总供水量、合法用水量和账面漏损量。表4-3总结了“自上而下”漏损量计算所涉及的数据分类。

“自上而下”漏损量 表 4-3

数据分类		备注
系统总供水量		来自所有系统入口管道每日的供水量
生活用水	可测量	从收费系统中读取用水量
	不可测量	根据用户类型和用户数量估算
商业用水	可测量	从收费系统中读取用水量
	不可测量	根据用户类型和用户数量估算
账面漏损量		核查收费系统进行估计
合法/非法使用量		根据系统记录进行估计

4.2.1.4 水量平衡

水量平衡是基于“自下而上”和“自上而下”两项漏损数据，计算最终漏损的计算方法。

因此，相关数据应该分为三类：资产数据、用户数据、时间序列数据。资产数据包括主干管、配水管以及连接管。用户数据包括用户数量和用水量。时间序列数据包括流量、压力和水库水位。

4.2.2 资产数据

当前供水设施中的大部分数据都采集并保存至地理信息系统（GIS）。数据包括 DMA 边界和离散压力区域，以及涵盖每个区域的资产数据。

通常，该数据每年都会更新以满足漏损计算的要求。与 GIS 结合之后，数据可以更频繁地及时更新，数据可以随时取用。

DMA 之间的连接管数据也是至关重要的，以确保所有的流量都将合理地考虑并用于漏损分析。

水量平衡计算必须考虑水库水位的变化。因此，需要监测水库的水位，并将其列入时间序列数据。该数据可以用来计算水库的水位库容曲线以及水库的总供水能力。

数据维护是一项连续性的工作，不仅要获得最新的数据，而且还要及时处理系统临时或永久性状态变化信息。

应定期审查 DMA 的大小和覆盖范围，这对于高漏损量的区域尤为重要，以确保能够为每年或者长期项目投资提供可靠的信息。

4.2.3 用户数据

用水量数据在漏损计算中相当重要，通常可以从供水公司的用户计费系统中获得。最新获得的信息中应包括多方面的数据，例如影响用水量的天气状况、假期时间、季节的更替和宗教节日。

确保从计费系统中提取最有用的信息也是很重要的。例如，当计量仪表读数不准确或出现故障时，可以采取不同的方法估计用户用水量，并且努力做到用于计算漏损量的用户数据尽可能与真实情况相符合。

用户的数量会随着时间、居住地和工业的发展而变化。经济的增长或衰退对其影响尤为显著。

在一些国家，例如英国，大多数居民的用水量没有计量，这为漏损的计算又增加了一项不确定因素。这部分水量通常根据供水公司建立和维护的未测量监测点处的流量数据进行估算。这对监测点处监测仪器的性能要求很高，需要具备良好的鲁棒性，数据接口必须符合行业规范要求。夜间这部分用户的用水量信息也能从监测点处获得，以便计算夜间漏损量。

尽管日平均商业用水量也可以从完善的商户记录中导出，但是商业夜间用水量必须独立计算。有一些公认的数据获取方法，但是也要综合考虑用户的类型和规模，以及提供数据样本的方法。因此，有必要根据商户每年的用水量对商户进行归类分组。公共场所，例如超市、停车场、学生公寓，其用水量会随季节而变化。上述因素都应在夜间用水模型中考虑。

4.2.4 时间序列数据

流量、压力、水位通常是时间序列数据，需要连续地监测并记录。现代技术的进步已经使输入设备变得更加可靠，其记录的数据也更加准确。每天的时间序列数据用于漏损计算很充足，通常选取时间序列数据的最大值、最小值和平均值进行漏损计算。

4.3 漏损管理

4.3.1 检漏

良好的数据管理不仅对漏损管理十分必要，而且可为漏损检测团队提供所需的方向性指导。在 DMA 内，准确的漏损报告能够为管理团队指明高漏损量的方位，方便漏损定位。

漏损检测造价高昂，因此，尽量优先检测高漏损量的区域，确保修复后总漏损量明显降低。地区的经济状况和局部因素（例如土壤密度和类型）并非是导致高漏损量的必要因素。

“额外”漏损量是从夜间漏损量中扣除背景漏损量计算得出的，其有助于漏损管理。背景漏损量受管道的长度、连接方式、水压等因素的影响。

4.3.1.1 启动检漏和停止检漏的漏损水平

通常根据历史数据建立每个 DMA 的启动检漏和停止检漏的漏损水平。启动检漏水平用于判断该区域是否进行漏损检测，停止检漏水平用于判断何时结束该区域的漏损检测。

随着时间的推移，各区域之间漏损的增加量不同，主要跟区域特征有关，当然，也跟天气状况有关。可行的漏损管理方法是根据各区域的漏损特点和最有效的检测技术将 DMA 进行分组。例如：对于漏损量低的区域，确定好漏损水平目标之后，每年对其进行不定期检测即可。对于频繁发生爆管的区域则需要连续监测和及时抢修。

对于连续发生高漏损的计量区，需要采取特殊的调查措施，例如沿线进行精确的流量数据收集和边界阀门检查。不准确的干管记录和流量测量，导致棘手的地区可能需要数月才能解决。

由于建筑场所的限制和市中心人们夜间生活的影响，致使一些城市的漏损检测尤为困难。在这些地方，安装噪声和压力传感器很有必要，传感器能够远程测量数据，能快速识别管网中出现问题的区域并进行及时修复。

4.3.1.2 流量和压力异常报告

利用现有的每日异常报告数据是及时发现漏损问题的简单而有效的方法。通过每天对各个计量区最小夜间流量或漏损量的比较，可以识别出漏损量显著增加的区域。

这往往是漏损管理者每天早晨进行的第一项任务，通过漏损分析能够迅速确定需要立即调查的区域，使漏损管理者能在早期发现漏损问题并随后进行定位和维修工作。当关键位置监测点压力发生变化时，也可以做出一份与流量报告类似的异常报告。

管网压力对漏损有直接影响，因此，可以通过定期压力报告监测压力控制阀的性能并确保在维持服务水平的同时，压力保持在最低水平。

4.3.1.3 区域比较

通常，不同地区之间很难进行有意义的漏损比较。例如，城市地区与农村地区存在很大的差异。可采用简单的方法克服这个障碍，即考虑单位支管及单位干管长度的漏损率。城市地区有大量的支管，而农村地区支管很少，因此，与城市地区相比，农村地区单位干管长度的漏损率很低。

单位支管漏损量与单位干管长度漏损量之间的关系如图 4-1 所示，以图上能很容易地确定重点监测的目标区域。

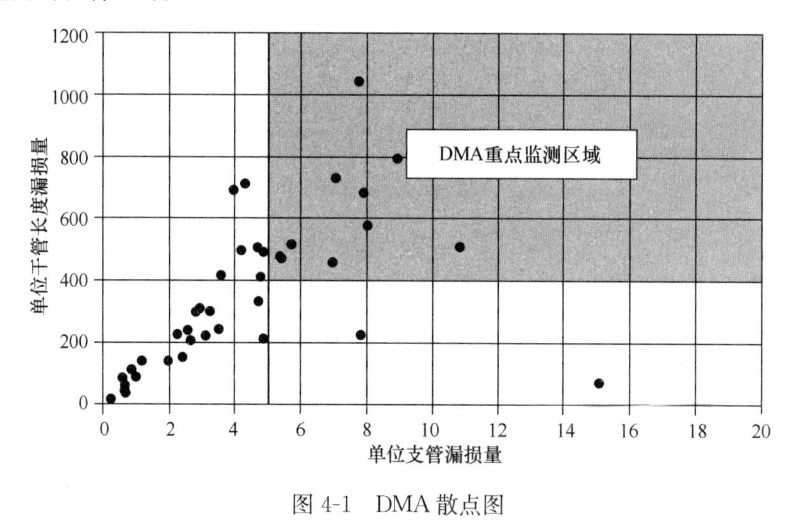

图 4-1 DMA 散点图

这种简单的方法可以克服使用漏损量占总供水量百分比作为不同自来水公司绩效比较的缺点。

4.3.1.4 非独立计量区的漏损

不同城市的供水管网，独立计量区占整个管网的比例有很大差异，确保管网其余部分被充分监测，以便容易识别漏损区域，这对漏损检测十分重要。

有较长漏损管理历史的公司往往具有较高的仪表覆盖率，仪表未覆盖的剩余部分则主要由干管组成。而其他城市的供水管网可能存在干管之外仪表未覆盖的区域。

仪表未覆盖的区域（缺乏夜间流量测量）应收集足够的数据，可以将管网划分成较大的区域，对每个大区域流入流量和流出流量进行监测。同时，由于区域内的水库水位变化，水量平衡计算需要进行相应的调整。

我们应当意识到在大管道上安装新的流量计十分昂贵，而依靠旧式的压差式流量计测量流量不常见。然而，认识到漏损检测的目的很重要，有效的漏损指标常常是流量的变化和趋势，而不是单纯的绝对值。

4.3.1.5 检漏过程

每个地区都有其自身的特点，前面讨论的资产数据有助于我们了解这些特点。当然也有其他因素，如管龄及管材、土壤条件和地表类型，它们影响着漏损发生的频率以及检测到的难易程度。因此，尽可能详细地记录每个地区漏损发生的频率、使用的检测技术和将漏损降低到可接受的水平所需的时间是非常重要的。

漏损检测的方法在本书第3章进行了讨论。通过记录对应时间和区域所使用的漏损检测方法，可以评价这些方法的效率和成本。这有助于资源的规划，使之在不同条件下能更容易地选择最佳的检测方法，以确保漏损检测的效率及成本最优。

因此，有效的漏损检测过程至少应收集以下数据：

（1）漏损检测的开始和结束时间；

（2）白天还是夜间工作；

（3）使用的检测方法；

（4）资源数量和等级/类型；

（5）检测到的漏损数量和类型；

（6）减少的漏损量（通过比较漏损修复前后的夜间流量确定）；

（7）检测成本。

这些数据对于资源规划和评估漏损的长期经济水平十分宝贵。

4.3.2 漏损修复

漏损修复数据通常保存在公司的工作管理系统中，这些数据主要包括：

（1）漏损检测和修复的时间；

（2）漏损如何被识别（异常报告或现场检测）；

（3）漏损的位置；

（4）漏损的类型（给水支管、主干管、配件、管材等）；

（5）漏损原因；

（6）漏损检测和修复的费用。

这些数据的质量常常是变化的，但应尽一切努力确保数据完整、准确。这些数据不仅为漏损的检测和修复提供了有用的信息，还提供了管道基础设施方面的有用信息。

例如，分析漏损修复数据可以提供以下问题的答案：

（1）管道状况恶化的速度是多少？

（2）哪一部分管网问题最严重？

（3）哪种管材容易出问题？

（4）管道最后一次漏损是在什么时候？

（5）为什么有的地方漏损比其他地方严重？

在建立漏损增长模型和确定维护投资时，这方面的信息也十分宝贵。然而，正如大多数统计数据那样，在解释结果时需要考虑很多因素。存在很多外部因素，如为了实现供需平衡而引起的漏损检测增加，对维修的数量也会造成影响。

挖掘失败的次数是漏损检测的准确性指标，是常常被忽略的一个因素。大量的“干孔”或挖掘失败可能是由于选用的定位技术不当、检测设备落后或数据质量不合格等原因造成的。

修复工作通常由公司内部员工或承包商执行，但无论采用哪种方式，在不同类型的修复工作中确定适当的响应时间十分重要。所有的漏损应及时进行修复，但大规模漏损应比小规模漏损拥有更高的优先级。因此，主干管漏损的修复应在一般管道或配件的修复工作之前进行。我们应当认识到，如果响应时间太长，维修成本将会增加，而这应该与快速修复漏损的效益相平衡。

有时，尤其是在小型漏损并不可见或不会对公众造成不便的情况下，对它们进行修复并不经济。这些漏损只有在漏损量增加或在同一区域出现多处类似漏损时才修复。这种处理方式的缺陷在于很难测量漏损大小，虽然在这方面已经取得了某些进展，但仍需要进行更多的研究。

4.4 集成模型

漏损管理涉及一系列的数据来源，这有助于调动供水企业各部门之间的积极性。图4-2 展示了典型的数据集成模型。

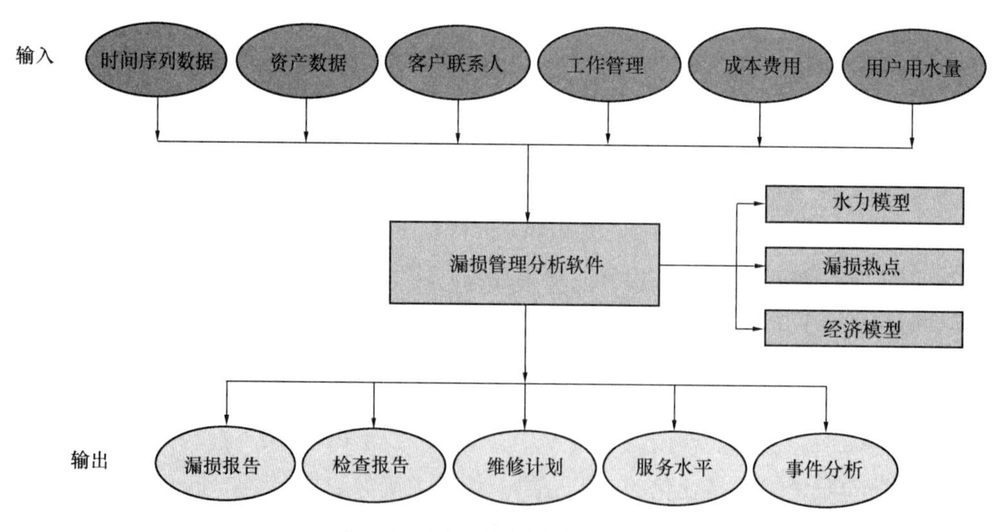

图 4-2 关键数据流和管理报告

漏损管理模型借鉴了几个不同供水企业系统的数据，并且近年来已经成为非常热门的管网管理工具。采用新的和更为经济实惠的技术，使得数据能够与地理空间系统相连接，数据能在地理背景上展现。它与时间序列数据相结合，可跟踪管网异常事件。

管道故障事件管理就是一个很好的例子。可以根据用户对水变色或低压投诉的顺序监测流量和压力的变化。

可根据流量的变化评估干管漏损修复和供水服务的影响，以确定漏损效益和漏损水平。根据漏损修复和供水服务影响的评估，奖励检测和维修团队具有实际的效益。同时，维修过程中对漏损进行跟踪，能够缩短漏损时间、提高工作效率。

集成管网管理的最大价值就是实现了资本投资战略的发展。根据记录的资产数据建立不同管材和管径的漏损增长模型，确定资本的维护要求，工程可以在最合适的时间交付。它具有更多的好处，能为漏损检测和维修编制相关的经营预算提供信息。

4.4.1 未来发展

4.4.1.1 用户计量

在漏损量计算中最重要的一个因素是用户用水量。一些国家已经拥有了通用的用户计量系统。这并不是现状，而是一个长期目标。

许多供水公司正在朝着能够安装自动远程抄表的方向发展，使之对用水模式能够有更进一步的理解，从而完成更好、更准确的漏损报告。日用水量和夜间用水量的测量在日漏损量估算上将是一个很大的进步。

4.4.1.2 实时监测

下一代远程测量设备能够对流量和压力进行实时监测。目前主要是研究漏损对用户造成影响之前对其进行识别。随着水力模型应用的最新发展（包括漏损热点定位模块的发展），目前已经可以实现对漏损的识别。有关水力模型应用的发展将在其他章节进行讨论。

4.5 结论

有效的漏损报告、漏损定位以及资本投资的规划都要求收集类型正确且高质量的数据。

引发漏损和基础设施失效的原因尚不明朗，需要在这一领域作进一步的研究。而这又需要对数据进行适当的管理，以便能对相应的数据进行收集和分析。如果认识不到这一点，就不可能做到以经济的方式将漏损降至公众能接受的水平。

漏损管理软件与企业系统相连接，优化了数据存储，避免使用时需要复制相同的数据，这在大型企业中尤为重要。

第5章　漏损水力学分析

5.1　简介

漏损一直被认为是以压力相关流的形式离开配水管网。漏损点压力越大，漏损量就越多。为了获取管网系统的水力特征，基于水力模型对漏损建模十分重要。实际漏损量不仅取决于管网压力，还取决于其他因素。由于漏损量的不确定性，模拟漏损也有不同的方式，包括传统的节点流量、孔口出流流量、压力相关流量（PDD）、沿管道分布的流量。本章将聚焦于最先进的漏损分析模型，并探讨供水管网漏损建模在实践中所面临的挑战。

5.2　漏损水力学

漏损发生在地下管道中（见图5-1），流量通常未知，是一种有压流（见图5-2），可以简单地表示为孔口出流（见图5-3）。漏损流量可以用孔口出流公式描述。

图5-1　实际管道漏损

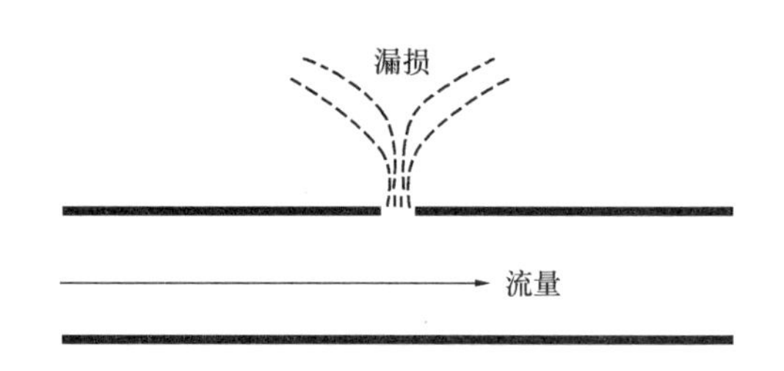

图5-2　漏损水力学表示（有压流）

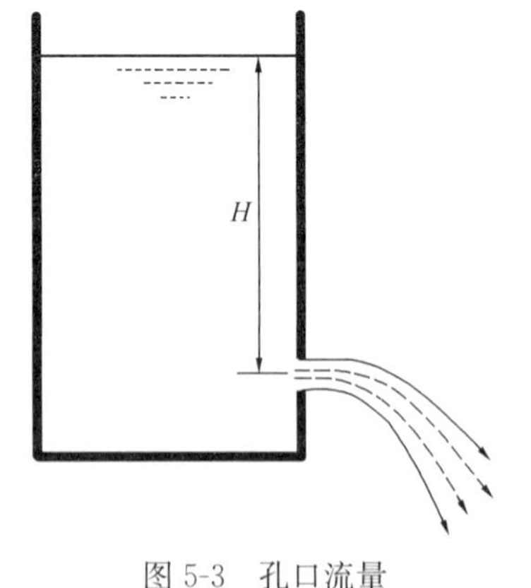

图5-3　孔口流量

5.2.1　孔口出流公式

孔口出流很容易理解，公式如下：

$$Q = C_d A\sqrt{2gH} \tag{5-1}$$

式中　Q——孔口出流量；

C_d——孔口出流系数；

A——孔口面积；

H——孔口上游到孔口下游的水头损失；

g——重力加速度。

孔口出流公式是有效的，但是实际漏损特征要比孔口出流复杂得多。漏损特征取决于许多因素，包括管材、漏损类型、漏损/裂缝形状、管道尺寸和土壤压力。此外，随着压力的改变，孔口出流系数和等效的孔口面积也以某种方式改变。

5.2.2　孔口出流系数

使用孔口出流公式进行漏损计算时，通常假设孔口出流系数恒定。但是，众所周知，孔口出流系数 C_d 是雷诺数 Re 的函数：

$$Re = \frac{VD}{v} \tag{5-2}$$

式中　V——出流流速；

D——孔口水力半径；

v——运动黏度。

孔口出流系数随雷诺数的变化而变化，雷诺数决定着流态。本实验在直径 15mm 铜管上钻一个 1mm 的孔口。实验测得的孔口出流系数与雷诺数之间的关系如图 5-4 所示。实验显示：当 Re 小于 3000 时，随着 Re 的增长，C_d 快速从 0.4 增长到 0.8。本实验对应小漏损的层流状态，如流量低于 10L/h 的背景漏损。本实验表明，由于 C_d 的变化，小漏损的漏损速率对管道压力的改变十分敏感。

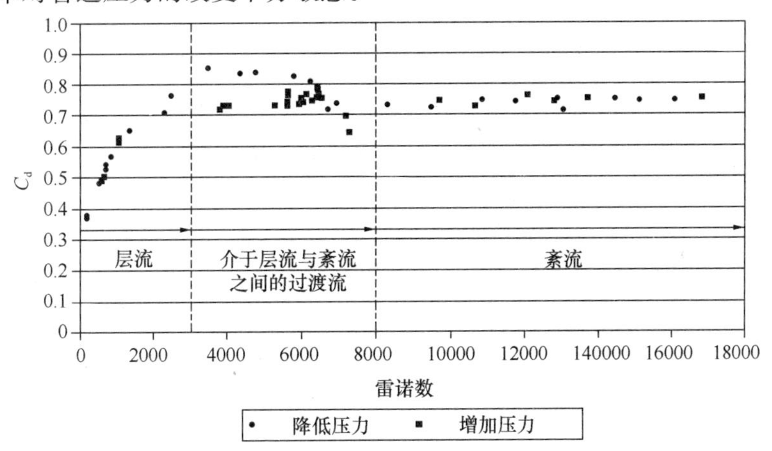

图 5-4　1mm 孔口直径孔口出流系数（Lambert 2000）

5.2.3　孔口面积

孔口出流除了孔口出流系数之外，公式（5-1）中提到的孔口面积 A 也是一个关键因素。孔口面积随压力的变化使漏损的水力分析变得更加复杂。根据 Ashcroft 和 Taylor（1983）以及 Khamdam 等（1991）所做的早期实验，纵向开口的 PE、PVC 管的孔口面积随着压力成线性增长，表现为漏损量随着 $H^{1.5}$ 变化。在纵向和径向都开口的情况下，孔口面积随着压力成二次指数增长，即漏损量随着 $H^{2.5}$ 变化。

通常，漏损量根据管道开口面积分为固定面积漏损量和可变面积漏损量。由此引出了两个概念，固定面积和可变面积漏损（FAVAD）。这有助于提高对漏损过程的理解。固定面积漏损是指管道开口面积不随压力改变而变化的漏损。例如，爆管和管道接头处的漏损就完全依赖于实际压力变化，因为管道开口面积不会随压力而改变。而可变面积漏损不仅与压力有关，还与管道开口面积有关。管道开口面积随着压力的增大而增大，随着压力的减小而减小。因此，一个完整的用于描述 FAVAD 的公式如下所示（May 1994）：

$$Q = C_d A_{l,f} \sqrt{2gH} + C_d A_{l,v} \sqrt{2gH} \tag{5-3}$$

式中 $A_{l,f}$ ——固定面积漏损的管道开口面积；

$A_{l,v}$ ——可变面积漏损的管道开口面积。

可变面积漏损的管道开口面积受很多因素的影响，如开口形状和土壤状况。假设管道变形为弹性变形，且管道变形是压力的线性函数。该假设已经被 Cassa 等（2010）验证，他们基于有限元模型证明了无论是纵向、环向还是螺旋状裂缝，开口面积都随压力的增加成线性增长，这是由于管道材料受压发生弹性变形所致。可变面积的线性函数如下：

$$A_l = mH + A_0 \tag{5-4}$$

式中 m ——压力-管道开口面积关系曲线斜率；

H ——压力水头；

A_0 ——初始管道开口面积。

用公式（5-4）的结果替换公式（5-1）中的开口面积 A，得到如下公式（Cassa 等 2010）：

$$Q = C_d \sqrt{2g}(A_0 H^{0.5} + mH^{1.5}) \tag{5-5}$$

该公式与公式（5-3）相似，漏损流量是压力水头的函数，这帮助人们更为准确地理解漏损流量与压力水头之间的关系。m 的取值需要通过实验确定。

基于有限元模型，Cassa 等（2010）通过实验确定了不同管材压力与管道开口之间的关系。图 5-5～图 5-7 展示了 uPVC 管、钢管、铸铁管以及 AC 管在圆孔、纵向开口及螺旋开口情况下，m 的测量值。结果表明，管道开口面积在绝大多数测试情况下均在一个非常小的范围内变化且斜率小于千分之一。然而，管道开口面积的扩大对漏损量有着显著的影响。更深入的关于漏损过程的实验和研究或许会给我们带来更多关于有压情况下管道开口特征变化的启示。

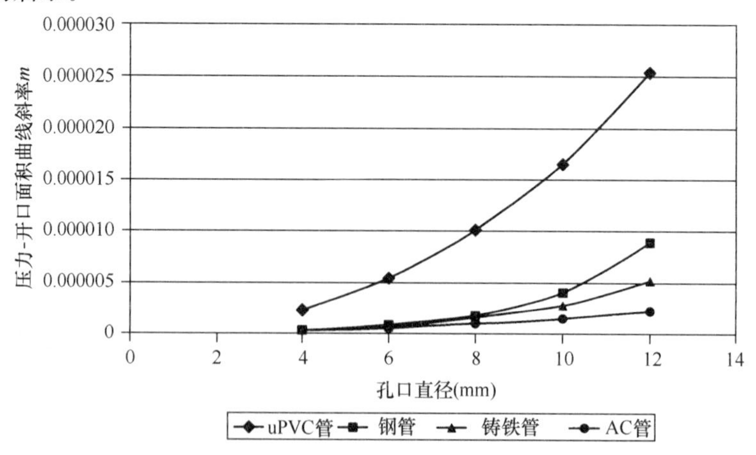

图 5-5 孔口漏损压力-开口面积曲线斜率（Cassa 等 2010）

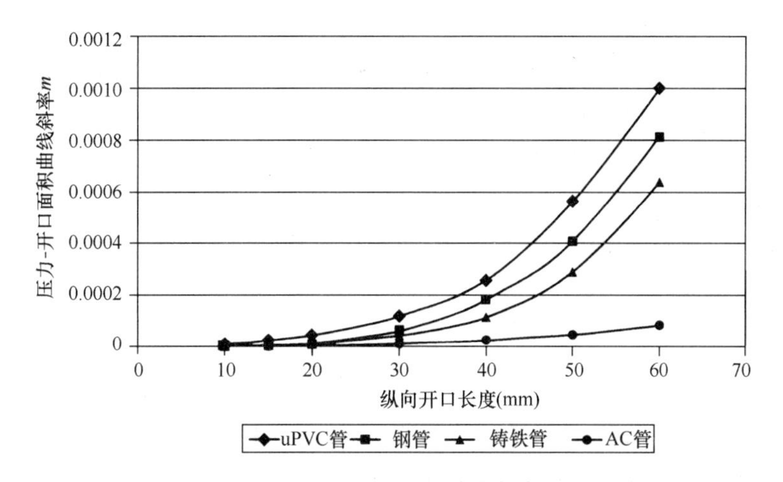

图 5-6　纵向开口漏损压力-开口面积曲线斜率（Cassa 等 2010）

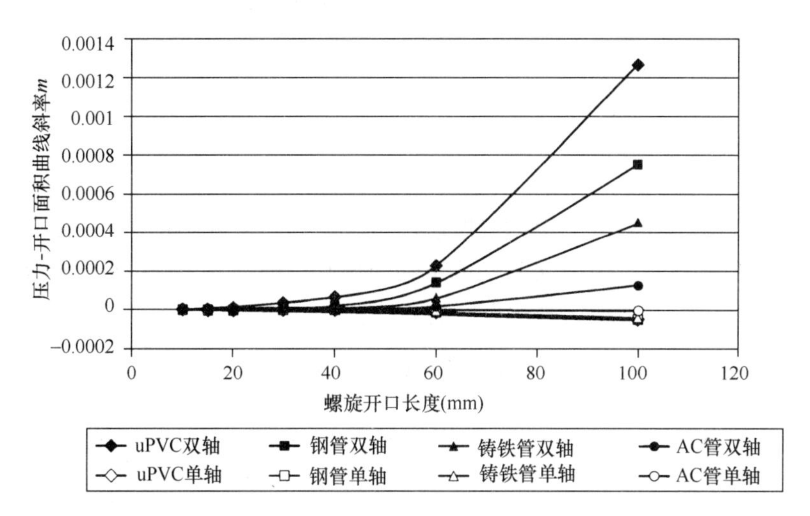

图 5-7　螺旋开口漏损压力-开口面积曲线斜率（Cassa 等 2010）

5.2.4　漏损流量

孔口出流公式和 FAVAD 概念对漏损分析奠定了很好的基础。然而，由于管网漏损类型（如固定面积漏损和可变面积漏损）未知，因此基于水力模型应用公式（5-3）和公式（5-5）对管网进行漏损分析十分困难。最初假设漏损流量沿管道均匀分布（Germanopoulos 1985；Germanopoulos 和 Jowitt 1989）。Giustolisi 等（2008）使用该漏损表示方法模拟了管道节点或附属设施的背景漏损。虽然管道节点和附属设施遍布于整个管网系统，但漏损无法沿管道连续均匀分布。从实践的角度看，背景漏损均匀分布的假设似乎并不准确，最终沿管道分布的漏损量还是要分配到水力模型的节点上。

因此，沿线漏损被节点漏损所取代，节点 i 处漏损流量 $q_{i,l}$ 表示为压力相关喷射流量，公式如下：

$$q_{i,l} = K_i (H_i)^n \tag{5-6}$$

式中　K_i ——喷射系数或者漏损系数；

n——压力指数。

该漏损表示方法适用于不同类型的漏损分析，关键是需要确定漏损喷射系数和压力指数。为了准确理解漏损与压力的关系，到目前为止，已经进行了大量的研究，尤其是对压力指数 n 的研究，它代表漏损对压力的灵敏程度。在实际工作中，已经证明减少压力可以有效地减少漏损。

假设初始压力和漏损量已知，分别为 P_i 和 Q_i。若压力减少至 P_f，根据公式（5-6）可以得到新的漏损量 Q_f：

$$Q_f = Q_i \left(\frac{P_f}{P_i}\right)^n \tag{5-7}$$

Lambert（2000）、Walski 等人（2006）和 Wu 等人（2007）提出了相似的压力-漏损/用水量减少关系式。基于压力管理策略对漏损进行评估很有益，因此，理解压力-漏损关系十分重要。依据公式（5-7），漏损对压力的敏感性可以通过压力指数 n 或 N_1 定义（Lambert 2000）。

5.3 压力-漏损关系

对特定环境下，不同管材 n 值的确定已经进行了许多研究和现场测试。配水管网中有用户用水和无用户用水情况下，实验室测试和现场测试的结果，国内外文献都已经做过报道。表 5-1 总结了实验室和现场测试得到的 n 值。

实验室和现场测试得到的 n 值 **表 5-1**

测试者	测试类型	n 值	测试状态
Parry（1881）	实验室测试	0.61～1.26	水龙头放水
Hikki（1981）	实验室测试	0.36～0.70	金属管道钻一个 60mm 的孔，埋设在沙地下面
Ashcroft 和 Taylor（1983）	实验室测试	1.39～1.72	PE 管道开一条 10mm 长的细缝
	实验室测试	1.23～1.97	PE 管道开一条 20mm 长的细缝
Greyvenstein 和 Van Zyl（2007）	实验室测试	0.50～0.52	钻有圆孔的金属管道
	实验室测试	1.38～1.85	钻有圆孔的 PVC 管道
	实验室测试	0.79～1.04	钻有圆孔的 AC 管道
	实验室测试	0.41～0.53	具有螺旋开口的金属管道
	实验室测试	0.67～2.30	腐蚀的钢管
Walski 等人（2006，2009）	实验室测试	0.51～0.67	PVC 管开一条 25～50mm 长的细缝
	实验室测试	0.47～0.54	PVC 管开一个直径 2.7mm 的圆孔
Qgura（1979）	现场测试	0.65～2.12	日本（1979）
Farley 和 Throw（2003）	现场测试	0.70～1.68	英国，在 17 个区中测试（1977）
	现场测试	0.63～2.12	日本，在 20 个区中测试（1979）
	现场测试	0.52～2.79	巴西，在 13 个区中测试（1998）

续表

测试者	测试类型	n 值	测试状态
Thornton、Sturm、Kunkel（2008）	现场测试	0.36～2.95	英国，在 75 个区中测试（2003）
	现场测试	0.64～2.83	塞浦路斯，在 15 个区中测试（2005）
	现场测试	0.73～2.42	巴西，在 17 个区中测试（2006）

5.3.1 实验室测试

100 多年前，n 值对漏损的影响通过水龙头实验（Parry 1881）得出。压力为 6～30m，流量为 2～150L/h，经过 6 次测试，得出的 n 值为 0.61～1.26（平均值为 0.88）。1980 年，Hiki（1981）在日本做了一次测试。他在直径 60～180mm 的金属管中钻了一个直径 1～5mm 的孔，然后将其埋在土里或浸没在水中。在 24～900L/h 的流量和 2～60m 的不同压力下测量漏损率，得出的 n 值为 0.36～0.70（平均值为 0.50）。1982 年，东京供水公司也做了类似的测试。Hiki 经过测试，漏损量为 1500L/h 时，n 值为 0.51～0.54。

Lambert 等人（2000）重新审查了 Hiki（1981）的测试数据，指出 n 值高于或低于 0.5 可能是由层流和过渡段 C_d 的变化引起的（见图 5-4）。

在英国，压力和流量变化数据是通过短距离的漏损节点获得的，这些节点被隔离并在压力 10～75m、流量 0～4000L/h 的范围内测试。测试结果表明，对于金属管道（铸铁管、钢管或铅管的腐蚀孔洞或裂隙）漏损，n 值总是接近于 0.5。相反，塑料管的 n 值通常约为 1.5。

Ashcroft 和 Taylor（1983）在直径 22mm 的 D 类聚乙烯管上人工开了一条 10～20mm 长的细缝，在实验室作漏损测试。压力范围为 10～100m，细缝长 10mm 时，流量范围为 0～700L/h；细缝长 20mm 时，流量范围为 0～5000L/h。随着细缝长度的增加，每个压力周期后流量逐渐增加，计算得到 n 值：10mm 长细缝为 1.39～1.72，20mm 长细缝为 1.23～1.97。5 次实验测试的 n 值平均值为 1.52。

Walski 等人（2006）研究了管道周围土壤对漏损率的影响。研究表明，孔口的性质和尺寸与流经土壤的多孔介质相比，对漏损率的影响更大。

Van Zyl 和 Clayton（2007）研究了与压力指数 n 范围有关的四种机制：漏损压力、管材特性、土壤压力和需水量。他们指出，管材特性是描述压力指数变化范围的主要机制。Cassa 等人（2010）指出，不同管材（uPVC 管、铜管、铸铁管、AC 管）及不同漏损方式（包括圆孔、纵向和螺旋裂缝），n 值变化范围为 0.50～0.95。随着压力的增大，圆孔扩张最小，纵向裂缝扩张最大，螺旋裂缝紧随其后。

5.3.2 用水工况下的现场测试

压力指数 n 可以在最低用水量时段（例如夜晚最小用水时段（MNF））进行现场测试。首先，逐步降低入口压力，同时测量入口压力和平均区域压力。然后，从入口流量中扣除用户用水量，得到漏损量估计值。利用估算的漏损量和平均区域压力可以估算 n 值。

英国作了很多现场测试，该方法已经应用到很多国家，包括巴西、马来西亚、澳大利亚、新西兰和其他国家。在计量区域入口，以小时、天、周为周期，逐渐降低供水入口压力，同时测量该区域夜晚最低流量和平均压力。夜晚最低流量包括供水系统设施和用户管道的漏损以及用户夜间的用水量。

1980年，英国对配水管网中的17个区域进行了现场测试。在做这些测试之前，修复了所有能探测到的漏损，仅存的漏损应该是管道接头和基础设施处微小的、单独的、未探测到的背景漏损。用FAVAD方法重新分析这些数据，在夜晚最低用水时段，n值范围为0.70～1.68，平均值为1.13。在澳大利亚和新西兰，检测并修复所有能探测到的漏损后，测试得到背景漏损的n值接近1.50。

从1980年开始，在供水系统漏损探测之前和之后，做了大量的现场测试，得出n值范围大致为0.5～1.5，平均值接近1.0。巴西在漏损量非常大的情况下，对7个区域进行了测试，得出金属管的n值为0.52～0.67，PVC管细缝和接头两大高漏损处n值接近于2.5。

考虑到所有可使用的数据，单独配水区域n值平均值的预测最具指导意义，n值依赖于管材和漏损水平。所有管材背景漏损的n值大约为1.5。

5.3.3 无用水工况下的现场测试

Ogura（1979）对日本某城市配水管网做了20次小区域测试，其中19次是金属干管，每次测试中，关闭支管除去用户用水量及用户漏损量，关闭阀门将干管部分隔离，记录不同压力对应的漏损流量。压力从5m上升到40m左右，然后再下降。每次测试大约持续45min。

Ogura计算得出n值范围为0.65～2.12，加权平均值为$n=1.15$。过去20年，在日本被当作标准值。这些结果的关键特征是n值均大于0.50。Takizawa（1997）在配水管网系统中划分了几个漏损类型，包括管道接头垫片处少量的漏损。Yeung和Garmonsway（1999）重新分析了Ogura的数据，指出在有效的漏损范围内，n值仅高于1.0。这与层流范围内管道接头和附属设施处少量漏损的期望值一致，尽管是金属管道，少量的漏损在C_d和压力下将有很大的变化，因此，使得n值大于0.50。

5.3.4 漏损压力灵敏性

尽管不同的管道中，随着压力的变化，漏损量变化不同，但是通过现场和实验室测试证实，压力对漏损是敏感的。公式（5-7）可以有效地分析和预测降低压力所带来的漏损减少量。压力指数n的取值依赖于很多因素，包括管材、管道大小、管壁厚度和漏损开口属性，n值范围从接近于0.50到2.50。Greyv enstein和Van Zyl（2007）发现，塑料管小圆孔的漏损与金属管n值接近于0.5的漏损相似。配水管网中管道接头和附属设施处少量漏损（背景漏损）对压力的变化十分敏感，n值接近于1.5。

因此，毫无疑问，在漏损管理策略中，压力管理是必须要考虑的选项。在连续供水时段（24/7），永久地减少剩余压力是可取的，这样做能够显著地降低漏损和爆管发生的频率。相反，压力频繁的变化与漏损/爆管发生的频率是相关的。间断供水时段容易导致漏损/爆管发生。为了评估供水系统中压力降低对漏损的影响，水力模型是模拟压力-漏损关系的有效方法。

5.4 压力相关的水力模型

水力模型基于节点质量守恒和环能量守恒方程建立。节点是两根或更多管道的连接点或单一管道的末端点，消耗的水量分配到节点上被定义为需水量，需水量是一个已知量(可以是0)，因此，可以确定节点压力。

需水量通常有两种类型：以流量为基础的需水量，例如厕所、浴缸、洗衣机、洗碗机、冷却水、工厂容器等；以压力为基础的需水量或者压力相关需水量（PDD），例如水龙头、淋浴、洒水装置和漏损。以流量为基础的需水量受节点压力的影响较小，而压力相关需水量直接依赖于节点压力。当发生紧急情况时，例如爆管、设施出现故障、停电或者消防用水，节点压力会受到影响。压力相关需水量随着节点压力的变化而变化。

传统水力模型适合处理以体积为基础的需水量，通常作为需水量驱动分析。只要满足节点压力平衡，该模型便有效，因此，节点需水量与节点压力是相互独立的。但是，漏损量通常是未知的，常用节点处压力模拟漏损。在水力模型中模拟漏损或其他与压力相关的需水量被称为压力相关或压力驱动分析。

5.4.1 压力相关分析的必要性

压力相关分析除了用于模拟漏损之外，还用于其他许多情况。例如，计划内的系统维护、计划外的管道爆管、泵站的电源故障和水源地的供水不足，供水不足是指节点水压不足以供给所需的流量，实际供水量取决于节点处的压力。

水务公司也需要评估突发事件发生时的供水服务水平。在英国，供水规程（Ofwat 2004）要求供水系统必须满足大多数用户的基本需水量。例如，法律要求英国水务公司必须满足一定的水压，正常情况下，水能够到达屋顶。为了评估是否达到要求，要求需水量为9L/min（2.4gpm）时，压力水头至少为10m（14.2psi）。另外，也必须评估和报告突发的（计划外的）供水中断事故。

资产管理是供水部门日益重要的任务，它要求综合评价系统中每一条管道、每一个地上及地下的设施。需要仔细量化每条管道的影响，以形成资产管理的理论基础。影响评估经常是通过水力分析来完成的，该分析假设某条管道或许多管道不能供水，即从系统中隔离，这可能会导致系统供水压力不足。若没有考虑供水压力改变对用水量产生的影响，则不可能得出准确的分析结果。

为了对漏损和上述其他情况下的压力相关供水量进行分析，进行压力相关的模拟分析是必要的，首要的任务就是要定义压力和供水量的关系。

5.4.2 压力相关供水量方程

为了得到压力和供水量的关系，从20世纪80年代初开始，科研人员做了很多研究。已出版的文献提出了许多定义，压力-供水量公式主要分为以下三类。

5.4.2.1 离散压力-供水量公式

Bhave（1981）、Goulter和Coals（1986）以及Su等人（1987）提出了一些类似的阶跃函数：

$$q_{i,\mathrm{avl}} = \begin{cases} q_{i,\mathrm{req}}, H_{i,\mathrm{avl}} \geqslant H_{i,\min} \\ 0, H_{i,\mathrm{avl}} < H_{i,\min} \end{cases} \tag{5-8}$$

式中 $q_{i,\mathrm{avl}}$——节点 i 实际供水量；

$q_{i,\mathrm{req}}$——节点 i 设计需水量；

$H_{i,\mathrm{avl}}$——节点 i 实际压力；

$H_{i,\min}$——节点 i 所需最小压力。

从公式（5-8）可以看出，这是最简单的、可能是最早定义的压力相关供水量方程，缺点是公式（5-8）没有考虑零流量和设计需水量之间的过渡流量。

5.4.2.2 连续压力-供水量公式

为了考虑中间或局部过渡流量，一些研究人员提出了连续压力-供水量公式，不足之处在于节点水量随压力的增加而无限增加。Germanopoulos（1985）提出了经验压力-供水量公式：

$$q_i = q_{i,\mathrm{req}}(1 - a_i \mathrm{e}^{b_i H_i / H_i^*}) \tag{5-9}$$

式中 a_i、b_i——待定节点系数；

H_i^*——节点 i 满足设计需水量时所需的设计压力。

Reddy 和 Elango（1989）提出了另外一个连续压力-供水量公式，在本质上类似于喷射流量公式：

$$q_i = Ke_i(H_i)^n \tag{5-10}$$

式中 Ke_i——节点 i 的系数；

n——指数。

公式（5-10）与喷射流量公式（5-6）非常类似，该公式已被 EPANET 和许多以 EPANET 为计算引擎的商业水力模型软件所采用。尽管充分考虑了零供水量和最大供水量之间的中间流量，但是射流公式有时会出现供水量为负或者超出最大供水量的情况。

公式（5-10）假设供水量是压力增长指数（指数默认值为 0.5）的函数，当节点压力为负值时，供水量为负值。该情况在实际管网中不会发生，除非节点连接一个储水容器，允许储水容器中的水倒流入管网。实际上，当配水管网中压力小于或等于零时，用水量为零。除此之外，公式（5-10）没有限制最大流量，即流量会随着压力的增加而无限增加。因此，压力高的节点相对于压力低的节点会产生更多的供水量，这与实际不相符，因为只要节点压力大于设定的阈值，节点供水量将不会增加。除此之外，很难确定压力不足的节点处准确的喷射系数。

5.4.2.3 带阈值的压力-供水量公式

为了评估配水管网系统的可靠性，Wagner 等人（1988）使用抛物线函数表示节点最小压力到设计压力之间的节点流量，当节点压力大于或等于设计压力时，节点流量为设计需水量。

方程如下所示：

$$q_i = \begin{cases} 0, H_i \leqslant H_{i,\min} \\ q_{i,\mathrm{req}} \left(\dfrac{H_i - H_{i,\min}}{H_{i,\mathrm{des}} - H_{i,\min}} \right)^{1/n}, H_{i,\min} < H_i \leqslant H_{i,\mathrm{des}} \\ q_{i,\mathrm{req}}, H_i \geqslant H_{i,\mathrm{des}} \end{cases} \tag{5-11}$$

式中　$H_{i,\text{des}}$——设计压力，保证节点设计需水量。

该公式广泛应用于供水可靠性分析。该公式的不足之处在于，从零流量到局部出流和从局部出流到设计需水量之间过渡时，导数不连续。Tanyimboh 和 Templeman（2004）提出了另外一个压力相关供水量方程，以保证流量过渡时的连续性，公式如下所示：

$$q_i = q_{i,\text{req}} \frac{e^{(\alpha_i + \beta_i H_i)}}{1 + e^{(\alpha_i + \beta_i H_i)}} \tag{5-12}$$

式中　α_i、β_i——相关系数，通过现场测试确定。

例如：在设计压力下供应 99.9%的所需流量（$q_i = 0.999 q_{i,\text{req}}$，$H_i = H_{i,\text{des}}$），在最低设计压力下供应 0.1%的所需流量（$q_i = 0.01 q_{i,\text{req}}$，$H_i = H_{i,\min}$），基于这两种工况，得出系数 α_i、β_i 的计算公式为：

$$\alpha_i = \frac{-4.595 H_{i,\text{des}} - 6.907 H_{i,\min}}{H_{i,\text{des}} - H_{i,\min}} \tag{5-13}$$

$$\beta_i = \frac{11.502}{H_{i,\text{des}} - H_{i,\min}} \tag{5-14}$$

该公式能够保证导数的连续性，该公式的典型曲线如图 5-8 所示。

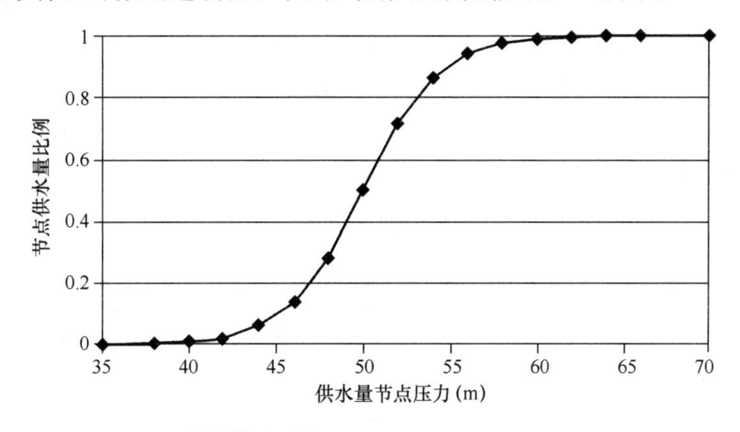

图 5-8　PDD 节点供水量方程（Tanyimboh 和 Templeman 2004）

除此之外，尽管压力相关供水量方程得到了很好的定义，以满足配水管网的设计以及现存管网系统的分析和仿真，但是在设计的节点压力下，供水量或节点流量还是达不到临界值。这是由于管网的实际运行能力总比管网的设计运行能力大，流量将会持续增加到某一特定的程度。因此，节点出流量会增加到比设计需水量 $q_{i,\text{req}}$ 更高的临界值。

由于系统的特殊性以及不同压力范围内压力-供水量之间的关系，定义一个包含以下特征的函数是必要的：

（1）选取不同指数时，压力-供水量方程能被灵活地用于压力相关分析。

（2）当节点压力降为零或低于零时，供水量为零。相对于节点高程，压力依赖于用户水龙头处的高程。

（3）当节点压力升高至设计值或参考值时，节点供水量随压力升高至设计需水量。

（4）当节点压力大于设计压力时，节点供水量随压力的增加继续增加。

（5）当节点压力大于“压力阈值”时，节点供水量达到最大值，供水量不再随压力而变化。

因此，节点压力与流量的关系，即压力相关供水量方程（Wu 等 2006；2009）如下所示：

$$\frac{q_{si}}{q_{ri}}=\begin{cases}0, P_i\leqslant 0\\ \left(\frac{R_i}{P_{ri}}\right)^n, P_i<P_t\\ \left(\frac{P_t}{P_{ri}}\right)^n, P_i\geqslant P_t\end{cases} \tag{5-15}$$

式中 P_i——节点 i 压力计算值；

q_{ri}——节点 i 设计需水量；

q_{si}——节点 i 供水量计算值；

P_{ri}——设计需水量对应的压力（设计压力）；

P_t——压力阈值，高于该值，供水量与节点压力不相关；

n——压力-供水量关系指数。

典型的压力相关供水量幂函数如图 5-9 所示。实际供水量随着压力的增加逐渐增加到设计需水量的 100%，但当压力大于压力阈值时，实际供水量为常数。另外，可以用压力一水量分段函数或者压力的百分比与供水量的百分比构成的表格，定义压力相关供水量函数。压力百分比指节点实际压力与节点压力阈值的比值，供水量百分比指供水量计算值与设计需水量的比值。

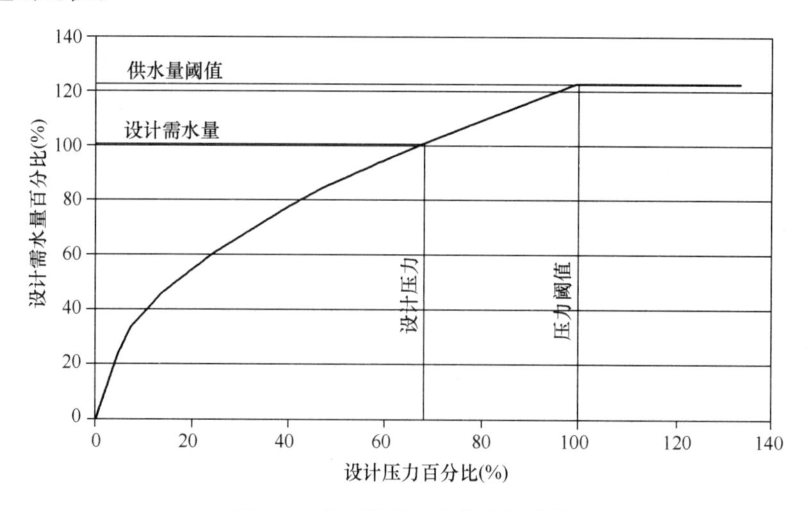

图 5-9 典型压力相关供水量曲线

不像传统的管网模型那样，节点水量已知，压力相关供水量模型假设节点水量和节点压力未知，求解这类水力模型需要新的解析方法。

5.5 压力相关模型解析方法

在过去几十年里，为了分析压力不足时供水管网的水力性能，科研人员提出了几种方法。在上一节中，总结了节点压力与流量或供水量之间的关系。压力相关水量模型假设节点水量和节点压力未知，需要借助水力模型求解。压力相关模型或压力驱动模型求解方法是 PDD 建模的基础。

近些年，发展了许多压力相关模型解析方法，包括节点流量迭代分析方法、虚拟水库节点迭代方法、扩展全局梯度算法和非线性优化方法。

5.5.1 节点流量迭代分析方法

Bhave（1981）在 Hardy Cross 或 Newton-Raphson 方法的基础上提出了节点流量迭代分析（NFA）方法，用于分析压力不足时管网的水力性能。该方法是一种半解析方法，使用 Hardy Cross 或 Newton-Raphson 法求解管网水力模型，使用水头-流量公式，依据节点压力更新节点水量。NFA 方法计算过程如下：

步骤 1：初始化节点压力 $H_{i,\mathrm{avl}}$。

步骤 2：根据 $H_{i,\mathrm{avl}}$，使用预定义的压力相关供水量公式，计算节点实际供水量 $q_{i,\mathrm{avl}}$。

步骤 3：根据 $H_{i,\mathrm{avl}}$，使用 Hardy Cross 或 Newton-Raphson 法计算水力模型，得到 $q_{i,\mathrm{avl}}$ 和节点压力的更正值。

步骤 4：根据节点压力更正值得到新的 $H_{i,\mathrm{avl}}$ 值。

步骤 5：重复步骤 2～步骤 4，直到所有节点水头变化误差在允许范围内，并满足步骤 2 和步骤 3 中得到的 $q_{i,\mathrm{avl}}$ 值相同。

对小型供水管网而言，使用该方法求解压力驱动水力模型很有效，但由于其迭代和收敛速度慢，所以不适用于大型管网。

5.5.2 虚拟水库节点迭代方法

另一种分析压力相关水量的方法是在节点处使用喷射器，该方法已应用于软件 EPANET2（Rossman 2000）。喷射器是指在节点处开一个孔口，节点流量按公式（5-6）定义的射流公式计算。该方法在压力不足的节点处增加一个虚拟水库，以模拟喷射流量。射流公式除了没有考虑最低流量和最高流量的限制之外，或者除了一些相关的解决方法之外，该方法是个很好的方法。喷射流量计算值可以很低，甚至是负流量（这意味着水倒流入系统），也可以很高。另外，在某些情况下，整个管网系统中压力不足的节点是未知的，因此很难确定在水力模型中的哪一个节点应该考虑压力相关供水量分析。

Ang 等人（2006）和 Todini（2006）提出了一种递归迭代方法，该方法在每一个压力不足的节点处增加一个虚拟水库，当节点压力大于零时，删除虚拟水库。该递归迭代方法如下所示：

步骤 1：管网所有节点需水量设置为零，进行管网水力分析。

步骤 2：在 $H_i \geqslant H_{i,\min}$ 处，设置与节点 i 相同高程的虚拟水库。用一根连接管以最小的阻力系数将水库与节点相连接。

步骤 3：运行水力模型，更新管网数据并删除对供水管网供水的虚拟水库。

步骤 4：重复步骤 2 和步骤 3，直到没有节点满足 $H_i \geqslant H_{i,\min}$。

步骤 5：使用节点替代流入流量大于其设定值的虚拟水库，节点水量等于流入流量。

步骤 6：运行水力模型，更新管网数据。

步骤 7：检查每个节点的压力，若存在节点满足 $H_i \geqslant H_{i,\min}$，则返回到步骤 2。若存在节点流出流量大于其需水量，则返回到步骤 5。若这些情况都不存在，则终止迭代过程，得出结果。

该方法基于压力相关供水量模型（即孔口出流公式），避免了引入额外的参数，但是很难应用于大型供水系统。对于成百上千个节点，每个节点都增加一个虚拟水库，然后不断更新管网的拓扑结构。不仅难以编程实现拓扑变化，而且由于重建拓扑结构，将导致收敛速度很慢（Wu 2007）。为了避免拓扑变化以及提高收敛速度，Piller 和 Van Zyl（2009）提出了能量最小化方法。

5.5.3 能量最小化方法

该方法将管网水力平衡方程转化为等价的能量最小化问题。水力平衡方程基于质量守恒和能量守恒，如下所示：

$$\xi_i(\mathbf{q}) - \mathbf{A}_s^{\mathrm{T}}\mathbf{h}_s - \mathbf{A}_f^{\mathrm{T}}\mathbf{h}_f = \mathbf{0}_{np} \tag{5-16}$$

$$\mathbf{A}_s\mathbf{q} + \mathbf{d} = \mathbf{0}_{ns} \tag{5-17}$$

式中 $\mathbf{A}_s$ ——未知压力节点的关联矩阵；

$\mathbf{A}_f$ ——已知压力节点的关联矩阵；

ξ_i ——管道 i 的水头损失；

$\mathbf{q}$ ——管道流量向量；

$\mathbf{d}$ ——节点需水量向量；

$\mathbf{h}_f$ ——已知压力节点的压力向量；

$\mathbf{h}_s$ ——未知压力节点的压力向量；

ns ——未知压力节点索引；

np ——未知管道索引。

公式（5-16）和公式（5-17）可等效地转化为能量最小化问题，用于压力相关需水量的分析，能量最小化问题描述如下（Piller 和 Van Zy（2009））：

最小化：

$$\mathrm{F(q)} = \sum_{i=0}^{np}\int_0^{qi}\xi_i(\mathrm{u}_i)\mathrm{du}_i - \langle\mathbf{h}_f, \mathbf{A}_f\mathbf{q}\rangle_f - \langle\mathbf{Z}_{\mathrm{ground}}, \mathbf{A}_s\mathbf{q}\rangle_s \tag{5-18}$$

目标约束：

$$\mathbf{0}_{ns} \leqslant -\mathbf{A}_s\mathbf{q} \leqslant \mathbf{d} \tag{5-19}$$

式中 $\mathbf{Z}_{\mathrm{ground}}$——未知压力节点的地面高程向量；

$\langle\mathbf{u}, \mathbf{v}\rangle$ ——向量 $\mathbf{u}$ 和向量 $\mathbf{v}$ 的内积。

这是一个典型的非线性优化问题，可以使用很多方法进行求解。该方法不需要定义一个明确的 PDD 函数，同时也避免了增加虚拟水库引起的拓扑结构的变化。但是，由于高海拔节点容易产生负压，导致该方法不能收敛到正确解。因此，提出了 3 个步骤解决该问题：

步骤 1：求解方程（5-18）和（5-19）给出的最小化问题。

步骤 2：在高海拔节点处添加一个虚拟的以地面高程为目标压力的稳压阀，然后求解最优化问题，若稳压阀状态计算值是开启的，则高海拔节点处的压力为零，供水量降低；若稳压阀状态计算值是关闭的，则节点需水量为零。

步骤 3：校正节点压力。

简单案例研究表明，能量最小化方法与虚拟水库迭代方法相比，管网拓扑结构变化少。然而，需要识别高海拔节点，并在节点处添加虚拟稳压阀，以保证该方法收敛到正确解。

5.5.4 扩展全局梯度算法

Salgado-Castro（1988）最早研究了在全局梯度法（GGA）的框架下计算压力相关供水量，他考虑了压力（节点水头）和供水量（节点流量）之间的关系，假设节点流量和节点压力呈线性关系，该假设对于实际压力相关供水量并不合理，也没有经过任何数值实验和实际案例进行验证。

在 Wu 等人（2006）公布他们研究成果的同时，Todini（2006）也基于 GGA（Todini 和 Pilati 1988）推导出一个管网水力方程，以求解压力相关供水量。但是没有案例分析证明该算法的有效性；Todini（2006）提出了一种与 Ang 和 Jowitt（2006）提出的方法相似的递归方法，将压力不足的节点替换为具有固定水头的节点（实际上是一个水库）。

为了基于水力模型模拟漏损和其他压力相关供水量，Wu 等（2006；2009）定义了广义的节点压力-水量关系式，如公式（5-15）所示。压力相关供水量和水力模型结合形成压力驱动模型，该模型基于扩展 GGA 算法同时求解节点压力和节点水量。PDD 的定义和扩展 GGA 算法已作为通用方法被采用。

管网水力模型求解通常是通过迭代法求解节点连续性方程和闭合环能量方程。管网水力模型求解最通用的方法是采用全局梯度算法（Todini 和 Pilati 1988；Todini 1999）：

$$\begin{bmatrix} \mathbf{A}_{11} & \cdots & \mathbf{A}_{12} \\ \cdots & \cdots & \cdots \\ \mathbf{A}_{21} & \cdots & \mathbf{0} \end{bmatrix} \begin{bmatrix} \mathbf{Q} \\ \cdots \\ \mathbf{H} \end{bmatrix} = \begin{bmatrix} -\mathbf{A}_{10}\mathbf{H}_0 \\ \cdots \\ -\mathbf{q} \end{bmatrix} \tag{5-20}$$

式中 $\mathbf{Q}$ —— $[n_\mathrm{p},1]$ 管道流量向量；

$\mathbf{H}$ —— $[n_\mathrm{n},1]$ 未知节点压力向量；

$\mathbf{H}_0$ —— $[n_\mathrm{t}-n_\mathrm{n},1]$ 已知节点压力向量；

$\mathbf{A}_{11}$ —— $[n_\mathrm{p},n_\mathrm{p}]$ 管道和水泵对角矩阵；

$\mathbf{A}_{12}$ 和 $\mathbf{A}_{21}$ —— $[n_\mathrm{p},n_\mathrm{t}]$ 拓扑关联矩阵，定义管道和节点的连接关系；

$\mathbf{A}_{10}$ —— $[n_\mathrm{t}-n_\mathrm{n},1]$ 已知压力节点的关联矩阵；

n_t ——节点总数；

n_n ——未知压力节点总数；

n_p ——管道总数；

$\mathbf{q}$ —— $[n_\mathrm{n},1]$ 未知压力节点需水量向量。

公式（5-15）定义的压力相关水量、节点供水量是未知的。扩展全局梯度算法（EGGA）用来同时求解节点压力和节点供水量。与 Wu 等人（2006）的研究工作几乎同时，Todini（2006）也提出了类似的 EGGA 算法，它是在 GGA 算法的基础上对 PDD 方法的完整描述。

由于节点压力相关需水量未知，方程（5-20）改写为如下形式：

$$\begin{bmatrix} \mathbf{A}_{11} & \cdots & \mathbf{A}_{12} \\ \cdots & \cdots & \cdots \\ \mathbf{A}_{21} & \cdots & \mathbf{A}_{22} \end{bmatrix} \begin{bmatrix} \mathbf{Q} \\ \cdots \\ \mathbf{H} \end{bmatrix} = \begin{bmatrix} -\mathbf{A}_{10}\ \mathbf{H}_0 \\ \cdots \\ -\mathbf{q}^* \end{bmatrix} \tag{5-21}$$

式中　$\mathbf{q}^*$ ——$[1, n_n]$ 节点实际供水量向量；

$\mathbf{A}_{22}$ ——$[n_n, n_n]$ 对角矩阵元素，如下所示：

$$\mathbf{A}_{22}(i,i) = \begin{cases} 0 & P_i \leqslant 0 \\ \dfrac{Q_{ri}}{H_i}\left(\dfrac{P_i}{P_{ri}}\right)^{\alpha} & P_i < P_t \\ \dfrac{Q_{ri}}{H_i} & P_i \geqslant P_t \end{cases} \tag{5-22}$$

为了求解方程（5-21），扩展全局梯度算法（EGGA）推导过程如下：

$$\begin{bmatrix} \mathbf{D}_{11} & \cdots & \mathbf{A}_{12} \\ \cdots & \cdots & \cdots \\ \mathbf{A}_{21} & \cdots & \mathbf{D}_{22} \end{bmatrix} \begin{bmatrix} \mathbf{dQ} \\ \vdots \\ \mathbf{dH} \end{bmatrix} = \begin{bmatrix} \mathbf{dE} \\ \vdots \\ \mathbf{dq} \end{bmatrix} \tag{5-23}$$

EGGA 和 GGA 唯一的区别是对角矩阵 $\mathbf{D}_{22}$ ，它由 $\mathbf{A}_{22}$ 推导，方程（5-15）定义了压力相关供水量函数，相应的表达式为：

$$\mathbf{D}_{22}(i,i) = \begin{cases} 0 & P_i \leqslant 0 \\ \alpha\left(\dfrac{P_i}{P_{ri}}\right)^{\alpha-1} \times \dfrac{Q_{ri}}{H_{ri}} & P_i < P_t \\ 0 & P_i \geqslant P_t \end{cases} \tag{5-24}$$

式中　H_{ri} ——节点 i 的设计水头（设计压力+节点高程）。

EGGA 需要计算每个压力相关需水量节点的 $\mathbf{D}_{22}$，将 $\mathbf{D}_{22}$ 代入到 GGA 矩阵系数 $\mathbf{A}(i,i)$ 中，得：

$$\mathbf{A}(i,i) = \sum_j p_{ij} - \mathbf{D}_{22}(i,i) \quad \forall i \cap j \neq \varnothing;\ i \in 1,\ n_n;\ j \in 1, n_t \tag{5-25}$$

式中　j ——表示管道 j 与节点 i 相连接；

p_{ij} ——节点 i 和节点 j 相连管道水头损失相对于流量的梯度的倒数。

扩展的 GGA 算法和公式（5-15）所示的 PDD 函数已被 WaterCAD 和 WaterGEMS 软件所采用（Wu 等人 2006；Wu 和 Walski 2006）。已经证明，在压力相关分析（包括供水中断、系统维修、漏损、水源供水不足、间歇式供水、喷灌、临界分析和可靠性分析）中，WaterCAD 和 WaterGEMS 十分有效和高效。

5.6　系统漏损建模

在供水管网系统中，水力模型是漏损建模的理想工具。如前面章节所述，漏损与压力有关，为了更准确地模拟水力学特性，水力模型必须考虑漏损。

为了有效模拟漏损量，必须确定：

（1）漏损位于供水管网中的什么位置？

（2）在该位置漏损量有多大？

对于任何一个供水管网系统，同时回答这两个问题是很困难的。没有准确的关于漏损位置和漏损水量的信息，为了使用水力模型分析和估算漏损量，通常做一些假设。

为了进行漏损分析，通常在模型建立之前进行“自上而下”的水量平衡分析。对于给定的供水管网系统，Q_{ms} 为系统总供水量，Q_{mc} 为用户用水量。总漏损量 Q_{loss} 表示为：

$$Q_{loss} = Q_{ms} - Q_{mc} \tag{5-26}$$

总漏损包括两个部分：不可计量漏损（账面漏损）Q_{aloss} 和真实漏损 Q_{leak}。因此，全系统流量平衡可表示为：

$$Q_{ms} = Q_{mc} + Q_{aloss} + Q_{leak} \tag{5-27}$$

漏损建模的任务是将 Q_{leak} 分配到水力模型的节点流量中，通常有以下几种方法。

5.6.1 传统方法

该方法是将漏损水量作为常规需水量分配到节点上。分配的基本漏损量 q_{li} 与所在节点的基本需水量 q_{mi} 成正比。该方法将各种漏损都考虑在内。典型的漏损模式如图 5-10 所示。

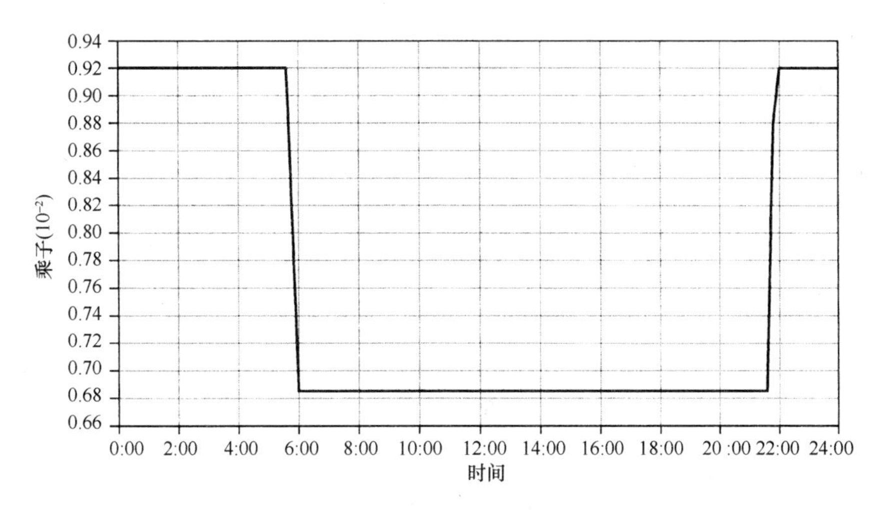

图 5-10　漏损水量作为常规需水量建模的典型漏损模式

该方法在欧洲国家水务部门多年来一直被使用。该方法十分简单，但是没有考虑漏损与压力的关系。因此，使用该模型评估漏损减少量没有多大的帮助。

为了考虑压力变化对漏损的影响，漏损必须使用压力相关水量模拟。

5.6.2 均匀漏损喷射系数

在不知道漏损准确位置的情况下，可以假定需水量节点具有相同的喷射系数 K，然后根据公式（5-28）估计总漏损量：

$$Q_{leak} = K\sum_{i=1}^{ND}(P_i)^n \tag{5-28}$$

式中　ND——需水节点总数；

P_i——节点 i 的压力；

n——指数。

该方法未考虑管网的特征，如管道长度、管道状态或者用户数量等，但是考虑了压力-漏损之间的关系，将漏损作为压力相关需水量分配到水力模型节点上。

5.6.3 基于最小夜间流量的漏损分配

Burrow 等人（2003）提出，漏损可以用节点喷射流量（压力相关流量）表示，漏损量根据夜间最小流量时段测试数据确定。

最小夜间流量（MNF）测试在夜间最小用水时段进行，通常是凌晨 2：00—4：00。该时段用水量最低或者接近于零用水量，漏损水量（包括真实漏损 Q_{leak}）从测得的总流量中扣除用户用水量计算得出。公式（5-28）可以用来计算节点的喷射系数，该公式假定需水量节点具有相同的喷射系数，即所有的管道和用户特征相同。

基于 GIS 和资产管理信息系统，可以用漏损权重因子（LWF）评价与每个节点相连的管道情况。因此，每个节点的漏损喷射系数可以修改为：

$$K_i = K \times LWF_i \tag{5-29}$$

将修正后的喷射系数添加到对应的节点，运行水力模型检查整个系统的流量，调整喷射系数，直至与总供水量一致。

5.6.4 按用水量分配

为了区分管网实际漏损与账面漏损，并使用喷射流量模拟管网系统中的漏损，Almandoz 等人（2003）提出了一种方法，该方法将漏损按比例分配至需水量节点以及与节点相连的管道上。

首先，漏损用具有恒定喷射系数 K 的压力相关喷射流量表示，用长度权重因子 $\overline{L}_i$ 调整每个节点：

$$\overline{L}_i = \frac{L_i}{L_T} \tag{5-30}$$

式中 L_i ——与节点 i 相连的管道总长度，管道总长度的 50%分配到该节点；

L_T ——系统管道总长度。

然后，节点漏损喷射系数由下式表示：

$$K_i = \overline{L}_i K \tag{5-31}$$

式中 K ——均匀漏损喷射系数（恒定值）。

真实漏损总量如下式所示：

$$Q_{leak} = \sum_{i=1}^{ND} \overline{L}_i K (P_i)^n \tag{5-32}$$

用 x 表示真实漏损占总漏损量的比例，如下所示：

$$x = \frac{Q_{leak}}{Q_{loss}} \tag{5-33}$$

时供水效率可定义为：

$$\eta_s = \frac{Q_{mc}}{Q_{ms}} \tag{5-34}$$

假设每个节点的账面漏损量与用户需水量成比例，则节点账面漏损量可由下式计算（Almandoz 等人 2003）：

$$q_{i,loss} = q_{i,m}\left(\frac{1}{\eta_s} - 1\right)(1 - x) \tag{5-35}$$

式中 $q_{i,loss}$ ——节点 i 账面漏损量；

$q_{i,m}$ ——节点 i 用户需水量。

因此，结合公式（5-24）、公式（5-28）和公式（5-31），系统总供水量 Q_{cs} 可以表示为：

$$Q_{cs}=\sum_{i=1}^{ND}q_{i,m}\left[1+\left(\frac{1}{\eta_s}-1\right)(1-x)\right]+K\sum_{i=1}^{ND}\overline{L}_i(P_i)^n \quad (5\text{-}36)$$

使用公式（5-36）计算 Q_{cs} 之前，需要计算系数 x 和 K，因此，计算系统流量 Q_{cs} 与计算 Q_{ms} 的方法一致。基于水力模型，Almandoz 等人（2003）提出一种计算 x 和 K 的迭代方法，并使用简单的管网案例对该方法进行了评价。然而，该方法的可行性还需要在实际供水管网应用中得到验证。

5.6.5 漏损建模的挑战

尽管科研人员对压力相关供水量分析做了大量研究，并提出了高效的求解方法，但是在实际管网中进行漏损建模仍然是一项艰巨的任务。其中，最基本的挑战是如何确定供水系统中漏损的位置。

漏损在模型中的假定，包括漏损均匀分布到管道上或者是按比例分配到所有节点，对更好地理解漏损水力学特征有一定的帮助。但是，事实上在水力模型中，所有的漏损都是压力相关漏损，包括微小的称之为“背景”漏损和大的称之为“未发现”漏损。漏损在物理意义上是不均匀分布的用水量。漏损既不是均匀分配到所有管道上，也不是与节点用水量成比例，更不是均匀扩展到整个系统中。

基于水力模型，为了提高漏损分析的准确性，供水管网系统必须进行现场测试和数据收集。近些年，欧洲国家的一些水务部门，例如英国，已经将连续时段内的现场数据记录标准化，该时段一般超过 24h。这是数据收集的理想方法。连续时段数据收集能够捕捉到系统在 MNF 时段的水力特性，MNF 时段是用水量小而漏损量大的时段。在模型校正过程中，MNF 时段的数据用来有效地校正基于压力的漏损水力模型。接下来的章节将阐述为漏损检测而研发的方法和模型校正工具。

参考文献

Almandoz，J.，Cabrera，E.，Arregui，F.，Cabrera Jr.，E.，and Cobacho，R.（2005）.“Leakage Assessment Through Water Distribution Network Simulation”*J. of Water Resour. Plan. Manage.*，ASCE，131(6)，458-466.

Ang，W. H. and Jowitt，P. W.（2006）.“Solution for Water Distribution Systems under Pressure-Deficient Conditions.”*J. of Water Resour. Plan. Manage.*，ASCE，132(3)，175-182.

Ashcroft，A. and Taylor，D.（1983）.“The ups and downs of flow and pressure.”*Surveyor*，July，16-18.

Bhave，P. R.（1981）.“Node Flow Analysis of Water Distribution System.”*J. of Transp. Engrg.*，ASCE，107(4)，1119-1137.

Burrows，R.，Mulreid，G.，Hayuti，M.，Zhang，J. and Crowder，G.（2003）.“Introduction of a fully dynamic representation of leakage into network modeling studies using EPANET.” In：Maksimovic，Butler and Memon（eds.），*Proceedings of the CCWI conference*. Advances in Water Supply Management，Imperial College. London：Swets & Zetlinger，109-118.

Cassa，A. M.，Van Zyl，J. E.，Laubscher，R. F.（2010）.“A numerical investigation into the effects of pressure on holes and cracksin water supply pipes.”Uvban Water Journal，7(2)，109-120.

Farley，M. and Throw，S.（2003）. *Losses in Water Distribution Networks*，IWA Publishing，London, UK.

Germanopoulos, G. (1985). "A Technical Note on the Inclusion of Pressure Dependent Demand and Leakage Terms in Water Supply Network Models. "*Civ. Engrg. Sys.*, 2(3), 171-179.

Germanopoulos, G., and Jowitt, P. W. C(1989). "Leakage reduction by excessive pressure minimization in a water supply network." Proc. Inst. civ. Eng., Part 2. Res. The ory, 87, 195-214.

Giustocisi, o., savic, D. A. and kapelan, Z. (2008). "Pressure-driven Demand and Leakage Simulation for water Distribution Networks." ASCE Journal of Hydraulic Engineering, 134(5), 626-635.

Goulter, I. C. and Coals, A. V. (1986). "Quantitative Approaches to Reliability Assessment in Pipe Network. "*J. Transp. Engrg.*, ASCE, 112(3), 287-301.

Greyvenstein, B. and Van Zyl, J. (2007). "An Experimental Investigation into the Pressure-Leakage Relationship of some Failed Water Pipes,"*Journal of Water Supply Research and Technology-AQUA*, 56 (2), 117.

Hikki, S. (1981). "Relationship Between Leakage and Pressure. "*Journal Japanese Waterworks Association*, May, 50-54.

Khadam, M. A., Shammas, N. Kh., Al-Feraiheedi, Y. (1991). "Water Losses from Municipal Utilities and their Impacts". *Water International*, 16, 254-261.

Lambert, A. (2001). "What Do We Know about Pressure-Leakage Relationships in Distribution Systems?" *IWA Conference System Approach to Leakage Control and Water Distribution Systems Management*, Brno, Czech Republic.

May, J. (1994). "Leakage, Pressure and Control." *BICS International Conference on Leakage Control*, London.

Ogura. (1979). *Japan Waterworks Journal*, June, 38-45.

Ofwat. (2004). *Level of Service for Water Industry in England and Wales* 2003—2004 *Report*, October, 2004, UK.

Piller, O. and Van Zyl, J. E. (2009). "Pressure-driven Analysis of Network Sections Supplied via High-lying Nodes". *Integrating Water System*, Boxall, J. and Maksimovic, C. (eds.), Taylor & Francis group, London, UK, 257-262.

Parry, J. (1881). "Water-Its Composition, Collection and Distribution." F Warne & Co.

Reddy, L. S. and Elango, K. (1989). "Analysis of Water Distribution Network with Head Dependent Outlets. "*Civ. Engrg. Sys.*, 23(1), 31-38.

Rossman, L. A. (2000). EPANET2 *Users Manual*. Drinking Water Research Division, Risk Reduction Engineering Laboratory, Office of Research and Development, U. S. Environmental Protection Agency, Cincinnati, Ohio. USA.

Salgado-Castro, R. O. (1988). "Computer Modeling of Water Supply Distribution Network Using the Gradient Method." *Ph. D Thesis*, University of Newcastle-upon-Tyne, UK.

Su, Y. C., Mays, L. W., Duan, N., and Lansey, K. E. (1987). "Reliability-based Optimization Model for Water Distribution Systems. "*J. Hydr. Engrg.*, ASCE, 114(12), 1539-1556.

Thornton, J., Sturn, R. and Kunkel, G. (2008). *Water Loss Control*, McGraw-Hill, New York.

Tanyimboh, T. and Templeman, A. B. (2004). "A New Nodal Outflow Function for Water Distribution Networks. "*Proc. of the 4th International Conference on Engineering Computational Technology*, B. H. V. Topping and C. A. Mota Soares (eds.), Civil-Comp Press, Stirling, Scotland.

Todini, E. and Pilati, S. (1988). "A Gradient Algorithm for the Analysis of Pipe Network." In Coulbeck, B. and Chun-Hou, O. (eds.). *Computer Applications in Water Supply*, *Vol. 1-System Analysis and Simulation*, John Wiley & Sons, London, 1-20.

Todini, E. (1999). "A Unified View on the Different Looped Pipe Network Analysis Algorithms." In Powell, P. and Hindi, K. S. (eds.). *Computing and control for the water industry*. Research Study Press Ltd, 63-80.

Todini, E. (2006). "Towards Realistic Extended Period Simulations (EPS) in Looped Pipe Network." *Proc.*, *the 8th Annual International Symposium on Water Distribution Systems Analysis*, ASCE, August 27-30, 2006, Cincinnati, Ohio, USA.

Van Zyl, J. and Clayton, C. (2007). "The Effect of Pressure on Leakage in Water Distribution Systems." *Water Management*, 160 (WM2), 109.

Wagner, J. M., Shamir, U. and Marks, D. H. (1988). "Water Distribution Reliability: Simulation Methods." *J. of Water Resour. Plan. Manage.* ASCE, 114(3), 276-294.

Walski, T. M., Whitman, B., Baron, M. and Gerloff, F. (2009). "Pressure vs. Flow Relationship for Pipe Leaks." World Environmental and Water Resources Congress, ASCE.

Walski, T., Bezts, W., Posluszny, E., Weir, M. and Whitman, B. (2006). "Modeling Leakage Reduction through Pressure Control." *J. AWWA*, 94: 4, 147, April.

WRC (1996). UC 2669, Water Research Center, UK.

WRC(1980). Technical Report 154, Water Research Center, UK.

Wu, Z. Y. (2007). "Discussion on 'Solution for Water Distribution Systems under Pressure-Deficient Conditions' by Ang and Jowitt." *J. of Water Resour. Plan. Manage.*, ASCE, 133(6), 567-568.

Wu, Z. Y. and Walski, T. M. (2006). "Pressure Dependent Hydraulic Modelling for Water Distribution Systems under Abnormal Conditions." *Proc.*, *the 5th IWA World Water Congress*, Sept. 10-14, 2006, Beijing, China.

Wu, Z. Y., Wang, R. H, Walski, T., Bowdler, D. and Yang, S. Y. (2006). "Efficient Pressure Dependent Demand Model for Large Water Distribution System Analysis." *Proc.*, *the 8th Annual International Symposium on Water Distribution Systems Analysis*, ASCE, August 27—30, 2006, Cincinnati, Ohio, USA.

Wu, Z. Y., Wang, R. H., Walski, T., Bowdler, D. and Yang, S. Y. (2009). "Extended Global Gradient Algorithm for Pressure Dependent Demand Analysis of Water Distribution Systems." ASCE *Journal of Water Resources Planning and Management*, Vol. 135, No. 1, 13-22.

Yeung, H. and Garmonsway, A. E. (1999). "Pressure System and Leakage." *Leakage Management and Measurement Technology Seminar*, IWEX 99 Seminar, Oct.

第 6 章　基于水力模型校正的漏损检测

6.1　简介

自 20 世纪 70 年代初以来，水力模型已得到很好的发展和广泛的应用。利用水力模型进行漏损检测对供水企业而言，具有很大的吸引力。它将为定位漏损热点/区域和提高水力模型校正精度带来多种好处。但是，很难开发一种有效的方法，能通过水力模型校正实现漏损检测。随着参数估计方法和逆向模型技术的发展，为克服该困难提供了有利条件，我们能够同时识别可能的漏损和其他模型参数。

随着独立计量区（DMA）的应用推广及先进的计量技术和新兴的计算方法的发展，用于漏损检测的系统分析方法可以分为两类：

（1）识别 DMA 中或配水管网系统中现有或已漏损的位置和大小。

（2）对监视区域内（例如 DMA）新发生的爆管或异常事件进行报警。

尽管对配水管网系统中新出现的漏损或爆管事故进行报警十分重要，但是由于当前配水管网系统的漏损率很高，所以供水公司的首要任务是检测现有或已存在的漏损。本章将论述所有基于水力模型识别现有漏损的漏损检测方法，并重点介绍最新的漏损热点检测方法，该方法基于压力相关水力模型和智能优化算法。

6.2　需求

如前几章所述，相关学者提出了许多配水管网漏损检测方法，包括：（1）随机的或有规律的音听检漏法；（2）孤立分支管道或孤立部分管网的逐步测试法；（3）临时安装相关声学漏损噪声记录仪；（4）临时或永久安装声学监测仪；（5）基于临时或永久水力监测点观测数据的水力模型分析方法。有规律的或随机的音听检测非常耗时，而且在潜在的漏损区域并不总是有效，这是因为漏损检测人员不愿意去检测管网中偏远或不常活动的区域。逐步测试法通常在漏损区域（DMA）中逐步进行，通过关闭待测管道两端阀门，观察 DMA 入口压力的变化，若待测管道存在漏损，则 DMA 入口流量减少，压力升高。为了不影响用户用水，一般在凌晨 1：00—4：00 的最小夜间流量时段进行漏损检测。

其他的检漏方法包括在整个管网或特定区域安装噪声记录仪或监测仪。从设备总维修费用或重复布置有限数量的设备的角度讲，这些方法费用很高。声学监测仪彼此不相关，但是能够报告或分析漏损噪声，可以现场读取并分析数据，或者通过通信网络（例如 AMI 发射器、WIFI 或 SCADA）将每天的数据传送至主机，然后借助相关的分析软件识别漏损区域并显示结果。

噪声记录仪感知漏损的有效性与很多因素有关，管网中任何操作所导致的压力下降或者铸铁管更换成塑料管之后，噪声记录仪感知漏损的有效性都会消减，这两个因素降低了漏损产生的反射波的强度，同时也降低了噪声记录仪“听漏”的能力。实验表明，漏损产生的噪声在多种管材组成的管网中传播距离很短，可通过增加噪声记录仪的安装密度克服，但是，还是会降低检测局部漏损的有效性。

国际水协漏损控制专家组研发了全管网范围水量平衡计算的概念和方法。该方法基于供水资产数据、管网爆管统计数据、客户数据以及地下管网数据。该方法不能对配水管网中的漏损区域做精确的定位。但是，它代表了管网模型中已知漏损的影响水平。因此，需要开发一个基于水力模型的漏损热点检测模型，该模型能够帮助工程师快速定位漏损位置，以便对漏损点及时维修。

6.3 基本途径

基于水力模型的漏损检测归根结底是一个反问题，即搜寻最可能的漏损热点（漏损位置及漏损大小），该漏损热点满足监测点的流量/压力现场观测值与模型模拟值之间的误差最小。因此，该问题可以明确地表示为一个最优化问题，一般形式如下所示：

决策变量：

$$\vec{Q}_l = (q_{i,l}), i = 1, \cdots, NL \tag{6-1}$$

目标函数：

$$F = f(\vec{Q}_l) \tag{6-2}$$

式中 $q_{i,l}$ ——第 i 个漏损热点；

NL ——漏损热点总数；

$\vec{Q}_l$ ——漏损热点漏损量向量；

F ——目标函数；一般用距离函数最小化表示，也可以定义为不同的形式。

应用反问题方法解决漏损定位问题要求收集监测点现场观测数据，以便目标函数对每个解进行量化。不同的漏损检测方法的效率和实用性取决于但不局限于以下因素：

（1）漏损水量是如何表示的，是基于容积用水量还是基于压力相关用水量；

（2）漏损检测模型是如何定义的，例如，是基于稳态的水力模型还是基于瞬态的水力模型；

（3）为了保证计算结果的可行性，漏损检测模型需要考虑什么约束条件；

（4）使用漏损检测模型需要收集什么类型的现场观测数据；

（5）对于现场观测数据，漏损检测模型的灵敏度如何。

不考虑反问题模型的表达式，该问题通常使用优化方法并结合水力模型求解可能的漏损热点。在所有用来求解隐式非线性参数识别问题的优化算法中，遗传算法（GA）是求解反问题模型最广泛使用的算法。

6.3.1 基本遗传算法

遗传算法（GA）是一种模仿基因繁衍（比如交叉和变异）的搜索方法。它由 Holland 在 1975 年正式提出（Holland 1975）。从此，遗传算法成为人工智能领域最活跃的研究方向之一，已经成功应用于工程、科学、经济、金融、商业和管理等方面。遗传算法有很多变种，但是基本的思想如下：

GA 用一个字符串表示一个解，例如图 6-1 中展示的二进制字符串。它也可以是其他任意类型的字符串。这个字符串被认为是生物的表型或者染色体。字符串的一个分段代表一个决策变量（例如一个漏损点），这样一个完整的解（比如一个供水管网系统中大量的漏损点）可以被编码到一个字符串上，如图 6-1 所示。

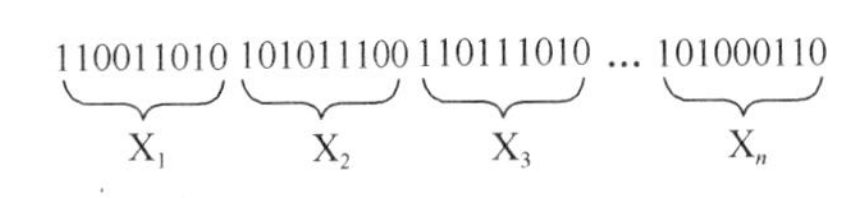

图 6-1　遗传算法解举例

遗传算法计算时首先进行初始化，即随机生成规定数量的初始解（种群），然后运行水力模型对每个解进行评价（不管是稳态水力分析还是瞬态水力分析）。使用公式（6-2）计算每个解的适应度值，然后随机选取两个解并使用达尔文“优胜劣汰”法则来进行比较，更优解即目标函数最小值被选为父代，用于生成下一代个体。图 6-2 展示了选择两个父代的过程。

适应度	初始种群
22	101010100111110101
9	110011010101011100
8	111110101111010101
70	111001111100001001
19	110011010101011100
48	101110101111001001
23	110011010101011100
38	111001111100001001

选择　选择父代1　110011010101011100

选择　选择父代2　111001111100001001

图 6-2　遗传算法初始解和选择父代举例

选中的父代字符串经过交叉和变异两个过程产生后代，称之为子代。如图 6-3 所示，交叉是指首先随机选择一个交叉点并在交叉点处切断两个字符串，然后交换交叉点后面的染色体形成两个子代。

交叉之后，子代可能会通过改变染色体中某个基因实现突变。如图 6-4 所示，一个基因被选为突变基因，它的值从 0 变为 1（或者从 1 变为 0）。交叉和变异过程按概率进行；当交叉或变异产生的概率大于规定概率时，便会执行交叉或变异过程。选择、交叉和突变过程重复进行，一代接一代，初始解逐渐接近最优解或者近似最优解。

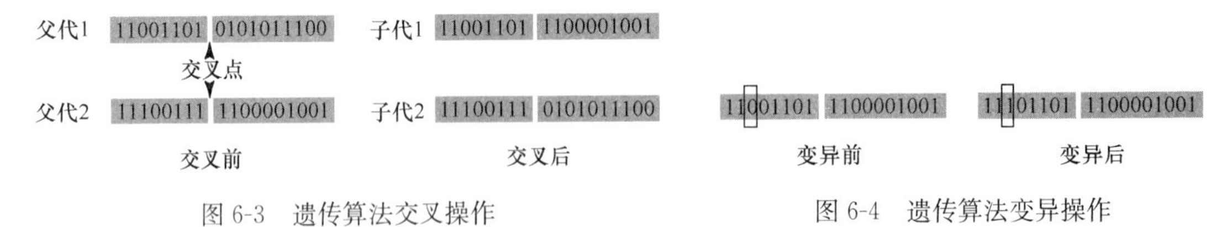

图 6-3　遗传算法交叉操作　　图 6-4　遗传算法变异操作

这是简单遗传算法的基本过程。基于简单遗传算法原则，还有很多不同的变种。现有的遗传算法和新的遗传算法已经得到持续的改进和发展，每年在文献中都有报道。总体来讲，遗传算法具有很多的优势（Goldberg1989）。它的基本优势是可以解决非线性优化问题。基于模型的漏损检测就是一个典型的隐式非线性优化问题。

6.4 基于水力模型的漏损检测方法概述

在过去的几十年里，漏损检测一直是研究的焦点，相关学者提出了各种各样的方法，包括逆向模型分析（Pudar 和 Liggett 1992；Liggett 和 Chen 1994）、贝叶斯系统辨识法（Poulakis 等 2003）、流量统计分析（Buchberger 和 Nadimpalli 2004）和基于基本规则的专家系统（Xu 等 2007）。其中逆向模型分析是最活跃的研究方向。

6.4.1 逆向瞬态方法

逆向瞬态方法曾经是一个活跃的研究领域。使用瞬态模型而不是稳态模型进行漏损检测的原因是，瞬态模拟与稳态模拟相比，瞬态模拟对管道粗糙系数更不敏感。因此，瞬态流逆向分析比稳态流逆向分析用于漏损检测更有吸引力。Liggett 和 Chen（1994）最早使用逆向瞬态方法进行漏损检测和模型校正。之后，更多的研究在该领域开展起来。该技术首先在管网某处生成一个瞬态波或脉冲波，然后管网中其他位置安装的高灵敏度压力传感器对产生的瞬态压力波进行测量，根据瞬态压力的观测值确定模型参数，包括管道漏损和管道阻力系数。Brunone（1999）在一项漏损实验报告中证实了长距离输水管道逆向瞬态分析的可靠性和有效性。Vítkovský等人（2000）使用遗传算法对虚拟管道系统进行逆向瞬态分析，通过满足瞬态压力模拟值与实测值之间误差最小化，寻找管网中的漏损位置及漏损量。Ferrante 和 Brunone（2003）推导出了瞬变过程中管道下游末端压力水头的频谱解析表达式，并用小波变换检测单独管道中压力时间序列的局部奇异值确定漏损位置。基于时间和频率的其他漏损检测方法（Wang 等 2002；Kapelan 等 2004；Beck 等 2005；Covas 等 2005；Covas 等 2003；Lee 等 2005；Taghvaei 等 2006）在相关文献中已经进行了详细的描述。Nixon 等（2006）认真研究了逆向瞬态模型的适用范围，发现其适用性仅局限于简单的水库—管网—阀门系统或水库—管网—水库系统中瞬时微小的振幅波动情况。逆向瞬态分析方法将在第 7 章详细描述。

然而，逆向瞬态方法作为漏损检测的一般方法，其成功应用仍然面临巨大的挑战。这主要是因为配水管网通常呈环状，并且有很多阀门、水池和水泵，其中的任何一个元件都有可能导致瞬变现象严重衰减，除此之外，该方法很难区分因漏损而导致的瞬态波响应与管道配件和那些因用水量变化而导致的瞬态波响应。同时，人为地产生瞬态波也可能引发水质问题，如有颜色的水和污染物倒流入管网。准确的逆向瞬态分析需要稳态模型提供正确可靠的流量和流速作为初始条件，该信息只能由已校正的稳态模型提供，而没有校正的稳态模型通常是不准确的。换句话讲，利用不准确的初始条件得到的瞬态分析结果是不可靠的，而且并未考虑稳态模型中的漏损。总之，任何程度的压力波动，包括那些人为设计的瞬态事件都可能触发管道中新的漏损并扩大现有漏损开口，最终使漏损检测成为更困难的任务。

6.4.2 逆向水力模型方法

在水力模型的基础上进行漏损检测是一个成本效益良好的漏损检测方法。Pudar 和 Liggett（1992）首先提出使用具有等效孔口面积的孔口出流公式确定漏损量，利用逆向水力分析方法来检测管道中的漏损。针对超定情况和欠定情况下的漏损问题，提出两种解决方案。超定情况下实测数据点多于漏损点，它可以用显示方法满足节点水压模拟值与观测值之间误差最小化的方法解决。欠定情况下实测数据点少于漏损点，这种情况可以通过反复迭代运算满足漏损区域向量 L_2 最小化解决。

结果表明，未知的管道粗糙系数成为求解逆向稳态分析问题的主要挑战。但是，Wu 等（2009）发现在 Pudar 和 Liggett 的测试案例中，大部分管道的流速都大于 1.5m/s。这样的高流速并不是真实配水系统的水力特征，尤其是从半夜到清晨用水量低的时段，管网中的流速通常都很低，水压高就会导致漏损量大。当流速低、漏损量大而用水量少时，确定漏损点很适合。众所周知，流速越大，管道粗糙系数引起的水头损失也越大，因此在逆向稳态分析中漏损检测的不确定性也就越大。由于流速偏高，所以，使用 Pudar 和 Liggett（1992）的方法降低了漏损检测的有效性。

自从 Pudar 和 Liggett（1992）的研究以来，管网水力模型技术已经在很多方面得到了提升，这些模型技术包括基于流量喷射器原理的漏损模型（该模型在 EPANET2 中已经应用）和压力相关供水量分析模型。除了模型软件技术的提高之外，由于 SCADA 系统的发展，无论是管网主干管的日常检查、监测还是实地调查，压力和流量趋势数据的获取均得到了提高，例如管网模型校正、辅助数据记录设备也能够补充 SCADA 数据。这意味着改进模型方法和软件工具有着更高的需求，包括使用优化技术检测漏损区域，使漏损工程师能够快速地辨别出主要漏损区域，继而进行及时地维修。随着新的优化方法变得越来越普遍，水务行业很有必要评估当前的工作习惯和数据处理方法，评估新的优化方法能够带来的优势。

Sage（2005）提出一种叫做 Posi-Tect 的漏损检测方法。该方法基于漏损水量的重新分配，在一些分区（DMA）的漏损检测中取得了成功。DMA 的总漏损水量通过从该区域总供水量中扣除用户水量得到，后者是水表计量用水量和估算水量（未安装水表）的总和。每个 DMA 之间的漏损量是按照节点用户的数量，或者与每个节点相连的主干管的长度按比例分配到节点上。早期的漏损量计算方法没有考虑喷射器出流公式或水头-供水量函数关系。漏损通常被认为是由背景漏损和突发漏损组成。每个节点和管段的背景漏损通过经验公式计算得出，经验公式是基于内部条件系数（ICF），即管龄的函数。ICF 是一个介于 0～1 之间的数值。管龄越大，ICF 值越大，背景漏损也越大。总漏损和背景漏损的差值被认为是突发漏损。采用启发式搜索算法可以将突发漏损量分配到管网节点上，这样就可以缩小模型监测点压力模拟值和实测值之间的误差。但是，Posi-Tect 方法有很多局限性，如下所述：

（1）由于使用漏损优化模型和启发式搜索算法，该方法不能够区分一个大的漏损区域和一群小的漏损区域。

（2）漏损检测过程与模型校正过程相互独立，然而理论上漏损检测应该包含在模型校正中。

（3）该方法漏损量计算与压力相关供水量无关。

（4）该方法不能很好地支持和维护建模软件，因此，漏损区域检测分析需要将数据从不同的模型中筛选出来。

由于模型的漏损检测方法已经被供水公司采用，例如英国联合供水公司（UU），因为该方法有可能给他们带来经济效益。当这种方法得到越来越多的认可时，更多的供水企业就会使用该方法。该方法的基本原理是利用监测点现场压力/流量观测值通过校正管网模型确定哪些节点存在不确定用水量。它与基于优化算法的模型校正过程类似（Wu 等人 2002)，允许用户在集成环境中确定模型参数。以下各节将详细讨论基于模型校正的漏损检测方法。

6.5 基于优化的模型校正

在过去的十几年里，相关学者提出了许多基于优化的模型校正方法。Walski 等人（2003）和 Savic 等人（2009）在文献中对这些方法进行了详细的综述，模型校正的目的是为了校正配水管网模型中的参数（Wu 等人，2002)，这些参数包括：

（1）管道分组 i 中的管道阻力系数乘子 f_i 或管道阻力系数，管道分组 i 中所有管道都设置相同的阻力系数值，或者相对于初始阻力系数设置相同的阻力系数乘子。

（2）节点需水量调整乘子 $m_{j,t}$，对于 t 时刻节点水量分组 j 内的所有用水量节点都设置相同的用水量调整乘子。

（3）管段运行状态 $s_{k,t}$，管段 k（管道、阀门和水泵）在 t 时刻的运行状态。

参数调整是在给定的边界条件（包括水池水位、阀门设置和水泵设置）下，通过调整模型参数，使监测点压力（水头）/流量现场观测值与水力模型模拟值误差最小。因此，t 时刻基于优化的模型校正可以被定义为一个优化问题，定义如下：

决策变量：

$$\vec{X} = (f_i, m_{j,t}, s_{k,t})\, i = 1, \cdots, NI;\ j = 1, \cdots, NJ;\ k = 1, \cdots, NK \tag{6-3}$$

目标函数：

$$F(\vec{X}) \tag{6-4}$$

约束条件：

$$\bar{f}_i \leqslant f_i \leqslant \underline{f}_i \tag{6-5}$$

$$\bar{m}_{j,t} \leqslant m_{j,t} \leqslant \underline{m}_{j,t} \tag{6-6}$$

$$s_{k,t} \in \{0, 1\} \tag{6-7}$$

式中　$\vec{X}$——模型参数向量；

$\bar{f}_i$ 和 $\underline{f}_i$——管道分组 i 中的管道阻力系数乘子上限、下限；

$\bar{m}_{j,t}$ 和 $\underline{m}_{j,t}$——t 时刻的节点用水量分组 j 中节点用水量调整乘子上限、下限；

$F(\vec{X})$——目标函数，用于评价监测点现场观测值与模型计算值之间的误差。

模型校正的目标函数可以定义为三个不同的距离函数：（1）差值平方和的最小化；（2）差值绝对值和的最小化；（3）最大差值绝对值的最小化。

6.5.1 目标函数

目标函数被定义为监测点处节点水头和管道流量模型模拟值与现场观测值之间的误

差。考虑到水头与流量的量纲等效性，用自定义的两个转换因子将其进行合适的无量纲化处理。这两个转换因子定义为水头转换因子和流量转换因子。这两个转换因子将水头和流量转换成无量纲的值，三种目标函数定义如下：

1. 差值平方和的最小化

$$F(\vec{X})=\sum_{t=1}^{T}\frac{\sum_{nh=1}^{NH}W_{nh}\left(\frac{Hs_{nh}(t)-Ho_{nh}(t)}{Hpnt}\right)^{2}+\sum_{nf=1}^{NF}W_{nf}\left(\frac{Qs_{nf}(t)-Qo_{nf}(t)}{Qpnt}\right)^{2}}{NH+NQ} \tag{6-8}$$

2. 差值绝对值和的最小化

$$F(\vec{X})=\sum_{t=1}^{T}\frac{\sum_{nh=1}^{NH}W_{nh}\left|\frac{Hs_{nh}(t)-Ho_{nh}(t)}{Hpnt}\right|+\sum_{nf=1}^{NF}W_{nf}\left|\frac{Qs_{nf}(t)-Qo_{nf}(t)}{Qpnt}\right|}{NH+NQ} \tag{6-9}$$

3. 最大差值绝对值的最小化

$$F(\vec{X})=\underset{t,nh,nf}{\operatorname{argmax}}\left\{\left|\frac{Hs_{nh}(t)-Ho_{nh}(t)}{Hpnt}\right|,\left|\frac{Qs_{nf}(t)-Qo_{nf}(t)}{Hpnt}\right|\right\} \tag{6-10}$$

式中 $Ho_{nh}(t)$——节点 nh 在时间步长 t 时，水头的观测值；

$Hs_{nh}(t)$——节点 nh 在时间步长 t 时，水头的模拟值；

$Qo_{nf}(t)$——管段 nf 在时间步长 t 时，流量的观测值；

$Qs_{nf}(t)$——管段 nf 在时间步长 t 时，流量的模拟值；

$Hpnt$——水头转换因子；

$Qpnt$——流量转换因子；

NH——压力监测点总数；

NQ——流量监测点总数；

W_{nh}、W_{nf}——水力坡度和流量观测值的标准化权重因子。定义为：

$$W_{nh}=w(Hloss_{nh}/\sum Hloss_{nh}) \tag{6-11}$$

$$W_{nf}=w(Qo_{nf}/\sum Qo_{nf}) \tag{6-12}$$

式中 $w()$——权重函数，可以是线性、平方、平方根、对数或常数；

$Hloss_{nh}$——从水源到观测数据点 nh 之间的水头损失，对于多水源情况，计算其平均值。

可以选择任意一种目标函数和权重函数对模型进行校正。

6.5.2 目标函数的重要性

目标函数可以量化每一个解的优劣，并使 GA 算法搜索更好的模型参数解，以满足目标函数最优。关于哪个目标函数/适应度类型更好的问题，没有正确或错误的答案，它是一个目标函数满足特定应用要求的问题。公式（6-8）～公式（6-10）给出的三个目标函数公式适用于模型参数识别。公式（6-9）的目标函数是计算模拟值和观测值之间所有数据点差值绝对值的和作为模型校正的适应度，它对所有观测数据的影响是均等的。公式（6-8）给出的目标函数是计算模拟值和观测值之间所有数据点的差分平方和作为模型校正的适应度。尽管与公式（6-9）类似，但是因为差值的平方，公式（6-8）的目标函数将重点放在误差大的数据点上。公式（6-10）给出的目标函数计算模拟值和观测值之间所有数据的最大差值绝对值作为模型校正的适应度。不同校正解的最大差值可以发生在不同的数据点，但是GA总是将所有数据点的最大差值作为每个相应解的适应度。从GA搜索的角度来看，评估适应度的方法不同，可能导致不同的解决方案。通过应用三个适应度函数之一，应该获得良好的校正模型，只要现场观测数据具有良好的质量。然而，由于不确定的特征（未知数大于数据点数），强烈建议使用不同的GA参数和目标函数，求解多个方案进行验证，以获得鲁棒性好的有效解。

6.6 基于模型的漏损检测方法

漏损作为节点需水量可以分为基于体积的漏损和压力相关漏损。

6.6.1 基于体积的用水量校正

扣除用户水量之后，剩余的水量被当成漏损，然后使用不同的方法将漏损分配至相应的节点（Wu等2003）。实际用水量在整个系统中随时间变化。在一天的不同时刻测量和收集现场数据。每一时刻的数据对应特定的节点水量，为了使模型模拟结果更接近于现场实测数据，要求管网观测数据收集时刻和边界条件与模型模拟时刻和边界条件相同。

使用公式（6-3）～公式（6-12）构建的基于模型校正的漏损检测方法中，每个节点的水量被分解为用户水量和调整量（漏损量）。用户水量由基本用水量（固定值，例如日平均水量、高峰时刻用水量等）和用水量模式（24h连续变化系数）组成。用户模式由用户用水数据和流量计计量数据确定。节点总用水量由基本水量和用水量模式系数的乘积确定。例如：节点j在时刻t时，总用水量定义为：

$$Q_j(t)=Q_{j,\mathrm{b}}\times pat(t)\times m_{j,\mathrm{t}} \tag{6-13}$$

$$Q_{j,l}(t)=Q_j(t)-Q_{j,\mathrm{b}}\times pat(t) \tag{6-14}$$

式中 $Q_j(t)$——节点j在t时刻的总需水量；

$Q_{j,\mathrm{b}}$——节点j的基本用水量；

$pat(t)$——用水量模式对应t时刻的系数；

$m_{j,\mathrm{t}}$——节点j在t时刻的用水量调节乘子；

$Q_{j,l}(t)$——节点j在t时刻的用水量调整量，代表额外用水量，即漏损量。

通常，建立管网水力模型时，需要确定节点基本用水量和用水量模式。基于模型校正方法，为了能够更好地检测漏损，管网系统总流量、边界条件和数据收集时间必须尽可能准确，以保证模型校正的精度。

上述方法允许建模者通过调整节点水量乘子$m_{j,\mathrm{t}}$来优化节点水量，该方法将漏损量作为节点额外用水量，通过校正模型节点水量确定漏损位置及大小。Wu和Sage（2006）将该方法应用在两个配水管网系统中，包括：(1) 一个简单的管网算例，现场观测数据通过模型模拟产生；(2) 一个具有现场观测数据的复杂的实际供水管网系统。两个实例都获得了令人满意的结果。基于GA的模型校正能够识别简单管网中人为设定的漏损，并且为实际供水管网系统（第二个案例）漏损定位提供了良好的指导。该研究指出，基于GA的模型校正对有效检测漏损有良好的发展潜力。然而，其主要的缺点是校正的用水量被视为基于体积的供水量，而不是压力相关供水量。由于漏损与压力有关，因此期望将漏损作为压力相关供水量进行漏损检测。

6.6.2 基于压力的用水量校正

上节中，将节点水量作为基于体积的用水量（与压力无关）进行漏损检测，该方法没有考虑压力与漏损之间的关系。众所周知，漏损是压力的函数，随压力增加而增加。因此，广泛采用减压阀来降低漏损。这意味着校正节点水量的漏损检测优化方法必须将漏损作为压力相关的节点用水量，只有这样才能够反映漏损的力学特征和管理实践。压力相关供水量分析在第 5 章中进行了详细的描述，因此可以很容易地应用到模型校正中。

漏损量与压力相关，压力越大，漏损量也越大。漏损量是与压力相关的用水量，可以用喷射流量（公式（5-6））建模，方程式如下所示：

$$Q_{i,l}(t) = K_i \left[P_i(t) \right]^{\alpha} \tag{6-15}$$

式中 $Q_{i,l}(t)$——节点 i 在 t 时刻的漏损量；

$P_i(t)$——节点 i 在 t 时刻的节点压力；

K_i——节点 i 的喷射系数；

α——指数，可以灵活设定。

尽管针对不同的管材，指数的变化范围为 0.5～2.5，但是针对金属管材，进行漏损和爆管检测时，指数接近于 0.5（Lambert 2002）。公式（6-15）指出喷射系数大于零时所对应的节点处将会出现漏损。因此，通过优化喷射系数 K_i 作为漏损判断的表征。当某节点喷射系数的优化值大于零时，认为该节点存在漏损或与该节点相连的管道可能存在漏损。

为了能够通过优化喷射系数作为漏损判断的表征，需要对原始校正模型进行修改，将喷射系数添加到决策变量中，因此，公式（6-3）中给出的决策变量将扩展为：

$$\vec{X} = (f_i, m_{j,t}, s_{k,t}, k_j) i = 1,\cdots,NI; j = 1,\cdots,NJ; k = 1,\cdots,NK \tag{6-16}$$

添加的喷射系数约束条件为：

$$\bar{k}_j \leqslant k_j \leqslant \underline{k}_j \tag{6-17}$$

式中 k_j——节点水量分组 j 中节点的喷射系数；

$\bar{k}_j$ 和 $\underline{k}_j$——节点水量分组 j 中节点喷射系数的上限、下限。

节点水量分组中所有节点设置为相同的喷射系数，然后对喷射系数进行优化，在优化过程中，由于节点压力可能变为负值，因此，对这种情况将喷射系数设置为零。还可以简单地将喷射系数设置为最大值进行可行性分析，通过检查压力是否大于零，确保喷射系数上限的合理性。如果喷射系数优化值为零，则意味着没有发现漏损；否则，存在漏损。优化后的喷射系数值越大，意味着漏损越大。

该方法在供水管网漏损检测中十分有效，它能将管网分为不同的区域或用水量分组，每个分组中的所有节点设置为相同的喷射系数。换言之，该方法仅对根据经验知识将漏损区域进行合理分组的供水管网系统有效。管网分组越多，使用该方法检测到漏损区域的可能性越大。理论上，每个分组可以只包含一个节点，然而，在实际的配水全管网水力模型中，为了包含所有可能的漏损节点，可能需要优化成百上千个喷射系数。没有一种优化算法能够有效地解决具有上千个决策变量的优化问题，但是，漏损管理的本质是漏损量，可观及可修复的漏损通常只是几个有限的漏损热点。漏损管理的任务就是要尽快地找到这些漏损热点，并从经济的角度尽可能及时阻止漏损。

6.6.3 基于压力的漏损检测

一般来讲，一个配水管网系统可以分成若干个不同的子系统，每个子系统具有相似的管道状况和用水属性。一个子系统内的节点可以汇集为一个用水量节点组，因此，一个大的配水管网的节点可以划分汇集成许多个用水量节点组。对于每个用水量节点组，用户设置需要检测的漏损节点（热点）的最大数量，用优化方法在节点组中搜索给定数量的漏水节点，并且同时在设定的范围之内优化漏损节点的喷射系数。实际漏损点的数量根据优化后喷射系数大于零的节点确定。漏损节点的识别是可以重复的，便于对相同情形的后续分析。同样，在管网粗糙系数改变的工况下，优化计算得到的新的漏损节点集合，尽管可能与工况改变前计算得到的漏损节点集合不同，但随后使用优化后的管道阻力系数进行分析，漏损节点的集合应保持一致。另外，节点压力为负的节点不应被选作漏损点，因为在该节点处的射流为负值，将取代漏损而作为水源进入管网。因此，压力相关漏损检测模型（PDLD）统一归纳为（Wu 2009；Wu、Sage 和 Turtle 2010）：

决策变量：

$$\vec{X} = (LN_{n,i}, K_{n,i})\text{；} LN_{n,i} \in J_n\text{；} n = 1,\cdots,NGroup\text{；} i = 1,\cdots,NLeak_n \quad (6\text{-}18)$$

目标函数：

$$F(\vec{X}) \quad (6\text{-}19)$$

约束变量：

$$0 \leqslant K_{n,i} \leqslant \bar{K}_n \quad (6\text{-}20)$$

$$P_{n,i} > 0 \quad (6\text{-}21)$$

$$\sum_{n=1}^{NGroup} NL_{n,\mathrm{dup}} = 0 \quad (6\text{-}22)$$

式中 $LN_{n,i}$——节点用水量分组 n 中漏损节点 i 的节点索引；

$K_{n,i}$——节点用水量分组 n 中漏损节点 i 的喷射系数；

J_n——分组 n 中所有节点组成的集合；

$NGroup$——节点用水量分组总数；

$NLeak_n$——分组 n 中规定的最大漏损节点总数；

$\bar{K}_n$——分组 n 中喷射系数的上限；

$P_{n,i}$——分组 n 中节点 i 处的压力；

$NL_{n,\mathrm{dup}}$——分组 n 中，一个解中，喷射系数大于零的节点中相同节点的数量；

$F(\vec{X})$——用于模型校正的目标函数。

该模型用于检测漏损的位置和漏损量大小。最重要的是，它适用于大型配水管网系统。这是因为漏损检测优化搜索的维度由漏损节点的最大数量而不是模型节点的总数确定。用户为每个分组指定漏损节点的最大数量，因此，决策变量的数量远小于模型节点的数量。对于任何实际配水管网系统，如果每个节点都被当成决策变量，则将导致数百或数千个决策变量的搜索问题。经验表明，配水管网系统的实际漏损热点的数量通常由不多于十几个节点组成。因此，可以通过搜索少数漏损节点及其喷射系数来减小搜索维度。通常，工程师为节点用水量分组 n 指定漏损节点的最大数量（记为 $NLeak_n$）。优化方法（例如遗传算法）在分组 n 中搜索 $NLeak_n$ 个漏损节点（节点索引和喷射器系数）的最佳组合方式，总共有 $2\times\sum_{n=1}^{NGroup}NLeak_n$ 个变量。与仅考虑喷射器系数而不考虑优化漏损节点位置的优化方法相比，该方法避免了将每个节点分配一个决策变量（这种情况下，搜索维度随着节点数量呈指数增加）的缺点。因此，基于给定数量的漏损点进行优化，确保优化计算的效率。

该方法的不足之处是用户必须规定漏损节点的最大数量，但这是次要的。用遗传算法，可以有效地计算几十个甚至几百个决策变量的优化问题，能够确定配水管网系统中多个漏损热点的位置及大小。对于非常庞大的配水管网系统，建议使用不同的漏损节点数量，多次运行优化模型，获得多个优化的漏损热点方案，然后进行比较，查看是否识别到类似的漏损位置。如果多个方案中重复识别到相同的漏损热点，则该区域中的漏损热点及其相连接的管道有很大概率存在漏损，值得去现场进行漏损检测。

6.6.4 PDLD 约束处理

公式（6-21）和公式（6-22）给出的约束条件能够保证遗传算法在求解漏损定位中搜索到最优解。在优化求解计算过程中，当过多的用水量添加到一个节点上时，节点的压力可能会出现负值。因此必须保证遗传算法优化过程中存在负压的节点不被选择进入下一代的优化计算。另外，也不希望求解的结果出现重复的节点，通过公式（6-22）可以保证一个解中漏损节点不存在重复节点。

漏损检测的约束条件是隐式非线性约束，用补偿函数的方法处理这样的约束条件，如下所示（Wu 2009）：

$$F_{\text{leak}}(\vec{X})=F(\vec{X})+f_{\text{penalty}}\left[\left|\sum_{n=1}^{NGroup}\sum_{i=1}^{NLeak_n}\min(0,P_{n,i})\right|+\sum_{n=1}^{NGroup}NL_{n,dup}\right] \tag{6-23}$$

f_{penalty} 为补偿因子，是优化过程中设定的参数。漏损检测计算结果需要同时满足公式（6-21）和公式（6-22）给出的两个约束条件。漏损检测的目标函数有两项，前一项是适应度（与模型校正的目标函数相同），公式（6-8）～公式（6-10），后一项是补偿项，对适应度进行补偿。对于满足公式（6-21）和公式（6-22）两个约束条件的可行解，补偿项为零，否则，惩罚项大于零，降低解的适应度。因此，含有补偿函数的适应度目标函数有效地降低了不可行解被选为负代解的可能性。

模型校正属于隐式非线性搜索问题。通过使用有效的遗传算法进行求解（Wu 和 Simpson 2001）。该方法与模型校正相结合，已经作为漏损检测模块嵌入到相关的软件（Bentley 2007）中，该模块作为模型校正过程的一部分，通过模型校正确定漏损的位置及大小。

6.7 集成的解决方法

遗传算法（GA）有很多种类，而且已经在解决供水系统问题上取得了不同程度的成功。快速混乱遗传算法（fmGA）最初是为更有效地解决困难优化问题而发展的一种有效的遗传算法（Goldberg 2001），现在被用来解决统一的模型校正问题。

6.7.1 fmGA的主要特点

尽管和简单GA相似，但fmGA在关键特征方面不同于简单GA，包括灵活的字符串长度、基因过滤和多纪元搜索进程。在fmGA中，用不同长度的字符串（染色体）代表一个校正解，这比简单GA用固定长度的字符串（染色体）代表一个校正解更灵活。每一个字符串（染色体或校正解）的长度和另一个字符串的长度都不一样。短字符串称为部分解，在GA优化进程的前几代中产生和评估。目标值大于平均值的短字符串被称为“构建基块”（building blocks），它们含有构成良好解的基因。fmGA从一组全长的字符串开始，紧接着开始构建基块的过滤过程。通过从最初的字符串中随机删除基因来辨别更合适的短字符串。识别的短字符串被用来产生新解。新解是通过“切断”和“拼接”形成的，代替了标准的GA杂交方法。“切断”把一个字符串分为两个字符串，“拼接”把两个字符串连接为一个字符串。这两个遗传操作都是有目的的设计，用来有效交换构建基块，以产生优良解。

fmGA把构建基块的辨别和解的产生结合起来，形成一个人工的进化过程，进行多纪元的迭代进化计算。一个纪元是一次外迭代，它包括解的初始化，过滤构建基块和GA的多代进化，即内迭代，产生新的解。纪元迭代不断重复进行，直到获得优良解或者用完计算资源（计算时间）。fmGA是校正供水系统模型的有效方法。它已嵌入到一个多层结构的模型软件系统中（Bentley 2006；Haestad 2002）。

6.7.2 漏损解的表达

漏损解用漏损节点及其正喷射系数表达。一个漏损节点可以用两个变量来表示，分别为节点标示符和喷射系数。为了搜索*NLeak*个漏损节点，需要把2*NLeak*个变量编码作为一个字符串（染色体）。用二进制编码漏损解，节点标示符作为节点索引，喷射系数用一个介于0与最大上限的数值表示。漏损解的表示方式在大型供水系统中的应用是灵活和有效的。最大漏损节点数由建模者指定，没有必要和整个管网的节点数量相同。优化的漏损热点数量，即那些喷射系数大于0的节点，应该小于建模者指定的最大漏损节点数。否则，应该增加漏损节点的最大数量，然后重新运行漏损检测模型。

6.7.3 综合求解框架

漏损检测方法的应用是先前研发的模型校正方法和求解框架的延伸（Wu等2002），如图6-5所示。信息在终端用户和数据存储器之间流动，工程师可以将GA优化算法与水力模型结合，方便地管理数据和制定优化方案。两者整合为一个综合模型系统，它包括用户接口、评估模块、GA优化器、水力模型和数据库系统。

用户接口允许用户读取实测数据，登录水力模型，选择相应的边界条件和优化条件。所有输入的数据和结果都随模型一起保存在模型数据库中。这样工程师在未来任何时候都可以重新运行优化计算，帮助建模工程师更好地管理模型，维护模型在长期运行下的精确度。

无论是漏损检测还是模型校正，参数优化运行最初都是通过传递一系列的优化运行数

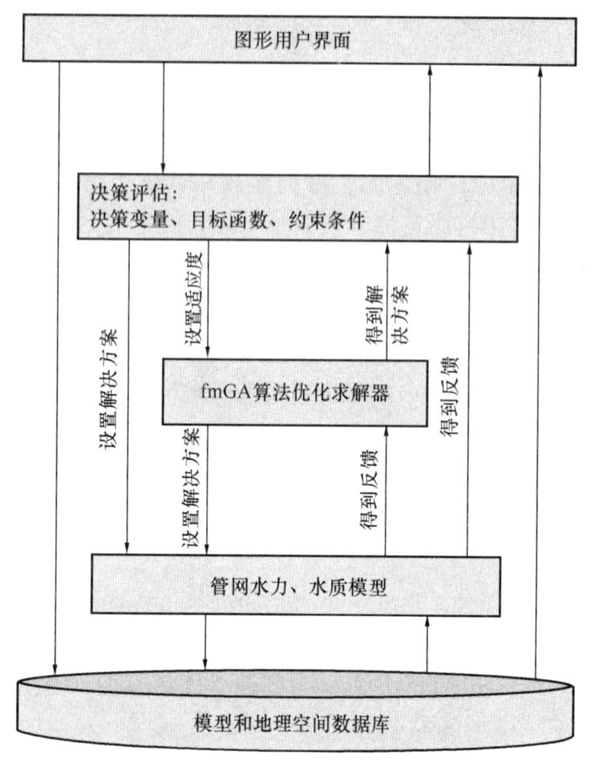

图 6-5 漏损检测与模型校正综合框架

据到评估模块，根据用户选择的准则来处理和准备数据。在漏损检测优化运行过程中，漏损节点及其喷射系数都通过 GA 优化程序进行计算。对于模型校正，建模工程师会通过交互式的模型参数调整（工程师手动为每一个参数设值）或者自动的优化校正进行参数调整。在使用手动校正的情况下，将用户估计的模型参数传输到水力模型，然后运行水力模拟，计算节点水头和管道流量并将计算结果传回到评估模块，然后计算适应度并将结果报告给用户。建模工作者通过评估参数并进行反复试算来达到校正精度要求。校正也可以在 GA 优化程序自动运行的情况下进行，并逐渐完善校正结果。每一个漏损检测或者基于优化模型校正的尝试解，与选择的数据集、相应的边界条件一起，传输到管网水力模型中进行计算。模型模拟结果传回到评估模块，用来计算 GA 优化计算过程中每个解的适应度值。综合求解框架提供了一个用于漏损检测的多样化的优化模型工具和扩展的延时模拟（EPS）模型校正方法。

6.8 现场数据

现场数据对于模型校正（包括漏损检测）是非常重要的。现场数据的收集和存储必须确保数据的完整性、可访问（提取）性和可用性。在评估校正解时，需要执行特定时刻的水力模型计算。由于实际用水量在整个系统中随时间变化，因此在一天的不同时间测量和收集现场数据时，每一时刻的观察数据应对应该时刻的节点水量。为了使模型模拟结果更接近于现场实测数据，要求管网观测数据收集时刻和边界条件与模型模拟时刻和边界条件相同。

不仅不同时刻用水量数据不同，而且边界条件也一直在变化。边界条件包括水塔水位、阀门设置、水泵开停、水泵转速和管道状态，通过动态地设定边界条件来满足水压、水质和应急反应能力的运行要求。在一天的不同时间收集现场数据时，需要同时记录该时刻的边界条件，这一点尤为重要。这些数据将用于计算模型校正解的适应度。

因此，应把同一时间收集的现场数据整合到一个数据集中，该数据集代表一个系统在某个时刻的完整状态。为了保证数据的一致性，现场数据需要分成不同的数据集，每个数据集包括同一天同一时间观察到的所有现场数据和边界条件。现场数据用于管理和评价模型校正。一个完整的现场数据集包括：

(1) 校正目标数据

1) 节点压力/水头;

2) 管道流量。

(2) 校正边界数据

1) 水塔水位;

2) 水泵状态(开/关)和相对转速;

3) 阀门设置;

4) 连接件的开/关状态。

(3) 校正水量数据

1) 所有节点的典型需水量集合,包括基本需水量和模式;

2) 数据的收集时间,用来计算节点实际需水量;

3) 额外需水量,例如消火栓放水实验。

(4) 现场数据收集时对应的时间

一个数据集代表系统在一个时刻的完整运行工况,用模型对该工况进行稳态水力模拟,模拟结果用于计算模型校正解的适应度。在校正模型的过程中,现场数据集越多,考虑的工况就越多,评价一个校正解的适应度所需要的模型运行次数就越多。尽管它需要的计算时间更长,但是能够得到更优的模型参数。因此,校正模型往往需要大量的现场数据集。

6.9 PDLD 的性能

漏损热点检测方法已应用于不同的管网系统(包括简单案例管网和一些实际配水管网系统)中,用于识别难以发现的漏损热点,并对该方法的性能进行了评估。该方法计算得到的漏损热点与逐步测试法得到的准确漏损点进行了对比。

6.9.1 案例

本案例管网拓扑结构(见图 6-6)来源于 Pudar 和 Liggett (1992),用于评价漏损检测方法。Wu 等 (2009) 对原始管网模型进行了修改,使之能够更好地模拟实际管网的运行工况。假定把漏损汇集到节点并用压力相关喷射流量模拟,假设节点 J-2、J-4 和 J-7 处存在漏损,喷射系数为 $0.8L/(s \cdot m^{0.5})$,喷射指数为 0.5,产生的漏损量大约为 5.5L/s。采取以下两种情景分别进行漏损检测:

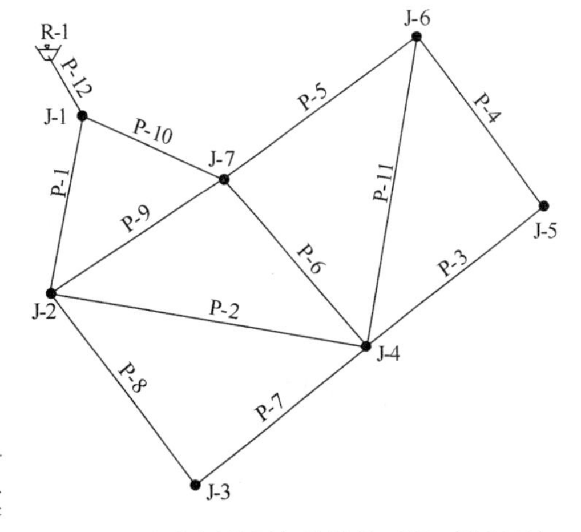

图 6-6 本案例管网拓扑结构(Wu 等 2010)

(1) 管道粗糙系数已知。在本案例中,假定所有管段的海森-威廉系数 C 值均为 130,假定节点 J-2、J-4 和 J-7 处存在漏损。节点 J-3、J-5 和 J-6 处压力及管段 P-12 处流量的模拟值被当作现场观测数据用以检测已知漏损点 J-2、J-4 和 J-7。所有管段采用相同的 C 值（取 $C=130$）进行漏损检测分析。

（2）管道粗糙系数未知。这与情景 1 类似，不同的是在全部管段粗糙系数误差为 10％的基础上（即取 $C=117$）进行优化计算。

在管道粗糙系数已知的情况下，漏损检测的计算结果如图 6-7 所示，使用 J-3、J-5 和 J-6 三个节点的压力观测值进行优化计算，计算结果确定的漏损节点为 J-2、J-4 和 J-7 三个节点，优化得到的三个节点的喷射系数与已知的喷射系数不同（0.8L/（s・$m^{0.5}$））。当使用两个压力观测点时，未知变量的个数大于已知数的个数，变为欠定性问题，但是从优化程序得出的结果来看，大的漏损发生在节点 J-2、J-4 和 J-7 处，偶尔发生在节点 J-3、J-5 和 J-6 处。使用一个压力观测值进行优化计算得到的优化解不如使用两个或三个压力观测值进行优化计算得到的优化解，尽管如此，节点 J-2 和 J-7 仍然被确定为漏损节点。

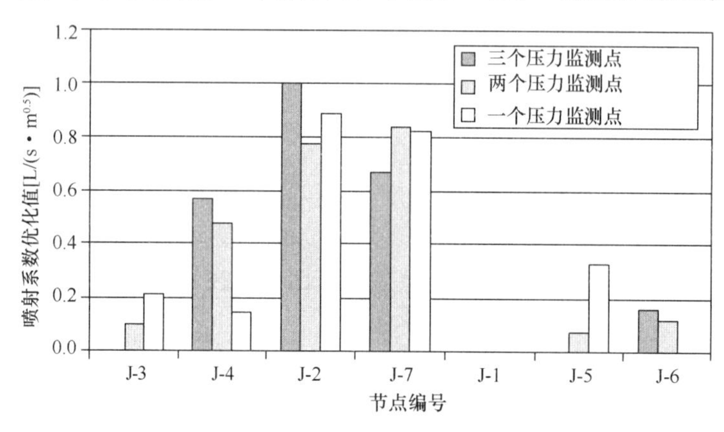

图 6-7　节点喷射系数优化平均值（管道粗糙系数已知）

为了在管道粗糙系数未知的情况下测试该方法的可行性，所有管段的海森-威廉系数减少 10％，取所有管段的 C 值为 117。根据监测点压力及流量的不同组合方案分别进行优化计算，计算结果如图 6-8 所示，所有组合方案的计算得到了一个类似的结论，节点 J-4、J-1 和 J-6 处存在漏损。结果表明，如果管道的粗糙系数设定的比真实值大，管段水力阻力将会增加，计算得到的漏损节点将会沿着管网的上游推移（如节点 J-1）。这是因为水源附近的漏损将会更大程度地降低管网的流量，以降低水头损失满足观测点的压力。

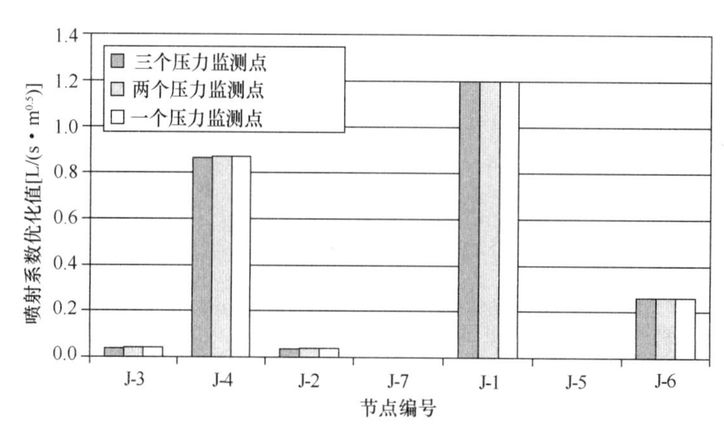

图 6-8　节点喷射系数优化平均值（管道粗糙系数未知）

案例管网的计算结果表明，优化计算的漏损喷射系数不是绝对的准确，但是应用该方法，大部分可能的漏损节点可以被明确的确定。在管道粗糙系数已知的情况下，节点 J-2、J-4 和 J-7 具有明显大的喷射系数，因此被识别为漏损热点。在管道粗糙系数未知的情况下，节点 J-1、J-4 和 J-6 具有相对大的漏损系数，因此被确定为漏损热点。考虑到节点 J-2 和 J-1 是相邻节点，节点 J-6 和 J-7 也是相邻节点，可以认为该方法，对于一个真实的配水管网系统有很好的指导作用。工程师可以根据模型计算得到的漏损热点，到现场检查这些热点及其相连接的管道。

简单案例管网分析有助于我们理解基于模型的漏损检测方法的性能和有效性，但应注意，实际供水管网系统与简单案例管网是十分不同的。实际供水管网系统在规模上更大，边界条件比简单案例管网更复杂。更重要的是，案例管网中所有管道具有非常高的流速，大约为 1.5m / s。在高流速条件下，毫无疑问，模型校正的漏损检测方法对管道粗糙系数误差很敏感。然而，在低用水量时段进行漏损检测时，实际供水管网系统中的流速远低于 1.5m / s。因此，该方法的性能需要在各种实际供水管网系统中进行评估。

6.9.2 分区供水系统研究案例

本案例管网来源于英国真实的配水管网系统，具有高漏损历史记录（Sage 2005），该系统服务面积超过 $15km^2$，大约有 3000 个用水户。该水力模型由 1122 根管段、841 个节点和一个水位可变的水库组成。水力模型由英国联合公用供水公司（UU）的建模团队建造和维护。该模型用于测试基于模型的漏损热点检测方法。

6.9.2.1 主要挑战

传统意义上，水力模型校正包括模型节点漏损量的分配，一般根据基本用水量或者节点服务的人口数量按一定的比例分配。根据夜间最小流量与工作日及夜晚漏损的不同，设置不同的漏损系数。这种处理漏损量的经验性方法忽视了配水管网可能存在大的漏损区域，这对管网水力模型校正产生了很大的挑战。在这种情况下，任何的模型校正都不能对大的漏损区域做正确的定位，管道粗糙系数通常大于或小于校正值来补偿由于大的漏损引起的水头损失。例如，校正后的漏损区域上游管段的粗糙系数大于正常值，漏损区域下游管段的粗糙系数明显小于正常值。作为供水企业标准模型维护程序的一部分，本案例管网水力模型在漏损热点 Leak • A（见图 6-9）未被发现之前被校正，漏损区域下游许多管段粗糙系数的校正值小于实际值。当采用传统的人工方法（以节点人口密度或相连干管的长度作为比例因子分配漏损量）用于模型校正时，上述问题通常是难以避免的。最迫切的任务是正确地应用该方法去判断配水管网中漏损区域的位置，该方法得到的结果不仅能够协助工程师快速地确定漏损的管段，而且还能有效地校正模型。

6.9.2.2 计算结果

2003 年 5 月 UU 建模组通过现场测试来检验上面提到的漏损检测方法，UU 建模组设置了比平时（通常每 200 户居民设置一个压力检测点）密度高的压力检测点。观测数据包括系统流量和 28 个检测点（见图 6-10）的压力时间序列。每 30min 收集一次流量和压力的数据。从前一夜 0：00 到下一夜 0：00 共 48 收集个现场数据集。将这些数据导入优化模型工具，用每一个数据集校正模型，尝试得到最优解，每个数据集代表了系统每个时刻的运行状态，该数据集包括作为边界条件的水库水位、流入独立计量区域内的流量以及

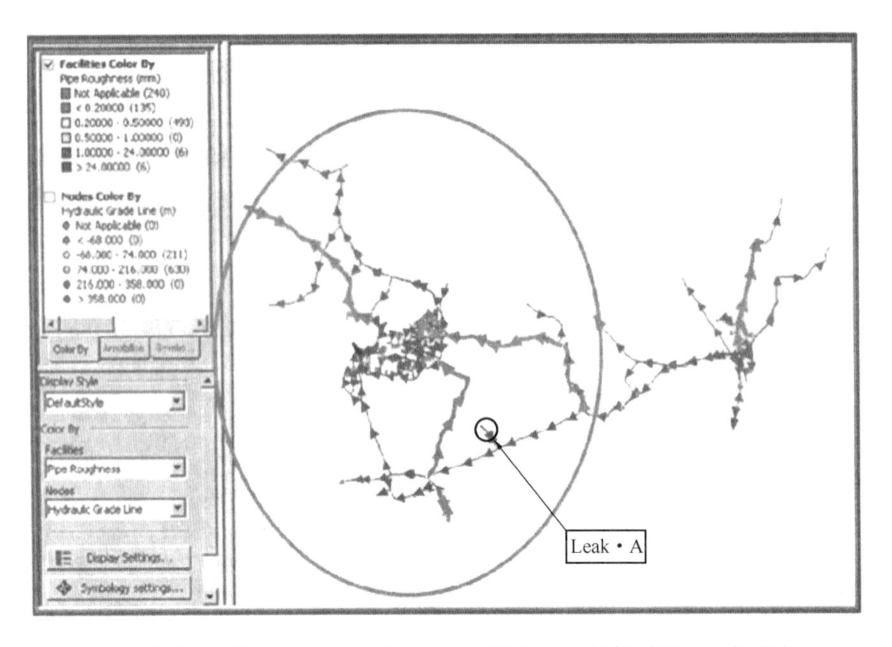

图 6-9　漏损热点 Leak A 未被发现时，模型校正后的管道阻力系数分布图

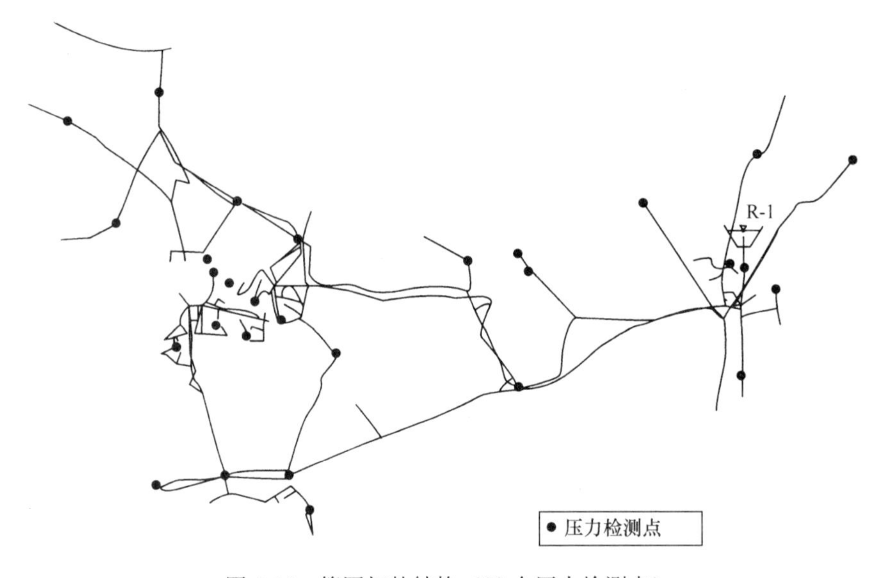

图 6-10　管网拓扑结构（28 个压力检测点）

28 个检测点的压力（例如，早上 6：30 的时候收集现场数据，包括水库水位、DMA 流量和 28 个检测点的压力）。选择多种状态的数据集来进行漏损检测，每个状态都需要运行一次水力模型。因此，数据集的数量越多，进行综合分析所需的时间越长。

为了将该方法应用于配水管网系统，我们将所有的节点聚集为一个用水量组，在低流量时段（凌晨 0：00—4：00）使用现场数据进行漏损检测。这是因为在该时段压力和压力相关漏损量比白天高。使用两种管道粗糙度值分别进行多种方案的优化计算，以检验方法的稳定性。两种管道粗糙度值包括：（1）根据管龄和管材确定的默认管道粗糙度值；

(2) 漏损量按一定比例分配到每个节点之后通过优化校正确定的管道粗糙度值。这两种粗糙度值由 UU 建模组提供，默认的管道粗糙度变化范围为 0.5～1.0mm，而经过模型校正后，管道粗糙度在 0.2～0.5mm 之间，主要集中在管网的下游部分。

公式（6-8）～公式（6-10）给出的三种类型的目标函数都适合漏损检测优化，本例使用公式（6-8）给出的误差平方和最小的适应度函数。设置最大漏损节点数为 25，最大喷射系数为 1.0L/（s·$m^{0.5}$），进行优化计算。一般来讲，优化得到的漏损节点的数量（喷射系数大于零）要比先前设定的最大漏损节点的数量少，否则需要设定更多的最大漏损节点数量，然后重新进行计算。设定快速混合遗传算法的参数进行优化计算，这些参数包括：种群大小为 100，最大纪元为 6，每纪元代数为 150，突变概率为 0.01，重组概率为 0.8，交叉概率为 0.017，补偿因子为 10。优化运行结束后储存 10 个最优解。

Wu 等（2010）报道了使用不同管道粗糙度值的最优漏损检测结果。计算结果由漏损节点编号和节点喷射系数组成。多次计算得到的漏损热点和喷射系数非常相似，但是使用校正的管道粗糙度进行计算得到的漏损节点更接近于水源点。在仔细调查了 UU 的工作管理记录后，从 2003 年 5 月的原始现场测试数据中，检索了 22 个漏损记录。

图 6-11 和图 6-12 为在两种不同的管道粗糙度下，漏损检测计算得到的最优解。每个解代表了检测到的所有漏损热点，并与真实的漏损点做比较。例如，图 6-11 为使用先前校正的管道粗糙度值计算得到的漏损热点与历史漏损点的对比图，从图 6-11 可以看出，计算得出的 5 个节点（J-14、J-840、J-717、J-510 和 J-402）与真实的漏损点密切相关。类似的比较请参考 Wu 等（2010）发表的文章。文献指出，优化计算得出的漏损点热点与历史记录和修复的漏损点有很大的关联。本案例中，最具有挑战性的检漏是正确地检测出 Leak·A（在节点 J-840）处的漏损热点，如图 6-9 所示。之前的方法（Sage 2005）总是不能检测出该漏损点，在耗费了很多的人工时才发现了 Leak·A 漏损点并对其进行了维修。应用本章提出的 PDLD 方法，成功地检测到了漏损节点 J-840。即使使用先前校正的管道粗糙度值（该粗糙度值对 Leak·A 的确定会产生不利影响），本章提出的新方法仍能

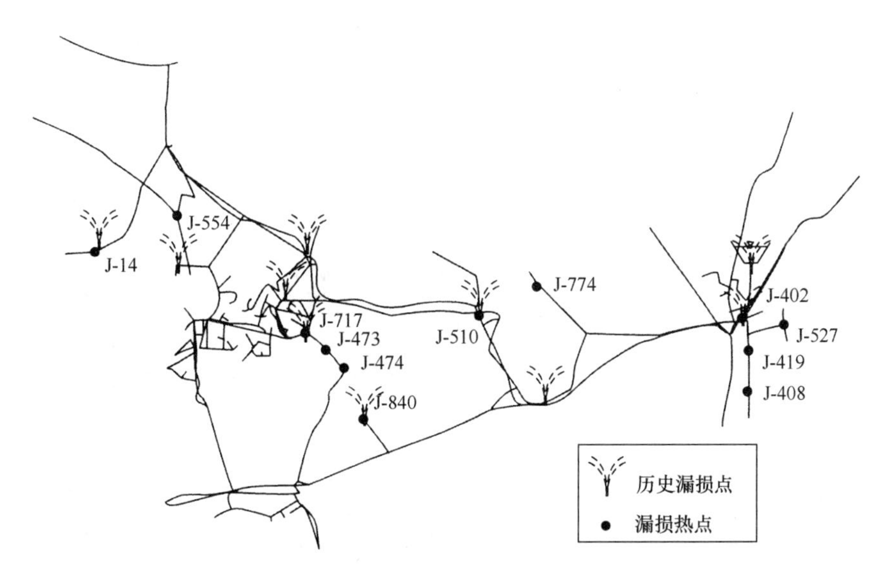

图 6-11　漏损热点与历史漏损点对比（使用先前校正的管道粗糙度值）

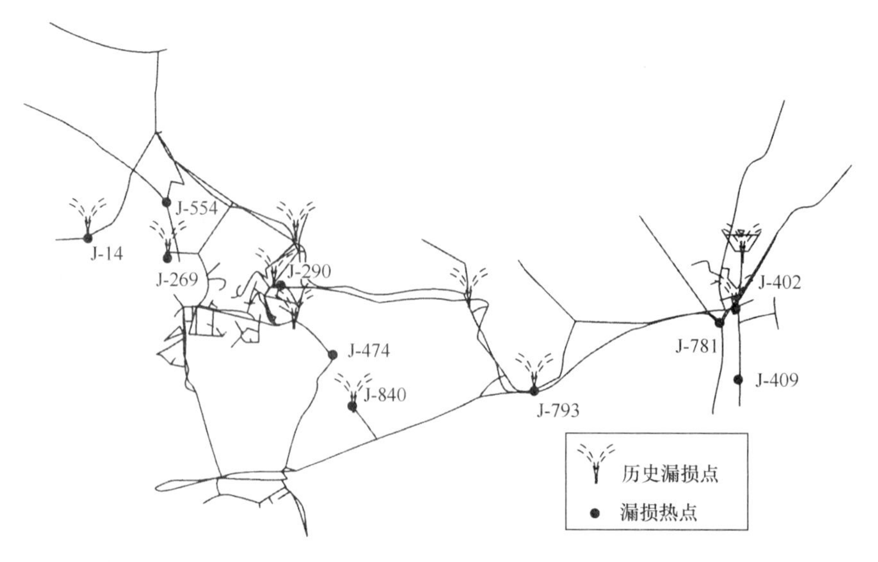

图 6-12　漏损热点与历史漏损点对比（使用默认的管道粗糙度值）

检测到漏损热点 Leak・A。使用以前的老方法和先前校正的管道粗糙度值，不能检测到 Leak・A。

自从 2003 年 5 月 UU 建模组现场测试之后，在默认的管道粗糙度值和先前校正的管道粗糙度值两种情况下，应用该方法进行管网漏损计算，计算结果与实际漏损位置有很大的相关性。该压力相关漏损检测方法与之前报道的漏损检测方法相比更高效。另外，PDLD 方法还能够检测用传统方法难以检测到的漏损。在去现场之前检测到漏损区域，这对工程师非常有用，他们能在模型检测到的热点区域内集中检查漏损，能够迅速地确定漏损点的准确位置。图 6-13 为 2003—2005 年该地区流量的记录值。从图中可知，节点 J-

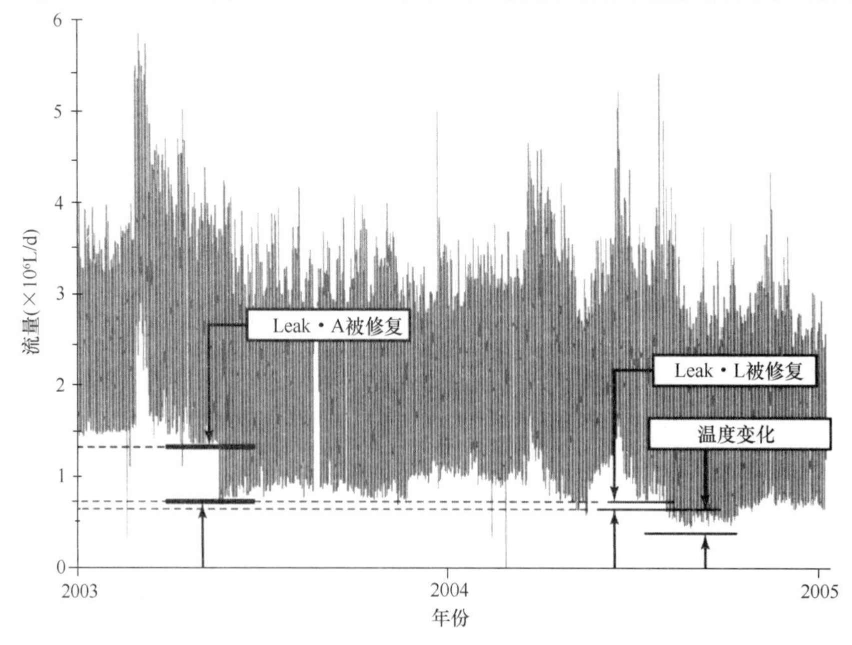

图 6-13　漏损点 Leak・A 修复前后流量对比

840 维修之后，每秒大约节约 10L 水，一个星期能够节约 6000 多 t 水。从图中还可以看出，一定数量的漏损被修复后，能够明显降低最小夜间流量，通过修复一个漏损点能够大幅度的节约用水，这种情况并不多见。2004 年 6 月修复的漏损点 Leak • L 与之前修复过的漏损点 Leak • A 相比，并没有大幅度地降低最小夜间流量。

另一个趋势是 2004 年 8 月最小夜间流量有一个稳定的降低。对运行管理记录数据进行研究不能明显地解释这一现象，该地区居民及工厂夜间用水量模式也没有什么变化，但是，对气温情况的分析解释了这一现象。2004 年 7 月至 8 月上旬，该地区普遍高温，但是随后至月底频繁的降雨导致气温降低，这说明白天高温与最小夜间流量具有相关性，平均温度降低 7℃，最小夜间流量降低 4L/s；平均温度降低 18℃，最小夜间流量降低 5L/s；该现象在英国和世界其他地区可能更显著。这是因为英国供水管网系统用户用水量只是部分计量，大部分用户根据人口比例收取水费。

漏损修复之后，更新漏损节点的喷射系数，然后使用统一的方法对模型进行延时模拟（EPS）校正。图 6-14 为进口流量现场观测值与模拟值之间的对比。从图中可以看出，与漏损修复之前相比，漏损修复之后 24h 流量模拟值与现场观测值更匹配。0 时刻节点水头模拟值与现场观测值之间的对比如图 6-15 所示。从图中可以看出，大多数监测点处水头模拟值与现场观测值之间的相对误差都小于 1%，最大相对误差小于 3%。虽然这不代表模型已经完全校正，但是，它为进一步校正 EPS 模型提供了非常好的基础。这意味着本文开发的漏损检测方法不仅有利于漏损检测，而且有助于模型校正。

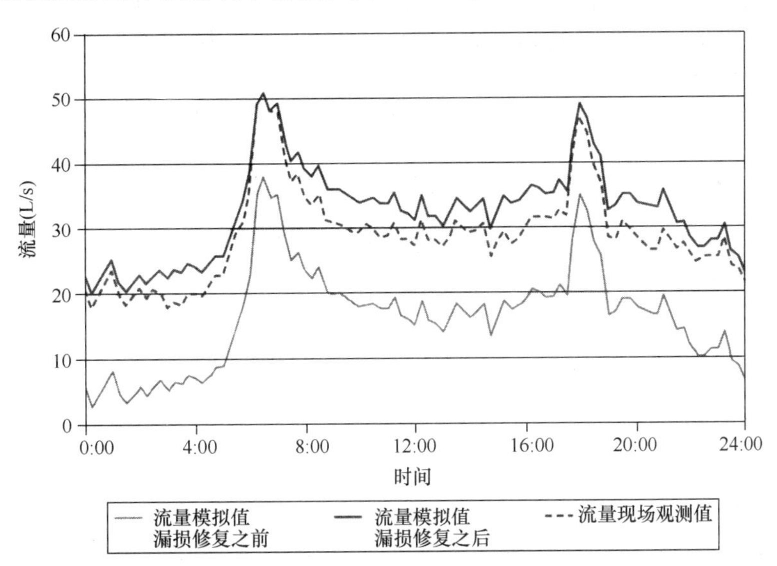

图 6-14　漏损修复前后，进口流量现场观测值与模拟值对比

6.9.3　DMA 检漏

UU 建模组提供了几个 DMA，用于评估漏损检测算法的性能。Hayuti 等（2008）对不同漏损检测算法进行了比较研究。测试了许多 DMA，并且比较了先前开发的方法（Sage 2005）和本章描述的 PDLD 方法，发现 PDLD 方法在识别漏损热点方面比以前的方法更有效，特别是那些被证明难以发现的漏损。使用 PDLD 方法发现的漏损热点与其他

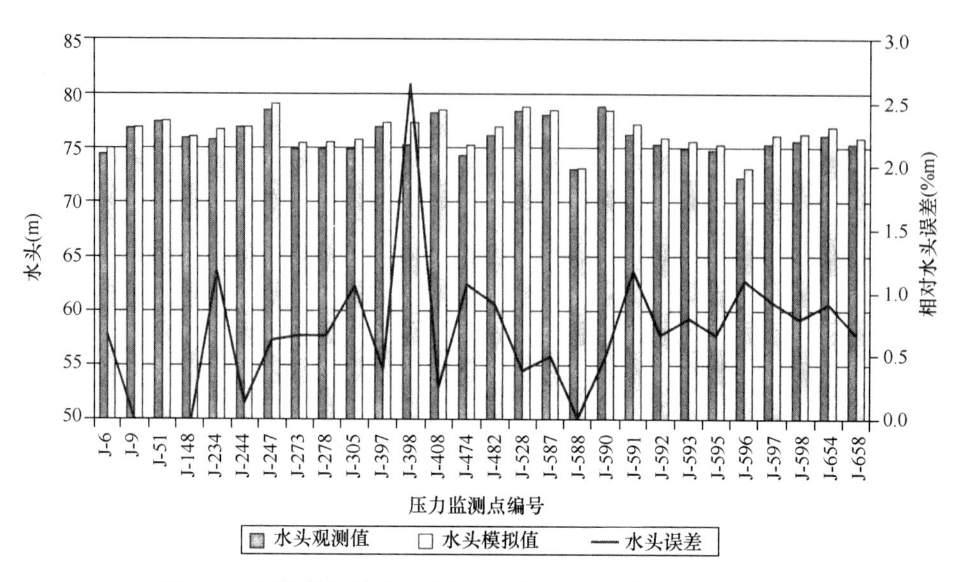

图 6-15 漏损修复前后，监测点水头现场观测值与模拟值对比

方法相比更接近于实际漏损点。PDLD 方法还能识别其他方法未能发现的漏损点。

图 6-16 是由 412 根管道和 2000 个用水户组成的 DMA。用达尔文模型校正方法与 Posi-Tect 方法对该 DMA 进行漏损检测，并比较结果。现场调查发现，Posi-Tect 方法

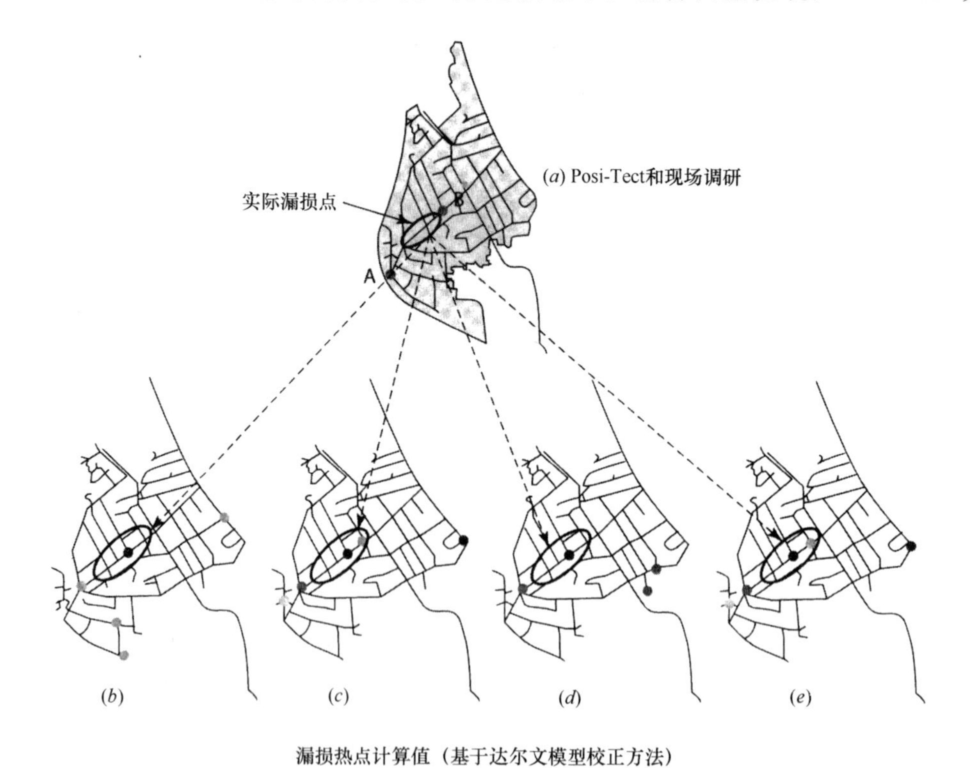

图 6-16 DMA 漏损检测结果比较（Hayuti 等 2008）

(Sage 2005）确定的实际漏损发生在A和B之间的管道上，如图6-16（*a*）所示。使用达尔文模型校正方法，利用凌晨3：00—4：00的现场数据优化计算得到4个最优解，如图6-16（*b*）～（*e*）所示，尽管达尔文模型校正方法识别出一些不同位置的漏损热点，但是仍然识别出了实际漏损区域中的漏损热点。一般来说，若在多个最优解中都重复识别出某个漏损热点，则表明该漏损热点附近可能存在漏损。在本案例中，Posi-Tect方法和达尔文模型校正方法都能够成功地识别出实际漏损位置附近的漏损热点。

图6-17为另一个略大的DMA。采用达尔文模型校正方法与Posi-Tect方法进行漏损检测，并对比结果。该DMA由458根管道和2400个用水户组成。与上一个案例类似，使用达尔文模型校正方法，利用凌晨3：00—4：00的现场数据优化计算得到6个最优解。然而，在本案例中，Posi-Tect方法和达尔文模型校正方法的计算结果不一致。现场漏损检测发现，Posi-Tect方法确定的节点A和节点B之间的区域（如图6-17（*a*）所示）并没有发生漏损，又对DMA其他部分管道进行扫描式检漏，确定在图6-17（*a*）中圈出的区域内发生了漏损。有趣的是，如图6-17（*b*）～（*g*）所示，达尔文模型校正方法识别的漏损热点集中在发现的实际漏损点附近。

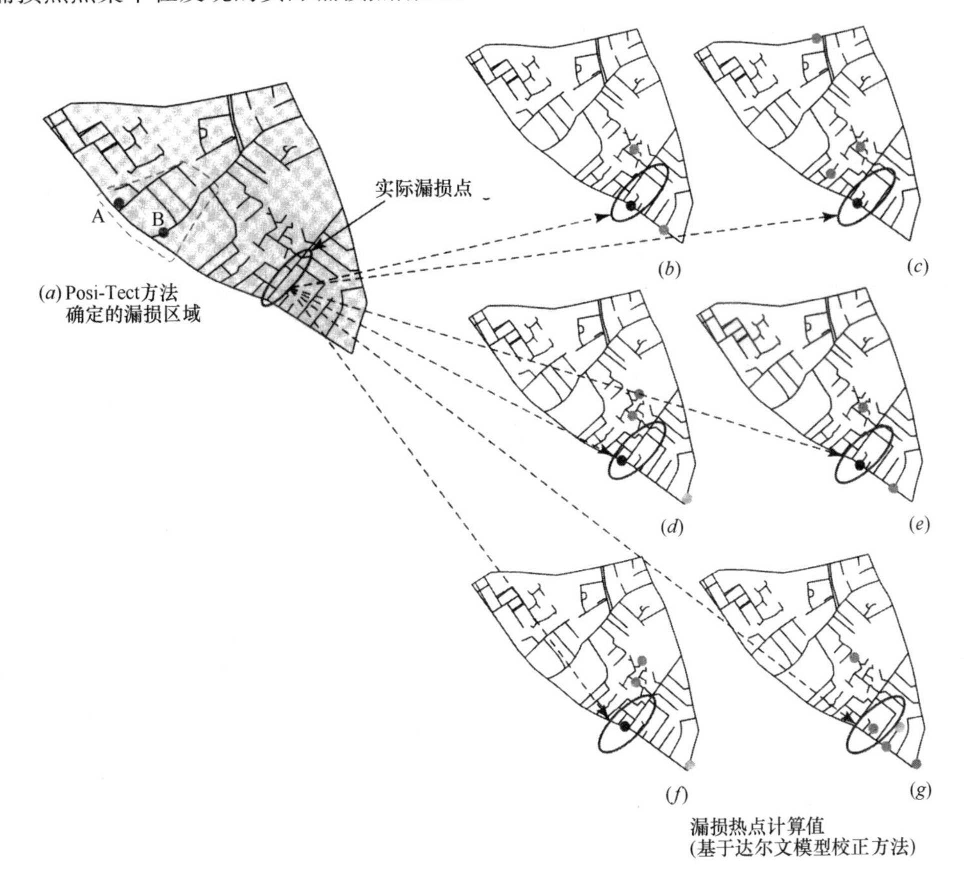

图6-17　DMA漏损检测结果比较（Hayuti等2008）

Posi-Tect方法与达尔文模型校正方法计算结果不同的原因可归因于每个方法使用的数学理论不同，也与遗传算法的计算性能有关。两种方法主要不同之处包括：

（1）Posi-Tect 方法基于爆管漏损，而达尔文模型校正方法基于管网总漏损量。

（2）Posi-Tect 方法维持实际漏损的昼夜分布模式，并试图重新分配该漏损量，而达尔文模型校正方法排除了模型中预设的漏损，如前所述，将漏损量作为喷射流量分配给多个节点。

图 6-18 和图 6-19 展示了 Wu 等人（2008）的一个案例研究的结果。该 DMA 包括大约 20km 的管道，服务于大约 400 个用水户。最初由 UU 建模工程师使用 Posi-Tect 方法进行检漏分析。图 6-18（*a*）为 Posi-Tect 方法识别的漏损热点，而图 6-18（*b*）表示到目前为止 DMA 中找到的实际漏损热点。它表明 Posi-Tect 方法能够成功地确定实际爆管 A 和爆管 B 的区域。

该 DMA 模型和现场数据由 UU 建模组提供，并且使用达尔文模型校正方法重新评估

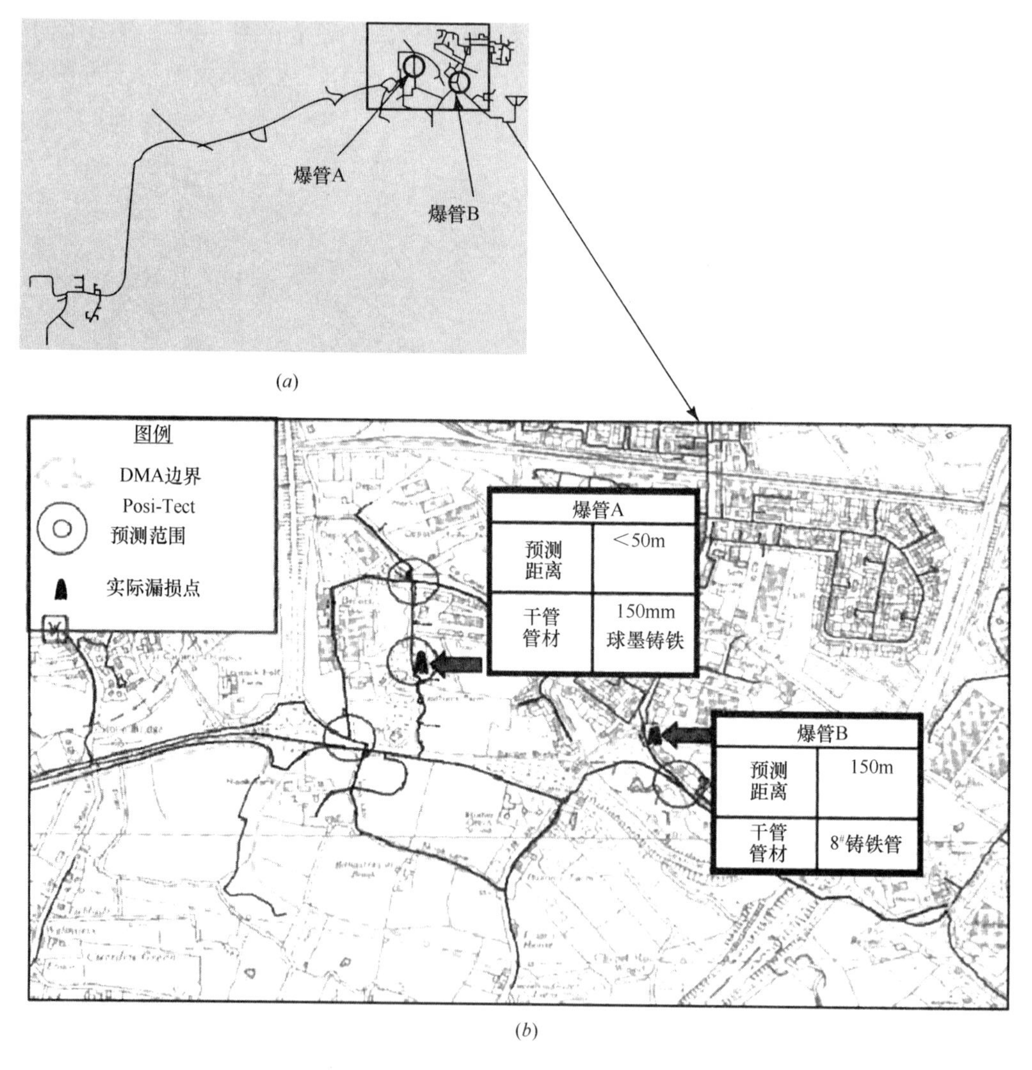

图 6-18　现场确定的实际漏损位置与 Posi-Tect 方法计算结果对比图

（*a*）DMA 中现场确定的漏损热点；

（*b*）实际漏损位置与 Posi-Tect 方法计算结果对比图（Sage 和 Croxton 2005）

漏损检测（Wu 等人，2008）。指定的最大漏损数量为 10，最大喷射系数为 1.0L/（s·$m^{0.5}$）。为了用该案例研究 PDLD 方法的优化性能，在最小夜间流量时段，分别用不同时间段的观测数据进行优化运行，如下：

（1）用凌晨 3：00 的现场观测数据进行单时段优化运行。

（2）用凌晨 2：00 和凌晨 3：00 的现场观测数据进行多时段优化运行。

（3）用凌晨 2：00、凌晨 2：30 和凌晨 3：00 的现场观测数据进行多时段优化运行。

每次优化运行最多进行 50000 次迭代。在运行结束时保存并报告 5 个最优解。图 6-19 给出了使用达尔文模型校正方法针对三种不同方案的计算结果。如图 6-19（*b*）所示，使用凌晨 3：00 的现场观测数据单时段运行，能够识别出爆管 A 漏损区域，而未识别出爆管 B 漏损区域。然而，使用凌晨 2：00 和 3：00 的现场观测数据进行多时段优化运行，如图 6-19（*c*）所示，能够监测到爆管 B 漏损区域。使用凌晨 2：00、凌晨 2：30 和凌晨 3：00的现场观测数据进行多时段优化运行，如图 6-19（*d*）和（*e*）所示，能够同时识别出两个漏损区域。尽管不同的运行方案中存在其他位置的漏损热点被识别出，但是该方法能够识别出已发现的实际漏损区域。一般来说，不同运行方案重复识别出的漏损热点，例如图 6-19（*b*）～（*e*）所示的区域 C，表明该区域可能存在漏损。这对工程师现场调查隐藏漏损点是一个十分有用的信息。

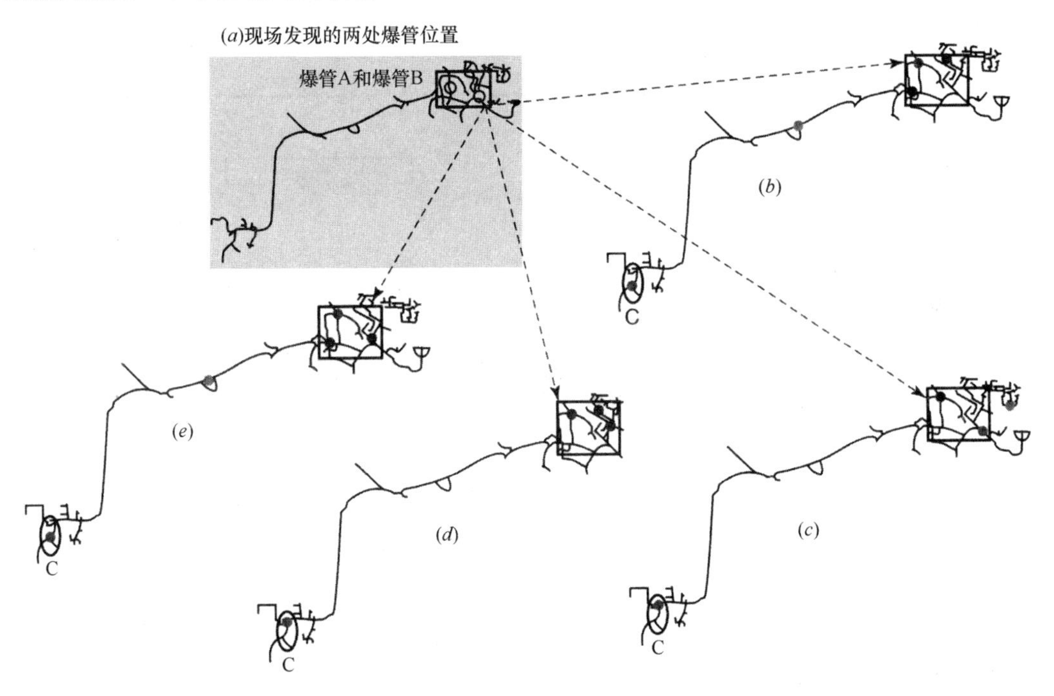

图 6-19　DMA 不同方案漏损检测结果对比（Wu 等人，2008）

DMA 案例研究已经证明，PDLD 方法在许多不同的优化运行方案中能够有效地识别出漏损热点。这些识别到的漏损热点代表了系统中最可能的漏损区域，对查漏人员现场调查有很大的帮助。

应当注意，在进行漏损热点检测时，很可能存在这样的情况，在进行多次模拟之后识别出的漏损热点不完全是在相同位置。工程师需要决定是否应该对零散的漏损热点进行现场调查。这主要取决于工程师的经验，但也可以考虑重新收集现场数据，重新计算，对计算结果进行修正。

6.9.4 PDLD 与噪声记录仪应用比较

漏损噪声记录仪是主动漏损检测的常用装置。为了更好地将记录仪放置在最可能的漏损区域，正确理解基于模型优化的漏损检测方法的执行过程是很重要的。Moorcroft（2008）报道了使用漏损噪声记录仪和 PDLD 方法在 DMA 中进行漏损检测的比较研究。

英国 UU 建模组提供了一个 DMA，该 DMA 包含 2209 个用水户，用于水力模型及漏损检测研究。在 DMA 的各个位置安放了漏损噪声记录仪和压力记录仪，将选定的消火栓放水模拟漏损，同时收集 2008 年 5 月 16 日一天的数据。研究的目的是测试基于声学的装置和 PDLD 方法在漏损检测中是否有效。

下载漏损噪声记录仪收集的噪声数据进行相应地分析。令人不解的是，没有一个噪声记录仪检测到漏损，即使对于距离实际漏损点仅 13m 的噪声记录仪也未检测到漏损。相反，使用由压力记录仪收集的压力数据和 DMA 入口流量数据，采用 PDLD 方法能够识别出实际漏损点附近的漏损热点。图 6-20 显示了漏损噪声记录仪安放位置和 PDLD 方法识别的漏损热点的位置。

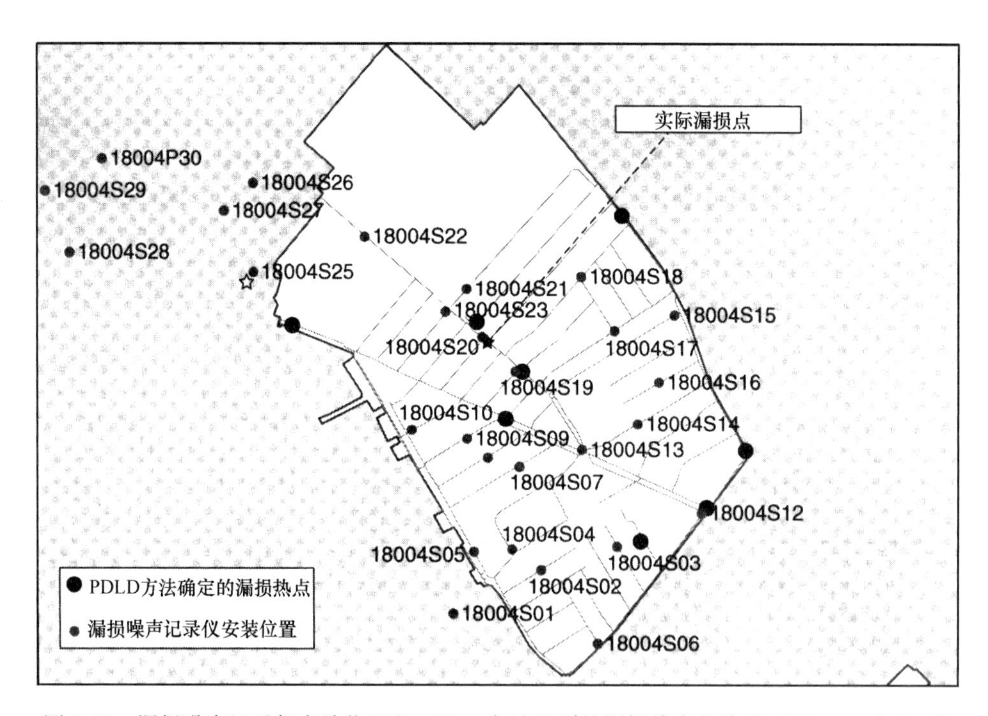

图 6-20 漏损噪声记录仪安放位置和 PDLD 方法识别的漏损热点的位置（Moorcroft 2008）

表 6-1 和图 6-21 给出了在实际漏损点周围 100m 范围内，两种漏损检测方法的详细对比结果。

实际漏损点周围 100m 范围内，两种漏损检测方法的详细对比（Moorcroft 2008） 表 6-1

压力相关漏损量检测（PDLD）		漏损噪声记录仪检测				
确定的漏损热点	与实际漏损点之间的距离（m）	记录仪编号	与实际漏损点之间的距离（m）	是否存在漏损	噪声大小	噪声传播
A	38	S19	70	否	5	6
B	79	S20	13	否	21	10
C	130	S21	96	否	19	14
		S23	90	否	5	36

在实际漏损点周围 100m 范围内有 4 个噪声记录仪。图 6-21 显示了 PDLD 方法识别的漏损热点的位置和实际漏损点附近的噪声记录仪位置。使用噪声记录仪检测获得的结果表明，探测方法不如预期的那样准确，尤其是其中一个距离实际漏损点 13m 的记录仪未能检测到漏损。这与许多因素有关，例如记录仪与漏损点之间的距离、管材以及设备相互之间的安装位置等因素都可能影响其性能。正是由于在这样短的距离处使用噪声记录仪检测失效，这证明了塑料管与铸铁管相比，噪声记录仪对塑料管的检漏性能是很有限的。

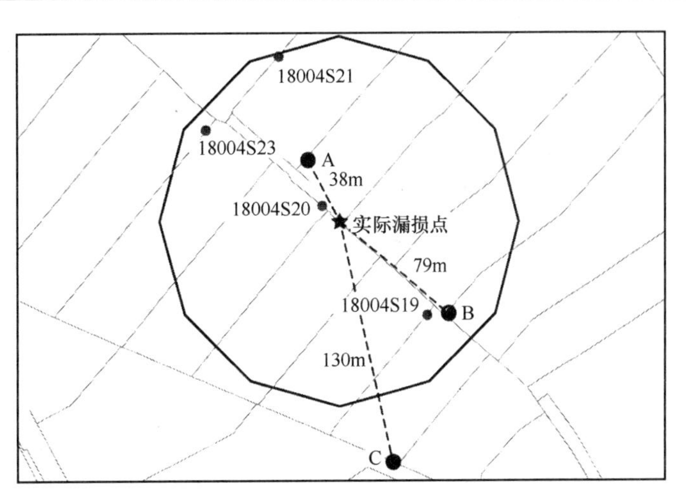

图 6-21 DMA 180.04 区域实际漏损点周围 100m 范围内漏损热点示意图（2008 年 5 月 16 日）

PDLD 方法在实际漏损点周围 100m 范围内识别出两个漏损热点，如图 6-21 所示。在本案例中，PDLD 方法似乎比物理漏损检测方法（探测）更有用。PDLD 方法的计算结果表明，当 DMA 中管网压力有明显下降时，能够很有效地检测出存在的漏损。因此，该方法适合在塑料管道系统中检测漏损记录仪难以发现的漏损。对于本案例，距离实际漏损点 13m 的记录仪未能检测到漏损，虽然不清楚是否由于安装在实际漏损点附近的记录仪出现设备故障，还是人为错误或一些其他未知因素造成的，但是，很清楚 PDLD 方法可以用来协助漏损噪声记录仪进一步检测难以发现的漏损。

6.9.5 PDLD 与逐步测试方法比较

逐步测试是现场漏损检测方法之一，有关逐步测试方法，在第 3 章中已作了详细描述。逐步测试之前，需要在最小夜间流量时段进行大量的现场流量测试，因此希望先确定大致的漏损区域，然后再进行现场测试。PDLD 方法是常规逐步测试方法的良好补充。

为了对两种方法进行比较，Sethaputra 等人（2009）报道了使用常规逐步测试方法和 PDLD 方法对 DMA 进行漏损检测的研究。他们选择泰国曼谷 Prachachun 地区的 DMA 进行了研究。管网平均工作压力大约为 10m，适合应用声学探测技术，如噪声相关仪。DMA 由大约 2000 个用水户组成，并有唯一入水口，方便进行逐步测试。除了在 DMA 的入水口处安放流量计之外，还布置了 5 个移动压力记录仪记录压力。收集的数据供 PDLD 方法进行漏损检测。

图 6-22 显示了使用逐步测试方法识别的漏损管道，而图 6-23 显示了 PDLD 方法识别的漏损热点或节点。这两个图清楚地表明，PDLD 方法能够识别出直接连接到漏损管道（由逐步测试方法识别）的节点。表 6-2 列出了 PDLD 方法识别出的所有漏损热点和使用逐步测试方法发现的漏损管道。除此之外，在整个 DMA 中其他几个位置还有 PDLD 方法识别出的其他漏损热点。通常，这些热点区域随后将被调查以通过逐步测试方法或其他检测装置确认是否存在漏损。

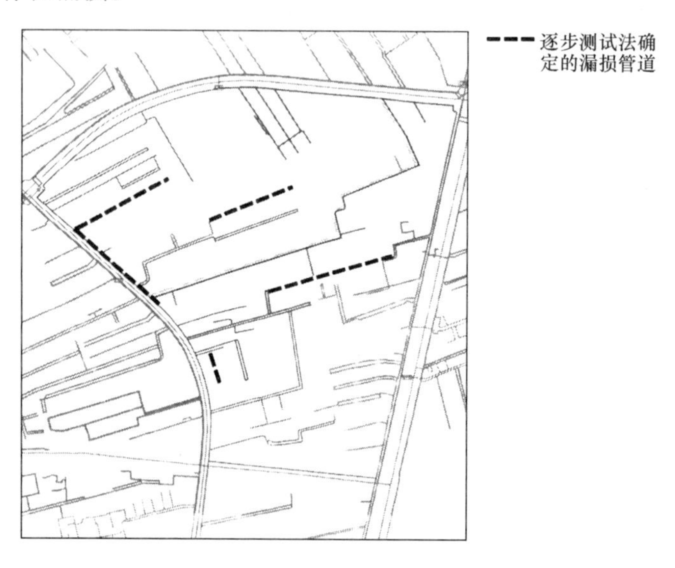

图 6-22　逐步测试法识别出的漏损管道（Sethaputra 等 2009）

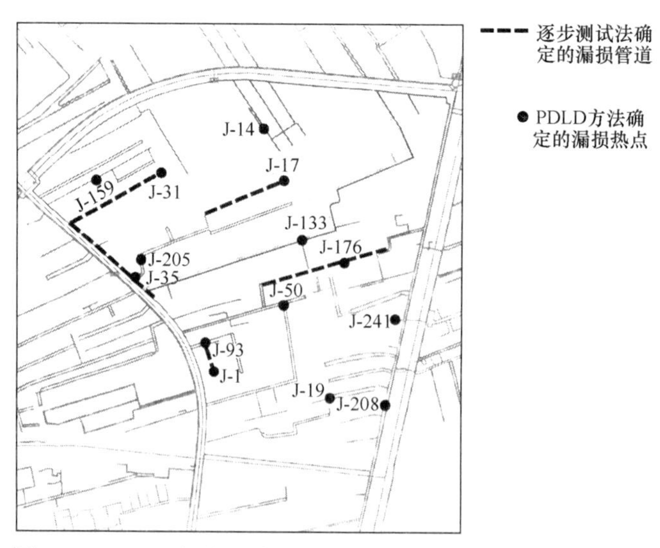

图 6-23　PDLD 方法识别出的漏损热点（Sethaputra 等人 2009）

PDLD 方法在逐步测试法确定的漏损管道上计算得到的漏损节点　　表 6-2

PDLD 方法确定的漏损节点	喷射系数优化值（$L/s/m^2$）	逐步测试法确定的漏损管道是否发生漏损
J-1	2.240	是
J-31	1.490	是
J-17	0.760	是
J-93	0.290	是
J-159	0.270	附近
J-133	0.190	是
J-205	0.190	是
J-50	0.170	附近
J-19	0.130	否
J-14	0.120	否
J-208	0.100	否
J-96	0.050	是
J-241	0.050	否
J-176	0.040	是

6.10 尤里卡教训

压力相关漏损检测方法（PDLD）本质上属于逆向稳态流分析方法。自 20 世纪 90 年代初以来，Pudar 和 Liggett（1992）的文章中指出，由于管道粗糙度的不确定性或对管道粗糙度十分敏感，认为逆向稳态流分析方法对漏损检测是无效的。因此，建议使用逆向瞬变流分析方法进行漏损检测（Liggett 和 Chen 1994）。如前所述，Pudar 和 Liggett（1992）在一个管网系统中进行了漏损检测测试，特别考虑了高峰用水时段整个管网的流速。如图 6-24 所示，DMA 干管流速在 MNF 段从凌晨 0：00—4：00 很小。此外，Pudar

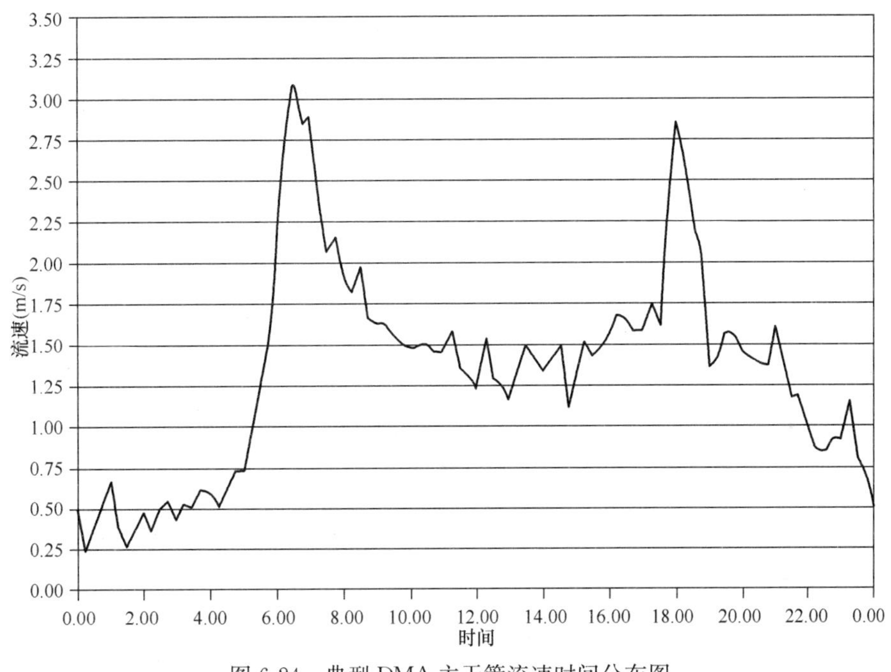

图 6-24　典型 DMA 主干管流速时间分布图

和 Liggett 的漏损检测分析没有考虑 DMA 入口流量，进一步误导了漏损检测结果。

6.10.1 PDLD 的有效性

前面章节中描述的许多案例研究已经证明，如果采用最小夜间流量（MNF）时段的现场数据，则 PDLD 方法在识别可能的漏损热点方面十分有效。为了更好地理解为什么 PDLD 方法适用于 MNF 数据集，重新考虑达西-韦斯巴赫水头损失方程的基本原理，如下所示：

$$H_l = f\frac{LV^2}{2gD} \tag{6-24}$$

式中 f——管道粗糙系数；

H_l——管道水头损失；

L——管道长度；

V——管道流速；

D——管道直径；

g——重力加速度。

公式（6-24）表明管道水头损失与管道粗糙系数呈线性关系，与流速成平方关系。管道水头损失对流速变化比对粗糙系数变化更敏感。例如，对于长度为 1000m，直径为 100mm，达西一韦斯巴赫 f 值为 2.5mm，流速为 0.1m / s 的管道，在流速从 100%增加到 2000%的过程中，计算水头损失变化。

计算结果如图 6-25 所示，这清楚地表明流速变化对 MNF 时段的水头损失变化影响最大。在 MNF 时段，管网压力通常较高，漏损量也较大。因此，PDLD 方法在 MNF 时段比高峰用水时段更有效。由于在 MNF 时段管道粗糙系数对水头损失的贡献很小，因此，管道粗糙系数的不确定性对漏损检测结果的影响较小。

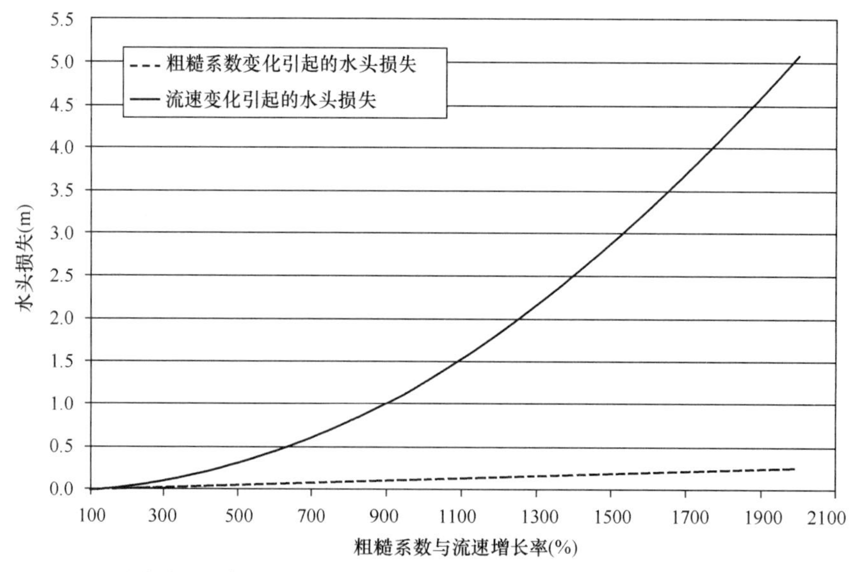

图 6-25 在 MNF 时段水头损失对粗糙系数及流速的敏感性

6.10.2 启示

许多案例已经证明压力相关漏损检测（PDLD）方法是有效的，且反馈意见良好。通过对比，我们发现 PDLD 方法在识别漏损热点方面比之前的漏损检测方法更有效，特别是对那些被证明难以发现的漏损。PDLD 方法发现的漏损热点比使用之前的方法发现的漏损热点更接近实际漏损点。PDLD 方法还能识别出使用之前的方法未发现的漏损。Moorcroft（2008）最近的研究表明，漏损热点优化可能成为帮助管理塑料管道系统漏损的有效支持工具。这是因为漏损噪声记录仪有时难以检测这种系统中的漏损，因为塑料管道中漏损引起的噪声传播受到限制。因此，PDLD 方法有益于帮助漏损检测工作人员更好地识别整个操作区域的隐藏漏损。相信该方法的真正价值只能通过帮助供水公司减少漏损并实现由水行业监管机构规定的年度检漏目标来实现。

压力相关漏损检测实现了两个目的：漏损检测和水力模型校正。漏损检测本质上是通过识别未知漏损和其他 NRW 水量来提高水力模型校正的精度。它基于水力模型以及最初为模型校正收集的流量和压力数据。然而，现场数据收集需要改进，由此将连续流量和压力趋势的记录与消火栓排放相关联的测量数据相结合。这样的数据集将提高漏损热点检测的准确度，并促进模型校正（调节管道粗糙系数和检测未知阀门的状态）。这将最终使技术人员能够进行独立的漏损热点检测或将漏损热点检测与其他管网水力模型校正工作相结合。同样重要的是，压力记录仪必须足够精确，或者压力的任何欠压或过压记录是一致的，使之可以通过每个仪器的有效偏移来校正。

供水行业当前的“习惯和实践”性现场测试可以被认为是“被动”的。使用夜间数据意味着优化算法能够处理接近记录仪精度的水头变化。越来越清楚的事实表明，消火栓放水测试压力和流量可以提供更好的数据集。这将进一步改进优化算法的求解精度，以便于可以更清楚地区分漏损引起的水头损失和由其他原因产生的水头损失。同时，为了正确地识别可能无意中已被关闭的任何在线阀门，还需要改进数据收集过程。未来需要研究现场数据对提高漏损检测和模型校正精度的影响。

最困难的一个问题是与巨大的模型参数数量相比，使用有限的现场数据引起的计算结果的不确定性。截至目前，工程师还没有合适的方法解决现场数据和模型参数中可能存在的不确定性问题。从作者的角度来讲，最小化不确定性最好的方法是将问题分解为多个子问题。每个子问题都通过使用相关数据集来解决。这种方法已在应用研究案例（Wu 2009）中得到了证明。建模者需要考虑的另一个问题是现场测试采用的压力记录仪的精度。只要保持设备校准，对用于建模目的的压力记录仪，通常可精确到测试范围的 0.1%（通常精度为 0.1m）。由于漏损检测方法是基于 DMA 中不同监测位置之间的总水头差识别热点，所以记录仪的精度是重要影响因素，特别是在模拟夜间 DMA 中水头损失很小时的水力特征时。

最后，水力模型只是真实供水管网系统的近似数学表示。人们不能期望获得绝对正确或绝对精确的模拟结果，建模对管网运行、规划只是起指导作用。众所周知，对任何工程系统，世上没有正确的模型存在，只有有用的模型。正因为如此，我们尽力研发新方法用于配水系统漏损检测和供水管网模型校正，希望对管网管理有所帮助。但是，这些方法并不是校正模型的“灵丹妙药”，而是为工程师提供了一种务实的方法和工具，帮助应对漏损检测和建立有效模型的实际挑战。

参考文献

Beck, S. B. M., Curren, M. D., Sims, N. D. and Stanway, R. (2005). "Pipeline Network Features and Leak Detection by Cross-Correlation Analysis of Reflected Waves." ASCE J. *Hydr. Engrg.*, Vol. 131, No. 8, pp. 715-723.

Bentley Systems, Incorporated (2007). "Darwin Calibrator Methodology for Leakage Detection". in *WaterGEMS V8 XM Users Manual*, Haestad Methods Solution Center.

Brunone, B. (1999). "Transient Test-Based Technique for Leak Detection in Outfall Pipes." ASCE *J. Water Resour. Plng. and Mgmt.*, Volume 125, Issue 5, pp. 302-306.

Buchberger, S. G. and Nadimpalli, G. (2004). "Leak Estimation in Water Distribution Systems by Statistical Analysis of Flow Readings." ASCE J. *Water Resour. Plng. and Mgmt.*, Vol. 130, No. 4, pp. 321-329.

Burrows, R., Mulreid, G., Hayuti, M., Zhang, J. and Crowder, G. (2003). "Introduction of a fully dynamic representation of leakage into network modeling studies using EPANET." In: Maksimovic, Butler and Memon eds., *Proceedings of the CCWI conference: Advances in Water Supply Management*, Imperial College. London: Swets & Zetlinger, 109-118.

Covas, D., Gramham, I. N., Maksimovic, C., Ramos, H., Kapelan, Z. S., Savic, D. A. and Walter, G. A. (2003). "An Assessment of the Application of Inverse Transient Analysis for Leak Detection: Part II—Collection and Application of Experimental Data." in *Advances in Water Supply Management*, edited by Maksimovic, C.; Bulter, D and Memon, F. A., Swets & Zeitlinger, Lisse, the Netherlands, pp. 79-88.

Covas, D., Ramos, H. and Almeida, A. B. de (2005). "Standing Wave Difference Method for Leak Detection in Pipeline Systems." *ASCE J. Hydr. Engrg.*, Vol. 131, No. 12, pp. 1106-1116.

Ferrante, M. and Brunone, B. (2003). "Pipe system diagnosis and leak detection by unsteady-state tests. 2 Wavelet Analysis." *Advances in Water Resources*, 26(1), 107-116.

Haestad Methods, Inc. (2002). "Darwin Calibrator Methodology". in *Water GEMS V1 User Manual*.

Hayuti, M., Wheeler, M., Harford, A. and Sage, P. (2008). "Leakage Hotspot Detection and Water Network Models." in *Proc. of Water Loss Seminar and Workshop*, Jan. 28-30, 2008, Marbella, Spain.

Holnicki-Szulc, J., Kolakowski, P. and Nasher N. (2005). "Leakage Detection in Water Networks." *Journal of Intelligent Materials Systems and Structures*, Vol. 16, No. 3, pp. 207-219.

Kapelan, Z., Savic, D. and Walters, G. A. (2004). "Incorporation of prior information on parameters in inverse transient analysis for leak detection and roughness calibration" *Urban Water* (1462-0758).

Lambert, A. O. and McKenzie, R. D. (2002). "Practical Experience in Using the Infrastructure Leakage Index." *Proc. of IWA Conference in Leakage Management*, Lemesos, Cyprus, Nov. 2002.

Lambert, A. O. (2002) "International Report on Water Losses Management Techniques." *Water Science and Technology: Water Supply*, 2(4).

Lee, P. J., Vitkovsky, J. P., Lambert, M. F., Simpson, A. R. and Liggett, J. A. (2005). "Frequency Domain Analysis for Detecting Pipeline Leaks." ASCE *J. Hydr. Engrg.*, Vol. 131, No. 7, pp. 596-604.

Liggett, J. A. and Chen, L. C. (1994). "Inverse Transient Analysis in Pipe Networks". ASCE J.

Hydr. Engrg., Vol. 120, No. 8, pp. 934-955.

Moorcroft, J. (2008). "Leakage detection: Analysis of new approaches towards leakage detection and network modeling as tools to minimize water losses from mains systems." *M. Sc. Thesis*, The University of Liverpool, UK.

Nixon, W., Ghidaoui, M. S. and Kolyshkin, A. A. (2006). "Range of Validity of the Transient Damping Leakage Detection Method." ASCE *J. Hydr. Engrg.*, Vol. 132, No. 9, pp. 944-957.

Pudar, R. S. and Ligget J. A. (1992). "Leaks in Pipe Networks."ASCE, *J. Hydr. Engrg.*, Vol. 118, No. 7, pp. 1031-1046.

Poulakis, Z., Valougeorgis, D. and Papadimitriou, C. (2003). "Leakage detection in water pipe networks using a Bayesian probabilistic framework". *Probabilistic Engineering Mechanics*, Vol. 18, No. 4, pp. 315-327.

Sage, P. (2005). "Developments in Use of Network Models for Leakage Management at United Utilities North West."*Proceeding of CIWEM North West and North Wales Branch Water Treatment and Distribution Conference*, Warrington, UK.

Savic, D. A., kapelan, z. s. and Jon ker gouw, P. M. R. (2009). "Quo vadis water distribution model calibration?"Urban Water Journal, 6: 1, 3-22.

Sethaputra, S., Limanond S. Wu, Z. Y., Thungkanapak, P. and Areekul, K. (2009). "Experiences Using Water Network Analysis Modeling for Leak Localization." *Proc. of IWA Water Loss Conference*, April 26-30, 2009, Cape Town, South Africa.

Taghvaei, M.. Beck, S. B. M. and Staszewski, W. J. (2006). "Leak detection in pipelines using cepstrum analysis". *Meas. Sci. Technol.* **17**, 367-372.

Vítkovský, J. P., Simpson, A. R. and Lambert, M. F. (2000). "Leak Detection and Calibration Using Transients and Genetic Algorithms." ASCE *J. Water Resour. Plng. and Mgmt.*, Volume 126, Issue 4, pp. 262-265.

Walski, T., chase, D., Savic, D., Gvayman, W., Beckwith, S. and koelle, E. (2003). Advanced Water Distribution Modeling and Management, Haestad Press, Water bury, CT, USA.

Wang, X.-J., Lambert, M. F., Simpson, A. R., Liggett, J. A. and Vítkovský, J. P. (2002). "Leak Detection in Pipelines using the Damping of Fluid Transients" ASCE *J. Hydr. Engrg.*, Vol. 128, No. 7, pp. 697-711.

Wu, Z. Y. and Simpson, A. R. (2001). "Competent Genetic Algorithm Optimization of Water Distribution Systems." *Journal of Computing in Civil Engineering*, ASCE, Vol. 15, No. 2, pp. 89-101.

Wu, Z. Y., Walski, T., Mankowski, R., Cook, J., Tryby, M. and Herrin, G. (2002). "Calibrating Water Distribution Model Via Genetic Algorithms." in *Proceedings of the AWWA IMTech Conference*, April 16-19, Kansas City, MO, USA.

Wu, Z. Y., Wang, R. H, Walski, T., Bowdler, D., Yang, S. Y. and Baggett, C. C. (2006). "Efficient Pressure Dependent Demand Model for Large Water Distribution System Analysis."*Proc. the 8th Annual International Symposium on Water Distribution Systems Analysis*, ASCE, August 27-30, 2006, Cincinnati, Ohio, USA, Published in CD.

Wu, Z. Y. and Sage, P. (2006). "Water Loss Detection via Genetic Algorithm Optimization-based Model Calibration."in*Proc. of Water Distribution System Analysis Symposium*, Aug. 27—29, 2006, Cincinnati, OH, USA, Published in CD.

Wu, Z. Y. and Sage, P. (2007). "Pressure Dependent Demand Optimization for Leakage Detection in Water Distribution Systems." in *Proc. of the Combined CCWI*2007 *and SUWM*2007, Sept. 3—5, 2007,

Leicester, UK, pp. 353-361.

Wu, Z. Y., Sage, P., Turtle, D., Wheeler, M., Hayuti, M., Velickov, S., Gomez, C. and Hartshorn, J. (2008) "Leakage Detection Case Study by Means of Optimizing Emitter Locations and Flows." WDSA2008, Skukuza, South Africa.

Wu, Z. Y. (2009). "A Unified Approach for Leakage Detection and Extended Period Model Calibration of Water Distri bution Systems." Urban Water Journal, 6(1), 53-67.

Wu, Z. Y., Sage, P. and Turtle, D. (2010). "Pressure-Dependent Leakage Detection Model and Its Application to a District Water System." ASCE *J. Water Resour. Plng. and Mgmt.* Vol. 136, No. 1, pp. 116-128.

Xu, D.-L., Liu, J., Yang, J.-B., Liu, G.-P., Wang, J., Jenkinson, I. and Ren, J. (2007). "Inference and learning methodology of belief-rule-based expert system for pipeline leak detection." *Expert Systems with Applications*, Vol. 32, No. 1, 103-113.

第7章　基于瞬态分析的漏损检测

7.1　简介

出于几方面的原因，输配水管网系统的漏损是一个重要的问题（Colombo 和 Karney 2002）。第一，经济方面的考虑，供水漏损影响水务公司的收入。第二，漏损是健康风险的潜在隐患，如被污染的水可能会通过附近的污水管、地下水或土壤等侵入供水管道。第三，漏损也是一个环境问题，会造成资源的浪费（例如水、能源、处理材料等）。

因此，水务公司投入相当大的力量开发各种方法，用于检测供水管网系统中的漏损。这些方法的主要目标是检测漏损是否存在及其具体位置，如果有可能，也希望通过这些方法可以确定相关的漏损规模（即有效的漏损面积或流量）和漏损发生的时间。近些年，研究了大量的检测方法，从以昂贵和准确的设备为基础的方法（如音听法、追踪法以及相关的设备等）到以更廉价和相对低效的各种数学模型为基础的方法。目前大致可分为（按准确度和成本的顺序排序）漏损预警、漏损检测和漏损定位（Puust 等 2009）三个阶段。

漏损一般可分为背景漏损和爆管（与管道爆裂有关）漏损。背景漏损一般发生在管道接口、附属设施等处，漏损量较低，因此很难被检测。相反，爆管漏损一般发生在管道破裂时，发生时间短，但流量较大。但这并不意味着这些漏损很容易被检测到（除非发生了非常大的管道漏损事故，可以在地面上直接观测到水流）。应该注意的是，不同类型的漏损需要采用不同的漏损检测方法（包括本章介绍的瞬态方法）。

本章阐述一类漏损检测方法，即利用瞬态（或水锤）分析进行漏损检测。这类方法涉及瞬态事件下供水管网系统的调查和建模。瞬态事件是由系统中自然的或人为的压力或流量变化引起的事件，或大或小。瞬态事件的一个重要特征是，系统压力在短时间内变化较大（时间最多为几秒或几分钟），因此包含了关于系统状态的有用信息。然而，难点是如何有效和高效地监测相关的瞬态压力（和流量），提取有用的信息，因为这些信息往往被各种噪声源屏蔽。

有许多基于瞬态的方法（Colombo 等 2009）可以用来检测背景漏损和爆管漏损。本章的方法大致可分为逆瞬态分析法和其他方法。

本章结构为：7.2 节介绍逆瞬态分析方法，7.3 节介绍其他基于瞬态分析的漏损检测方法，7.4 节总结相关结论以及对该领域未来的挑战进行探讨。

7.2　逆瞬态分析

7.2.1　问题描述

Liggett 和 Chen（1994）提出通过校正瞬态仿真模型（也称为正演瞬态模型（FTM））

检测供水管网中的漏损。Pudar 和 Liggett（1992）的研究表明，由于监测到的可用信息一般十分有限，通过校正稳态水力模型进行漏损检测很难得到满意的结果。于是 Liggett 和 Chen 决定尝试利用瞬态监测数据检测管网漏损。这种方法被称为逆瞬态分析法(ITA)。

逆瞬态分析法检测供水管网中的漏损，主要包括以下步骤：

（1）通过改变某些位置的流量或压力引入一个人为的瞬态事件（如阀门或消火栓的开关、水泵的启停等）。注意，人为的瞬态事件应保证管网系统的压力和流量在安全范围之内变化。

（2）利用高频压力传感器在管网系统的多个位置进行监测。如果有可能，对流量也进行监测。

（3）对正演瞬态模型中的有效漏损面积（漏损流量系数和实际漏损面积的乘积）进行定期校正，假设管网中所有或部分节点存在孔口出流或其他类型的漏损。定期校正是必要的，因为在上一次模型校准之后也可能发生漏损现象（如爆管）。

逆瞬态分析法一般以优化问题的方式求解。其中，正演瞬态模型的校正通过下述的目标函数实现：

$$Minimize \quad SSE = \sum_{i=1}^{N_x} \sum_{j=1}^{N_t} (p_{ij}^* - p_{ij})^2 \tag{7-1}$$

式中 N_x、N_t——压力监测点位置和时间；

SSE——实测值（即监测值）与瞬态模型预测值的平方差；

p_{ij}^*——监测点（即节点）i 在 j 时刻的压力实测值；

p_{ij}——监测点（即节点）i 在 j 时刻的压力预测值。

需要注意的是，监测点压力是关于未知有效漏损区域和其他潜在校准参数的函数（例如未知管道粗糙度、波速等）。当然，公式（7-1）其他类型的目标函数也可以使用，例如绝对误差之和（Vitkovsky 等 2000）、总水头 H（即节点高程与压力之和）。如果有必要，也可以考虑对流量进行校正，为此需要使用不同的权重系数（Kapelan 2002）。

公式（7-1）目标函数有两个约束条件：

（1）一组代表正演瞬态模型的非恒定流方程；

（2）被校正参数的取值范围（最小值和最大值）。

管道非恒定流方程是基于流体的动量和质量守恒定律（Wylie 和 Streeter 1993）：

$$\frac{\partial H}{\partial x} + \frac{1}{g}\frac{\partial V}{\partial t} + J = 0 \tag{7-2}$$

$$\frac{\partial H}{\partial t} + \frac{c^2}{g}\frac{\partial V}{\partial x} = 0 \tag{7-3}$$

式中 $H(x,t)$——测压管水头（节点高程和压力之和）；

$V(x,t)$——流体流速；

c——水锤波速；

g——重力加速度；

J——管道摩阻，一般有两个组成部分：稳态摩阻和非稳态摩阻；

x——沿管道的距离；

t——时间。

上述方程组对于具有固定管道和流体特性（管径、波速、温度等）的一维弹性流体和管道系统、相对较小的对流项（$\partial H/\partial x$ 和 $\partial V/\partial x$）和相对较小的管道摩阻的非恒定流是有效的。

其他学者也对上述方程进行了改进，例如 Soares 等（2008）考虑到 PVC 管壁的黏弹性特性，修改了上述非恒定流方程。

假设漏损类型为孔口出流，则节点漏损量为：

$$Q_l = C_l A_l \sqrt{2g(H_l - z)} \tag{7-4}$$

式中 Q_l——节点漏损量；

H_l——漏损位置的总水头；

$C_l A_l$——有效漏损面积（在某些出版物中也被称为总漏损系数）；

z——漏损点或节点高程；

g——重力加速度。

其他附属设施（也称边界条件）也使用相关的方程建模，例如阀门或固定水位水库。相关方程请参考文献（Wylie 和 Streeter 1993；Chaudhry 1987），在此不再赘述。

通常假设漏损发生在管网节点处。这是一个简单的近似数学模型。需要强调的是，如果怀疑一些较长的管道发生了漏损，可以人为添加节点将长管道分为若干较短的管道。另外，如果待分析管网规模太大，就会有大量的未知节点漏损，这时不宜直接进行模型校正，可以采用分步校正方法。首先对相对较少的分组节点漏损进行校正；然后在可疑的漏损位置处（分组节点）增加漏损节点（即分辨率）校准模型（Saldarriaga 等 2006）。

7.2.2 优化算法

上节中定义的逆瞬态分析优化问题，需要用优化方法才能求解。因此，优化方法的选择对于解决该优化问题的有效性和求解效率至关重要。该问题是一个复杂多模态优化问题，通常含有大量的决策变量（例如有效节点漏损面积）和相关联的搜索空间。

过去，科研人员用不同的优化算法求解逆瞬态问题，例如遗传算法（GA）、Levenberg-Marquardt（LM）算法及混合竞争进化算法等（Vitkovsky 等 2001）。

Liggett 和 Chen（1994）首先采用 LM 算法求解供水管网逆瞬态问题。其他一些研究人员也提出过类似的方法（Covas 等 2001；Kapelan 等 2003a）。LM 算法本质上是一种改进的 Gauss-Newton 优化方法。LM 算法一般称为局部（而非全局）搜索方法。LM 算法是一个迭代方法，从初始解开始，通过改进单一解决方案执行搜索（不是一个群体，如遗传算法）。在“爬山”方面，该方法快速而有效，但在每一次迭代时，除了计算目标函数外，还需要计算灵敏度（偏导数）。该算法的主要缺点是，收敛取决于起始点和搜索空间的形状与复杂度。故该方法有可能不收敛或收敛到一个局部最优解而不是全局最优解（见图 7-1 中曲线 LM1）。

相比于 LM 算法，遗传算法是一种自适应搜索方法，基于生存优先与种群优胜劣汰的自然进化原则（Goldberg 1989）。与自然相类似，遗传算法是一种包括种群的创造和进化的人工过程（使用运算子，如选择、交叉和变异），可用于求解各种工程优化问题。遗传算法属于一类全局随机优化技术。遗传算法特别适用于大型、复杂、多模态、离散空间

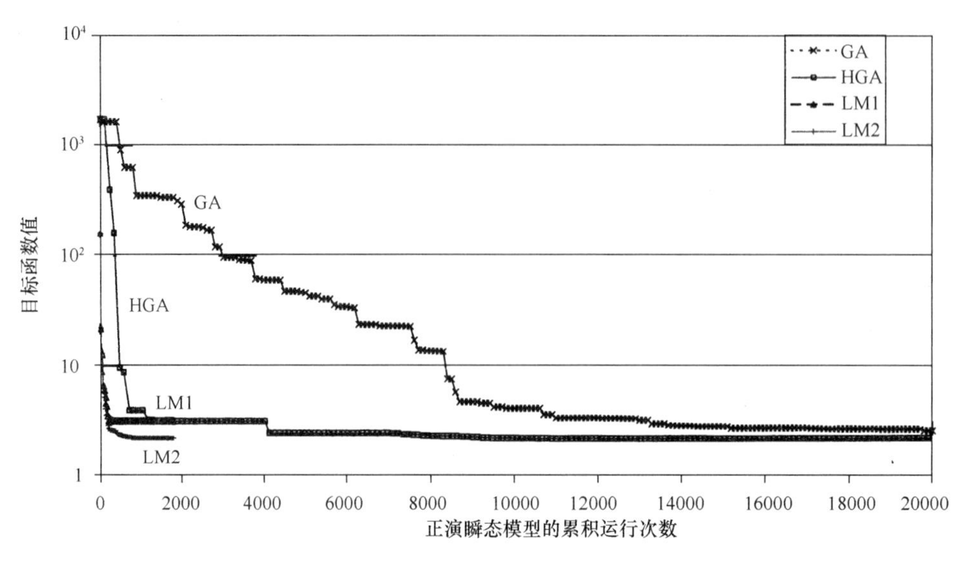

图 7-1　不同 ITA 优化算法性能对比

之类的优化问题，如逆瞬态分析优化问题，已被证实可以找到近似最优解。遗传算法的优点是只需要对目标函数进行评估，而不需要计算灵敏度（如 LM 方法）。另一方面，为了获得更好的性能，需要对 GA 相关参数进行微调。另外，GA 可能需要经过很多代进化（即迭代）才能收敛到近似最优解，通常计算很费时。

Vitkovsky 和 Simpson 等（1997）首先采用遗传算法求解逆瞬态问题。目标函数是节点压力监测值和模型预测值之间绝对误差的最小值。校准参数是管道摩擦系数（Darcy-Weisbach 系数）和节点有效漏损面积（即实际漏损面积乘以漏损流量系数）。Pudar 和 Liggett（1992）在小型管网中使用完善的监测数据，对提出的校准模型进行了测试。结果发现，所提出的方法效果良好，并有很好的发展潜力。其他学者也提出了基于遗传算法求解逆瞬态优化问题的方法，请参考相关文献（Tang 等 1999；Nash 和 Karney 1999；Kapelan 等 2003a）。

在了解了遗传算法和 LM 方法的优劣之后，Kapelan 等（2003a）决定通过混合这两种算法来提高解决逆瞬态问题的有效性和求解效率。并提出了两阶段混合 GALM 方法。在 GALM 方法中，第一阶段是遗传搜索，从一个随机产生的可能解开始，直到满足一些终止标准；在第二阶段，以遗传算法的最优结果为出发点，应用 LM 算法寻找最优解。新方法的目的是在 GA 和 LM 算法各自性能最好的区域利用其优势：遗传算法对全局搜索十分有效，而 LM 对局部搜索十分有效。然而，GALM 方法并不完美。主要的问题是如何决定何时停止遗传搜索而开始 LM 方法搜索。如果遗传算法计算代数少于“临界”次数，就不能接近全局最优解，LM 算法将无法得出全局最优解，而只是得到局部最优解。然而，如果遗传算法运行代数超过“临界”次数，则计算过程十分耗时。

基于上述原因，Kapelan 等（2003a）提出并研发了一种新型混合优化算法，通过一种更好的方式将遗传算法和 LM 算法相结合。新的方法被称为混合遗传算法（HGA）。该方法本质上与遗传算法相同，主要区别是通过常规 LM 方法操作遗传算子（选择、交叉和变异）。因此，HGA 算法比 GA 算法速度更快，比 LM 算法更可靠（Kapelan 等

2003a)。

使用上述优化算法对下节讨论的逆瞬态问题示例求解，计算性能如图 7-1 所示。横轴表示正演瞬态分析计算工作量，而竖轴为公式（7-1）所示的目标函数值。从该图可以看出，遗传算法最慢，LM 算法最快。然而，图中曲线 LM1 证明，若 LM 方法起始点选择不合适，就不能收敛到全局最优解。HGA 算法是遗传算法和 LM 算法在计算效率和可靠性方面的一种折中。

7.2.3 示例

通过一个简单示例说明逆瞬态分析法的基本原理。示例供水管网（见图 7-2）含有 11 根管道和 7 个节点组成的 5 个环，由节点 1 处的恒定水位水库（水头等于 30m）提供重力流。管段和节点数据由 Kapelan 提供（Kapelan 2002）。节点 2 处存在一个孔口出流类型的漏损，有效漏损面积为 $5\times10^{-5}\mathrm{m}^2$。节点 7 的入流量恒定为 21L/s。瞬态事件由节点 4 处的流量变化引起，流量变化模式为先减少后增加，如图 7-2 所示。监测数据包括节点 4 和节点 7 处的水头。监测数据考虑了两种情况：在情况 1 中，监测数据为完美数据（即瞬态模型压力预测值与监测值相同）；在情况 2 中，将平均值为零、标准偏差为 0.10m 的正态分布噪声添加到完美监测数据之中。

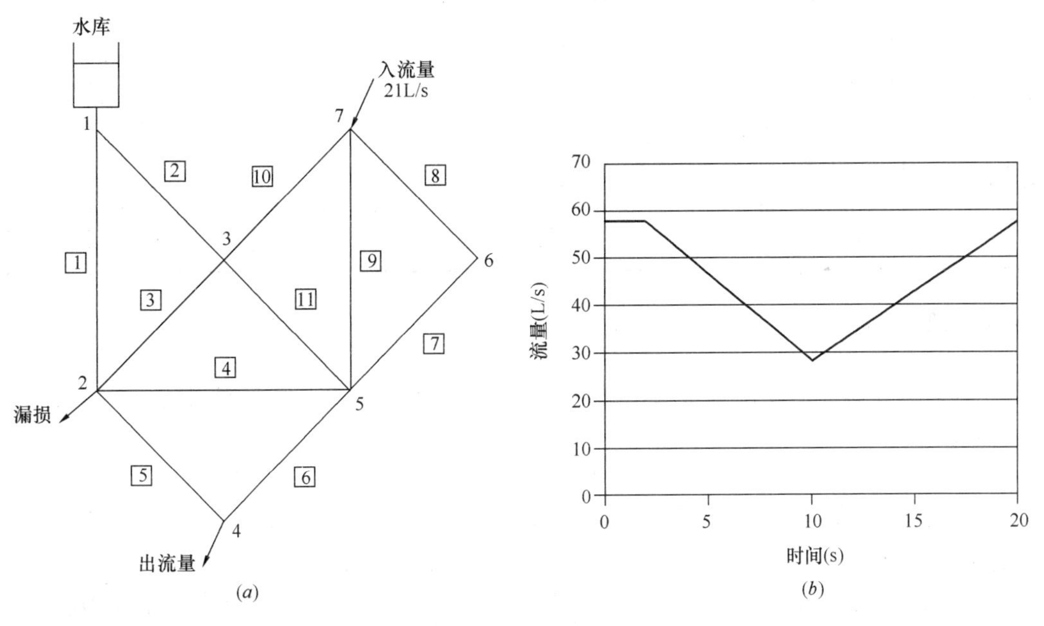

图 7-2 示例研究

（*a*）管网结构图；（*b*）节点 4 处的瞬变流触发事件

上述两种情况的逆瞬态分析，均采用公式（7-1）所示的目标函数。该逆瞬态问题中总共有 $N_a=17$ 个校准参数（见表 7-1），由 11 个阻力系数和 6 个有效节点漏损面积组成。本示例中，所有管段的阻力系数（Darcy-Weisbach 系数），f 为常数。

从表 7-1 可以看出，本文基于完美监测数据的结果（情况 1）与假设的有效节点漏损区域和管道阻力系数十分匹配，这表明所采用的优化算法（HGA）效果很好。第二种情况说明，实际系统产生的噪声可能会恶化所获得的结果。表 7-1 中节点 7 的有效漏损区域大于零，表明存在小型漏损（尽管实际并不存在）。如果存在其他系统误差，随着噪声水平的提高，逆瞬态分析法的准确性将进一步下降（Kapelan 2002）。

示例的输入数据和结果　　表 7-1

参数	类型	管网单元	假定参数值	情况 1 的结果（完美监测数据）	情况 2 的结果（噪声监测数据）
1	阻力系数	管段 1	0.020	0.0200	0.0229
2	阻力系数	管段 2	0.020	0.0200	0.0186
3	阻力系数	管段 3	0.020	0.0200	0.0400
4	阻力系数	管段 4	0.020	0.0200	0.0100
5	阻力系数	管段 5	0.020	0.0200	0.0162
6	阻力系数	管段 6	0.020	0.0200	0.0215
7	阻力系数	管段 7	0.020	0.0200	0.0162
8	阻力系数	管段 8	0.020	0.0200	0.0100
9	阻力系数	管段 9	0.020	0.0200	0.0400
10	阻力系数	管段 10	0.020	0.0200	0.0100
11	阻力系数	管段 11	0.020	0.0200	0.0162
12	有效漏损面积（m^2）	节点 2	0.000050	0.000050	0.000048
13	有效漏损面积（m^2）	节点 3	0	0.000000	0.000000
14	有效漏损面积（m^2）	节点 4	0	0.000000	0.000000
15	有效漏损面积（m^2）	节点 5	0	0.000000	0.000000
16	有效漏损面积（m^2）	节点 6	0	0.000000	0.000000
17	有效漏损面积（m^2）	节点 7	0	0.000000	0.000003

7.2.4 测试和验证

上述章节中提出的逆瞬态分析法已通过一些数值模拟实验、实验室测试和实测案例进行了验证。

早期的测试主要通过人工设计的数学问题进行验证（Liggett 和 Chen 1994；Chen 1995；Vitkovsky 等人 2000）。测试很简单，一般仅涉及小型管网的一两个假定漏损节点(最简单的情况)。这些测试最初的主要目的是确定 ITA 方法的可行性。

这种人工初始数值测试很快就被实验室测试替代了，从而可以进一步验证逆瞬态分析法。正如预期的那样，这些测试主要是在简单的系统中通过严格地控制实验条件实现。典型的实验设施由两端连接水库的单一管道、管道下游的快速阀（用来产生瞬态事件）、管道沿线一个或多个简单阀门（用来模拟漏损）和布置在管道沿线的一个或多个瞬时压力传感器组成。

Vitkovsky 等人（2001）通过实验室测试验证了逆瞬态分析法的有效性。实验装置由一个长度为 37.2m、内径为 22.1mm 和壁厚为 1.6mm 的铜管组成。该管道连接到 2 个由计算机控制的压力罐上。下游压力罐前端的管道上设置有一个直角回转球阀。在沿管道 5 个等距位置布置压力监测点。压力罐的压力由一个调节装置控制。通过下游阀门的关闭产生瞬态事件。实验结果验证了实验室条件下逆瞬态分析法的有效性。他们还表示，精确的非恒定摩阻模型和优化算法的正确选择十分重要。

Covas 等人（2001）也在实验室进行了测试，目的是评估逆瞬态分析法的性能。为此，他们在英国伦敦帝国理工学院建立了实验装置（见图 7-3）。该装置包括一根长度为 277m、公称直径为 63mm 的聚乙烯管道，上游安装一台水泵和一个压力容器，下游安装一个截止阀。截止阀用来控制流量和产生瞬态事件。电磁流量计用来监测管道中的初始流量。数据采集系统（DAS）由采集板（8 通道，最高采样频率为每通道 9600Hz）、8 个压力传感器（图 7-3 中的 T1～T8）和一台计算机组成。传感器的绝对压力范围为 0～1MPa，精度范围为 0.3%。他们进行了一些测试，目的是为了测试逆瞬态分析法检测漏损的准确性和可靠性。结果表明，逆瞬态分析法可以定位不同的漏损位置，但实际漏损大小和位置与逆瞬态分析法确定的漏损大小和位置存在差异。有时会检测到假漏损点，这主要是由于提出的正演瞬态模型不准确造成的。由此提出了一些提高模型准确度的建议，包括考虑聚氯乙烯管道的管壁黏弹性以提高模型的准确性。

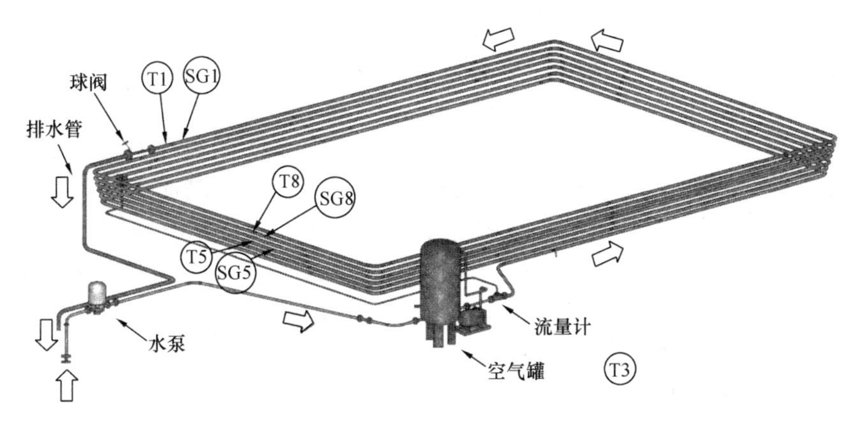

图 7-3　英国伦敦帝国理工学院实验装置（Covas 等 2002）

Covas 等人（2003）两年后用同样的实验装置和上述改进后的逆瞬态分析法检测漏损。逐步运行逆瞬态分析法，开始时在 10%的总管长度范围内，间隔相同距离选取可能的漏损候选点，并逐渐减少到总管长度范围的 2%和 1%，接近实际漏损位置。基于改进的正演瞬态模型，计算结果与 2001 年发表的文章中的计算结果相比，有所提高。结果表明，逆瞬态分析法能够成功定位“合适”尺寸的漏损。并且该研究还提出了一种在已知系统物理和水力特性的条件下，模拟管道黏弹性作用的瞬态求解方法。

Tang 等人（2001）也利用实验室测试数据对逆瞬态分析法进行了验证。首先，在佩鲁贾大学实验室使用两个已知漏损大小和位置的实验管道系统，模拟瞬态事件。第一个系统是一根单一管道，而第二个系统是由一个 Y 节点和一根末端堵死的分支管道组成的简单枝状管网。然后，将测试期间收集到的压力数据送到多伦多大学，应用基于遗传算法的逆瞬态分析模型对数据进行分析。分析结果表明，在两个管道系统中，均能成功地确定实际漏损位置（误差精度约为 2m），从而验证了逆瞬态分析法的有效性。

多年来，研究人员进行了大量的现场测试，以验证逆瞬态分析法的有效性。Tang 等人（1999）可能是最早为了验证逆瞬态分析法而进行现场实验的团队，该实验用于管道摩阻系数校正而不是漏损检测。基于瞬态实验数据，不断调整瞬态模型参数，满足校正后的模型预测值与实验测试值误差最小。测试结果表明 ITA 方法具有很大潜力，但作者也指出，ITA 反演过程并不完善。

Covas 等人（2006）也进行了一系列实验研究，通过现场实验进一步测试和验证逆瞬态分析法。在泰晤士河的 TORUS 实验管道中进行准现场测试（quasi-fieldtests），在苏格兰河 Balmashanner 干管上开展（Lintrathen 东主干管网的一部分）现场测试。TORUS 可能是世界上最长的 PE 实验管道，长度为 1.3km，公称直径为 125mm（内径 108mm）。管道中安装一个闸阀和一个蝶阀，闸阀用于控制流量，蝶阀用于产生瞬态事件。实验过程中遇到的主要问题是，管道中长期存在的一个气穴影响了瞬态压力波的传播速度。实验测试之前，通过对管道增压减少了气穴的影响（但不能完全消除）。监测到的瞬时压力数据含有管道系统中的多重反射噪声。在不同的流量工况下，收集包含和不包含漏损的瞬时压力数据。测试结果表明，当把实际漏损位置附近的管道划分为更小的管节时，逆瞬态分析法能够识别到实际漏损位置附近的漏损信号。研究结果还表明，尽管压力信号中存在噪声，漏损仍可以被准确地定位，逆瞬态分析法没有因气穴处压力的突然下降而定位到错误的漏损位置。该实验漏损的定位精度为 24m（2%的管道长度）。

苏格兰河实验在长度为 5936m 的 Balmashanner 球墨铸铁主干管中进行，干管直径为 300mm。漏损/爆管点位于水库下游 3000m 处，使用冲洗阀放水模拟漏损。通过关闭相关的消火栓生成瞬态事件。该实验初始系统流量为 12L/s，不同的漏损流量（3～5L/s）下，逆瞬态分析法确定的漏损位置位于距离下游水库 3101～3176m 处，定位误差大约为 1.25%。有一点需要说明，测试中使用的漏损流量相当大（平均为系统入流量的 33%）。

Stephens 等人（2004a；2004b）最早基于瞬态分析法识别实际管道中的漏损、气穴和管道堵塞。他们在澳大利亚阿德莱德的部分管网中进行现场实验。该研究的创新之处在于，利用瞬态分析法检测阀门的状态（Stephens 等 2004a）。他们的研究成果和论文强调了瞬态分析法在实际系统应用中的严峻性，并且可以为在更接近现实的条件下进行逆瞬态分析研究提供动力。

Saldarriaga 等人（2006）将基于遗传算法的逆瞬态分析法应用于哥伦比亚波哥大附近的 Chia 城市配水系统的漏损识别中。该管网适合使用逆瞬态分析法进行漏损检测，因为其规模相对较小（分支管道延伸至 5km）、管道材料均匀（主要是 PVC 管）且管径变化较小（50～150mm）。该管网有 253 根管道，是目前应用逆瞬态分析法最大规模的管网。

相关瞬时压力数据使用 5 个 200Hz 采样频率的压力传感器进行收集。在指定的位置模拟单一漏损，流量约为总平均流量的 12%。使用分层逆瞬态分析法进行漏损定位。首先，将 5 个相邻的“漏损”节点集合为一组，总共有 18 组“漏损”节点集。校正瞬态模型中该 18 组参数，得到最可能的一组“漏损”节点集。然后对该“漏损”节点集中的每一个节点进行逆瞬态分析，确定漏损节点。计算结果表明，逆瞬态分析法能够成功地定位漏损节点，但需要指出，识别的漏损节点分布在相邻两个节点中（其中一个是实际漏损节点），两个节点漏损总量与实际漏损量大致相等。

从上述讨论可以看出，截至目前，大多数测试是在简单的管道系统中，并在严格控制实验条件的实验室中进行的。虽然也进行了一些有限的现场测试，但这些仅涉及受控条件下（例如测试前对管道进行冲洗，在测试过程中管道没有用水量等）的简单管道系统（往往只是一根长管道）。因此，仍需要较大规模的现场实验、更复杂的管网系统和更现实的条件进一步验证逆瞬态分析法。然而，这将需要克服许多困难，包括：

（1）提高瞬态模拟的准确性（即正演瞬态模型），特别是包含各种设施的复杂管网，无论有无漏损存在。现有的瞬态水力模型未能准确地模拟管网的工况，特别是长时间段延时模拟。原因是缺乏对建模过程中复杂物理过程、管内流体动力学过程（如瞬态过程中的湍流和溶解氧）和未建模流体耦合作用（如管壁和管道约束动力学）等机理的研究。

（2）提高区分漏损和用水量变化（例如冲厕所、开水龙头等）引起的瞬态响应的方法，以及区分瞬态压力波在各类型管道连接口或设备中反射产生的噪声。

（3）改进产生瞬态事件的方法。一方面，足够快地应用逆瞬态分析法；另一方面，足够安全，对系统不会造成损害，也不会影响正常供水（如瞬态事件所造成的水质变色问题）。如果实验测试经过精心策划，这一般不是主要困难。

7.2.5 数据采样设计

数据采样设计与逆瞬态分析法的应用直接相关。数据采样设计的目的是确定取样位置、起始时间、频率、监测时段、取样需要的水力条件或其他条件，以收集压力和其他用于逆瞬态分析的监测数据。Liggett 和 Chen（1994）建议压力传感器的位置应基于目标函数（公式 7-1）和与瞬态模型参数（如摩擦因子、有效漏损面积等）有关的节点压力灵敏度进行选择。然而，他们并没有提出任何具体的数据采样设计方法。

Kapelan 等人（2002；2003b）提出了几种数据采样设计方法，用于确定最佳的压力传感器位置，其目的是为后续的瞬态模型校正收集最好的数据。数据采样设计问题可以转化为一个两目标优化问题。两个目标函数分别是校正后的瞬态模型预测值的不确定性最小化（即预测准确性最大化）和采样设计的成本最小化。后者与压力传感器的布置数量有关，而前者使用所谓的 V一最优准则进行评价（Kapelan 等 2003b）。V—最优准则能够最大限度地减少与瞬态模型压力预测值有关的空间和时间的不确定性误差。这些不确定性来自于相应的监测数据的不确定性，其传播至瞬态模型的参数之后，转而影响了瞬态模型校正过程中的压力预测值。相比于其他数据采样设计准则，V—最优准则为最佳执行准则（Kapelan 等 2003c；2005）。

上述数据采样设计问题通过多目标遗传算法进行求解。多目标函数的最优解通常是一组解的集合，这些解构成的曲线为 Pareto 最优曲线。图 7-4 为典型的 Pareto 最优曲线。F_1和 F_2代表上述的不确定性和成本目标。曲线上的每一点都代表一个最优解，即一组最优监测位置，如表 7-2 所示。图 7-4 所示的曲线对应于图 7-2 的管网，相关的逆瞬态问题如第 7.2.3 节所示。从图 7-4 可知，安装更多的监测装置可以减少瞬态模型的预测不确定性，但增加了成本。监测点的布置是两个目标之间的权衡，既要考虑不确定性，又要考虑成本。最好的布置方案是在满足不确定性尽量小的前提下，尽可能布置较少的监测点。

Pareto 最优采样设计曲线点 表 7-2

点	F_1（m）	F_2（—）	管网节点编号					
			2	3	4	5	6	7
A	0.031	1			×			

续表

点	F_1（m）	F_2（—）	管网节点编号					
			2	3	4	5	6	7
B	0.011	2			×			×
C	0.008	3		×	×			×
D	0.007	4		×	×	×		×
E	0.006	5		×	×	×	×	×
F	0.006	6	×	×	×	×	×	×

注："×"表示节点被选为监测点。

Vitkovsky 等人（2003a）也研究了用于漏损检测的最优取样问题。除了最佳取样位置，他们还研究了数据采集的最佳时段问题。他们还发现，使用完善的瞬态模型，逆瞬态分析法可以得到比 Pudar 和 Liggett（1992）设计的稳态分析法更好的结果。案例研究证明，在安装了一定数量的监测设备之后，瞬态模型预测不确定性递减（见图 7-4）。

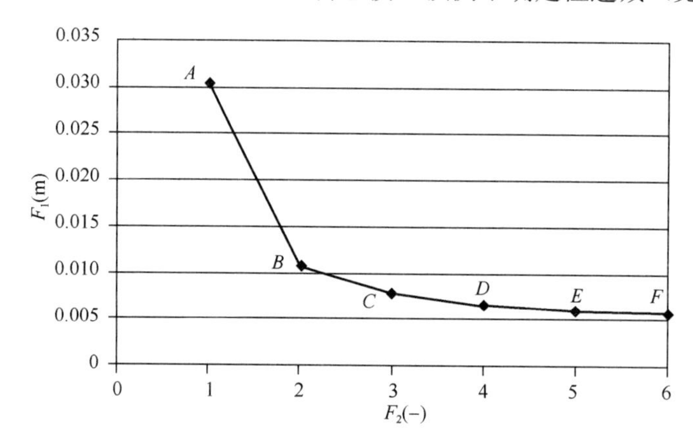

图 7-4　Pareto 最优曲线示例（Kapelan 2002）

7.2.6　其他相关问题

Kapelan 等人（2004）建议使用参数的先验信息提高逆瞬态分析法解的唯一性，从而可以改善逆瞬态问题的计算结果。参数的先验信息通过现场调查、相关工程手册和专业知识等途径获取，参数的先验信息代表了与瞬态模型参数取值相关的任何附加、独立的信息。通过在目标函数（公式（7-1））中添加对应项可以把参数的先验信息加入到逆瞬态分析法中。研究结果表明，校准参数的先验信息能够改善不适定逆瞬态问题。然而，不能保证不适定问题会成为适定问题。此外，由于参数的先验信息使搜索空间更平滑，因此，提高了优化算法的计算效率。同时，需要注意的是，使用参数的先验信息不一定能得到更接近其真实值的参数值（例如有效漏损区域），这取决于所获得的先验信息的数量和质量。为了最大限度地减少由于不充分的先验信息而导致的相关风险，研究人员提出了一种新的方法。

许多研究者认识到在对瞬态压力变化进行预测时非恒定摩阻效应十分重要（比如，Vitkovsky 等人 2006）。因此，很多研究者在逆瞬态分析法中考虑了这些影响因素（Tang

等人 1999；Kapelan 等人 2003a；Vitkovsky 2001）。Nixon 和 Ghidaoui（2007）进行了更加系统的分析，目的是为了阐述在逆瞬态分析法中，什么情况下非恒定摩阻效应影响最大。他们得出的结论是非恒定摩阻非常重要，不应被忽视，除非存在非常大的漏损（这可能是由于这种漏损可以被简单地识别而不需要使用逆瞬态分析法或任何其他复杂的泄漏检测方法）。Soares 等人（2008）还认为，在塑料管中黏弹性作用也十分重要。

Vitkovsky 等人（2007）确定了逆瞬态分析法中误差的主要来源。误差来源主要分为三类：（1）数据误差（参数测量产生的噪声误差和模型校正误差）；（2）模型输入错误（参数值和边界条件错误）；（3）模型结构误差（建模过程某些影响因素考虑不全或未考虑引起的误差；数值算法误差等）。得出的结论是，模型结构误差是限制逆瞬态分析法成功应用的最关键因素，因为经常有未知的局部因素（例如管道结垢、错误节点、气穴等）未考虑，或者更重要的是，很难对它们进行准确地模拟。

7.3 其他瞬态检漏方法

7.3.1 简介

本节提出的漏损检测方法仍然基于瞬态事件。但是与逆瞬态分析方法不同的是不需要使用瞬态水力模型，因此，避免了瞬态水力模型建立过程中的种种困难。这些漏损检测方法一般是对监测到的压力信号进行分析，包括时域和频域分析。

当漏损发生时，漏损会在监测到的压力信号中留下信息。这些信息表现为：由于压力波在漏损点处发生反射导致的压力信号变化（与无漏损时的压力信号对比），或随着时间推移压力信号的快速衰减（与无漏损情况相比）。

本节所述方法一般用于典型的简单管道系统（见图 7-5 和图 7-6），当然，某些方法也具有用于（简单）管网系统的潜力。

7.3.2 时域分析法

最初开发的基于时域分析的单一管道漏损检测方法是波反射法（Jonsson 和 Larson1992）。该方法的基本思路是，在已知压力波传播速度的情况下，通过探测压力波从漏损位置反射的传播时间定位未知漏损点。需要注意的是，瞬时压力监测点收集到的反射信号的传播时间由两部分组成：压力波从瞬态事件触发源到漏损位置的传播时间和反射压力波从漏损位置到监测点的传播时间（见图 7-5）。

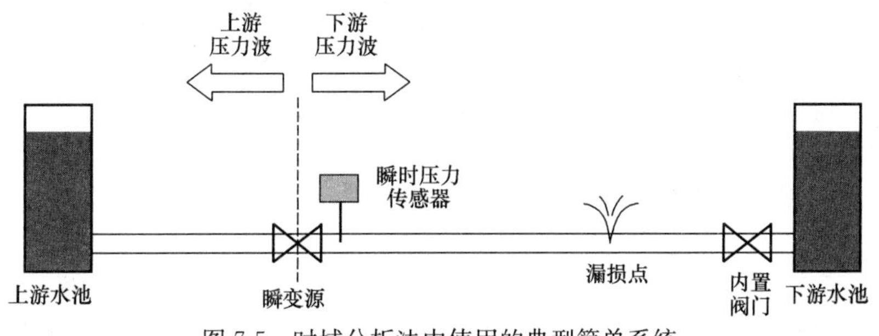

图 7-5 时域分析法中使用的典型简单系统

同样的原理也被用于了波膨胀法中，其目的是探测管道爆管引起的负压波（Silva 等人 1996；Misiunas 等人 2005）。该方法的主要优点是十分简单，使得该方法成为实时故障监测系统的理想选择。然而，该方法需要精确地检测未知形状的小压力信号，这些信号往往被掩盖在背景噪声中，特别是在小漏损的情况下。

Brunone（1999）提出了一种简单的、成本效益好的波反射法用于在排污管道中检测漏损。该方法首先在管道的上游端产生（安全）一个瞬态事件，例如通过一个液罐车向排污管排水。然后，漏损位置的反射压力信号通过安装于液罐车与管道连接节点下游的瞬态压力传感器进行检测。通过分析无漏损和漏损排污管道的压力信号，作者开发了基于瞬态分析的数学模型，用于估计漏损的大小和位置。为了验证该模型，他在一根长度为 352m、内径为 93.8mm 的聚乙烯管中进行了测试，使用连接到主管道的短塑料管和球阀模拟漏损。实验结果验证了该数学模型漏损识别的准确性。得出的结论是，通过比较瞬时压力信号与无漏损时的管道瞬时压力信号，可以定期协助检查排污管道。该方法的主要缺点是需要相当多的经验识别漏损引起的压力信号变化，因为这些信号经常被监测噪声屏蔽。其他学者也提出了类似的方法（Covas 和 Ramos 1999；Jonsson 2001；Brunone 和 Ferrante 2001）。

Vitkovsky 等人（2003b）出于对 Liou（1996；1998）所做研究的兴趣，提出了一种新的基于反射的方法，用于识别管道是否漏损或堵塞。该方法通过确定系统的脉冲响应函数（IRF）识别漏损或堵塞，不依赖于瞬态事件。更具体地说，该方法通过在管道中利用振荡阀引入一个伪随机二进制信号，然后监测压力响应，从而确定系统的脉冲响应函数。漏损（或堵塞）的存在可以通过 IRF 中形成的尖峰确定。通过尖峰出现的时间可以确定漏损的位置，根据尖峰的大小可以确定漏损的大小。作者的结论是，尽管获得了令人满意的实验结果，但是该方法应用于该领域之前必须解决一些剩余的问题，包括 IRF 的实际监测和噪声环境下漏损引起的脉冲反射的测定。

Beck 等人（2005）基于瞬态反射压力信号的互相关分析，提出了一种新的漏损检测技术。互相关分析是一种信号处理技术，通过将分析的信号与参考模板进行比较，来识别信号中的特定模式。该技术本质上是通过绘制交叉相关性的二阶导数，以揭示隐藏在由不同系统特征导致的瞬态波叠加所产生的复杂模式中反射压力波的痕迹。该技术有效性的关键在于使用电磁阀产生人为的压力波，而不是依赖于自然来源的瞬态事件。对新技术进行了测试实验，实验结果表明，该技术用于确定漏损位置是可行的，且具有接近 5%的精度。

小波变换分析也被用来检测瞬时压力信号中的漏损反射（Stoianov 等人 2002；Ferrante 和 Brunone 2003）。Ferrante 等人（2007）的研究表明，小波分析可以用来“对压力信号进行更多的解释，以提高漏损定位的有效性”。该方法能更清楚地揭示压力信号中的无规律变化（如漏损、连接点等）。因此，可以更精确地确定漏损引起的反射压力波的到达时间，即可以更准确地定位漏损。作者针对上述技术的可靠性进行了关于噪声的数值模拟和实验测试，据此指出小波分析可以成功地识别出压力信号中对应于小漏损的微小阶跃变化。然而，该方法还尚未在实际管网中得到验证。

7.3.3 频域分析法

本节所描述的方法旨在通过对观测到的压力信号进行频域分析，以检测漏损。所考虑的管道系统一般是简单的单一管道，如图 7-6 所示。瞬态事件一般是通过使用一些周期性操作的设备触发，例如位于管道下游端的振动阀。当系统中形成稳定的振荡流后，记录一段时间内的（阀门处）压力信号并通过创建频率响应图（FRD）进行频域分析。然后，将该频率响应与无漏损时的频率响应作对比。若观测到的 FRD 中附加谐振压力峰值低于无漏损时的谐振压力峰值，则管道中存在漏损。需要注意的是，无漏损系统的 FRD 可通过管道安装后或对管道漏损修复之后，应用上述方法获得，但也可以通过对系统进行数学建模分析获得。另外需注意，所记录的压力信号可以进行时域分析，也可以进行频域分析，但频域分析的优点是计算时间短。

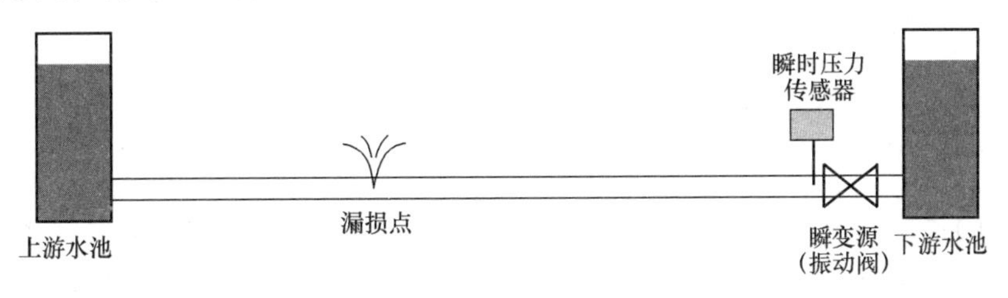

图 7-6　频域分析法中使用的典型简单系统

Mpesha 等人（2001）最早提出使用上述频率响应的方法检测管道漏损。他们使用快速傅里叶方法（Press 等人 1990）将压力信号从时域转换到频域。然后利用传递矩阵法分析转换后的信号检测漏损。作者在几个管道系统中对该方法进行了测试，包括一个单根管道系统（一个或多个漏损点）、串联管道系统、并联管道系统和分支管道系统。所有的测试都在受控的实验室条件下进行，仅涉及简单的管道组合。研究结果表明，当不考虑系统参数的不确定性（例如摩擦、波速等）时，该方法能够检测和定位不超过平均流量 0.5% 的漏损。频率响应方法有在实际管网系统中检测漏损的应用潜力，但“仍需对封闭环状管网和非周期性触发激励的情况做进一步研究”。

基于 Mpesha 等人（2001）的工作，Lee 等人（2005）进一步提出了两种漏损检测方法，即逆共振法（IRM）和峰值测序法（PSM）。逆共振法通过调整转移矩阵模型内的未知漏损位置和振幅，直到 FRD 的检测值和模拟值的差值平方和最小。峰值测序法通过将所监测到的 FRD 与已知的不同管道漏损位置处的形状进行匹配来检漏。作者对图 7-6 所示的简单系统进行了 4 种工况分析：没有漏损、在两个备选地点的单个漏损和在这两个位置中的其中一个增加漏损幅度。案例分析表明，漏损位置的变化对 FRD 共振峰模式的形状有影响，漏损的大小影响该模式的大小。作者还讨论了这两种方法在实际管网中的潜在应用，认为逆共振法可以更容易地应用于管网系统。后来，Lee 等人（2006）针对漏损对系统频率响应的影响进行了实验验证。所获得的结果与其以前的计算结果一致（Lee 等人 2005），并且也与其他学者的数值结果一致（Ferrante 和 Brunone 2004；Covas 等人 2005）。最近，Lee 等人（2008）开展了基于 FRD 检测管道中的堵塞的研究。

Covas 等人（2005）基于振荡流与光谱分析理论提出了驻波差分法（SWDM）进行漏损检测。该方法的灵感来自于电气工程中电缆故障的定位方法，漏损所产生的次级叠加驻波与观测到的压力信号形成共振效应。利用压力监测点（见图 7-6）的观测值和最大压力振幅的频谱分析可以识别漏损频率，确定近似的漏损位置。将 SWDM 方法在不同漏损位置和大小的多个管道系统中进行测试，结果表明，SWDM 是一个有效的和有前途的漏损检测技术，然而，在该方法可以应用于实际管网之前，仍需要做大量的研究。

除了上述频率响应方法，Wang 等人（2002）开发了一种新的方法，该方法利用了在漏损存在的情况下压力信号加速衰减的特性。这种衰减的幅度表示了漏损的大小，而不同的（压力信号的）傅里叶分量衰减比率用来确定漏损位置。该方法在图 7-6 所示的简单的单管系统中进行了实验室测试，结果表明，该方法可以找到管道横截面积 0.1%的漏损。作者还指出，尽管该方法使用起来很简单，但它一般不适用于复杂管网。原因是复杂管网中，从分支管道、环状管道和节点用水量等所产生的复杂波形中很难区分出漏损。Nixon 和 Ghidaoui（2006）也得出了类似的结论，他们进行了详细的分析来评估 Wang 等人（2002）的方法和相关假设的有效性。

7.4 结论

供水管网系统的漏损是一个复杂的问题，对城市和供水企业的重要性日益增加。这有很多原因，包括经济、环境和健康风险等方面的原因。因此，在这几十年里开发了很多漏损检测方法，包括基于瞬态分析的方法。这些方法从 20 世纪 50 年代中期发展起来，尤其是在过去的二十年发展迅速。原因很简单：对瞬态事件、分析、模型或信号的利用提供了一种廉价、非开挖的方式检测配水系统的漏损。

基于瞬态的漏损检测方法发展至今，大致分为逆瞬态分析方法和对压力信号进行各种各样分析方法。逆瞬态分析方法的主要优点是其通用性，即其理论适用于任何管网。然而，逆瞬态分析方法不得不克服一系列严重的障碍才可以以高效和有效的方式应用到现实管网中。主要障碍包括提高任意管网瞬态模型的长期仿真精度，以及寻找辨别漏损所产生的瞬态响应与管网中其他因素所产生的相似响应（如实际用水量以及管道连接点、设备等处产生的压力波反射所造成的干扰噪声）的有效方法。这是最近研究者开发了一些不需要使用瞬态仿真模型的其他的基于瞬态的漏损检测方法的原因。然而，这些方法离实践应用仍有一段距离，原因有很多，例如即使在典型的简单单管系统中，这些方法中的大部分性能也会受到观测到的压力或其他信号中的各种类型的噪声的影响。

在过去，相关学者做了很多工作，用于测试和验证基于瞬态的漏损检测方法。即使如此，大多数文献报道的实验是一种数值实验性质的或是在高度控制的实验室条件下的非常简单的管道系统中进行的。在实际管网系统中进行的测试非常少，特别是在更复杂的管网中。显然，还需要做进一步的研究，这仍然是该领域的主要挑战之一。

另一个挑战是进一步发展现有的一维瞬态仿真模型，目的是提高其精度和计算速度。一方面，需要提高瞬态仿真模型的准确性，进一步完善现有的非恒定摩阻、黏弹性模型和开发模拟目前无法模拟复杂物理现象的新模型（见 7.2.4 节）。另一方面，需要将基于物理的瞬态仿真模型与一些数据挖掘模型相结合，由此得到的集成模型的预测值能更好地匹配相应的现场监测值。这样一来，各种数据同化的方法都可以用来进一步研究漏损检测问题。另一个有希望的途径是通过任意管道管网的频域而不是时域来进行瞬态模拟（Zecchin 等人 2009）。

最后，剩余的挑战是开发基于瞬态的可以用来实时检测漏损的方法，或许可以不利用上述仿真模型。仅利用 SCADA 系统监测的非瞬态压力和流量数据的漏损检测方法已经开始出现并呈现出可喜的成果（Romano 等人 2009；Mounce 等人 2008）。也许一些现有的基于瞬态的利用压力信号分析的漏损检测方法可以进一步发展，以达到同样的目标。如上所述，瞬态压力信号代表一个潜在的丰富的系统状态信息源和各种正在发生的事件，我们只需要找到一个最好的方式来解码这个信息，并利用它来达到我们的目的。

参考文献

Beck，S. M. B.，Curren，M. D.，Sims，N. D.，Stanway，R. (2005). "Pipeline network features and leak detection by cross-correlation analysis of reflected waves." *Journal of Hydraulic Engineering*，*ASCE*，131(8)，715-723.

Brunone，B. (1999). "Transient test based technique for leak detection in outfall pipes." *Journal of Water Resources Planning and Management*，*ASCE*，125(5)，302-306.

Brunone，B.，Ferrante，M. (2001). "Detecting leaks in pressurised pipes by means of transients." *Journal of Hydraulic Research*，*IAHR*，39(5)，539-547.

Chaudhry，M. H. (1987). *Applied Hydraulic Transients*. Van Nostrand Reinhold Company Inc.，New York.

Colombo，A. F. and Karney，B. W. (2002). "Energy and costs of leak：Toward a comprehensive picture." *Journal of Water Resources Planning and Management*，*ASCE*，128(6)，441-450.

Colombo A. F.，Lee，P. and Karney，B. W. (2009). "A selective literature review of transient-based leak detection methods." *Journal of Hydro-environment Research*，2，212-227.

Covas，D.，Graham，N.，Maksimovic，C.，Ramos，H.，Kapelan，Z，Savic，D. and Walters，G. A. (2003). "An assessment of the application of inverse transient analysis for leak detection：Part Ⅱ-Collection and application of experimental data." *Proc. 7th Int. Conference on Computing and Control in the Water Industry (CCWI)*，London，England，Maksimovic，Butler and Memon(eds.)，Swets&Zeitlinger，Lisse.

Covas，D.，Ramos，H.，Lopes，N. and Almeida，A. B. (2006). "Water pipe system diagnosis by transient pressure signals." *Proc. 8th Annual Water Distribution Systems Analysis Symposium*，Cincinnati，Ohio，USA，August 2006，CD-ROM edition.

Covas，D.，Ramos，H. and Almeida，A. B. (2005). "Standing wave difference method for leak detection in pipeline systems." *Journal of Hydraulic Engineering*，*ASCE*，131(12)，1106-1116.

Covas，D.，Stoianov，I.，Graham，N.，Maksimovic，C.，Ramos，H. and Butler，D. (2002). "Hydraulic Transients in Polyethylene Pipes." *Proceeding EWRI Congress*，Roanoke，Virginia，USA.

Covas，D. and Ramos，H. (1999). "Leakage Detection In Single Pipelines Using Pressure Wave Behaviour." *Proc. 5th International Conference on Computing and Contril in the Water Industry (CCWI)*，Exeter，England，Septermber 1999，Exeter，UK，287-299.

Covas，D.，Stoianov，I.，Butler，D.，Maksimovic，C.，Graham，N. and Ramos，H. (2001). "Leakage detection in pipeline systems by inverse transient analysis—from theory to practice." *Proc. 6th Int. Conference on Computing and Control in the Water Industry (CCWI)*，Leicester，England，Ulanicki，Coulbeck and Rance(eds.).

Ferrante，M. and Brunone，B. (2004). "Pressure waves as a tool for leak detection in closed conduits." *Urban Water Journal*，1(2)，145-156.

Ferrante，M. and Brunone，B. (2003). "Pipe system diagnosis and leak detection by unsteady-state tests：2. Wavelet analysis." *Advances in Water Resources*，26，107-116.

Ferrante, M., Brunone, B. and Meniconi, S. (2007). "Wavelets for the Analysis of Transient Pressure Signals for Leak Detection." *Journal of Hydraulic Engineering*, *ASCE*, 133(11), 1274-1282.

Goldberg, D. E. (1989). *Genetic Algorithms in Search, Optimization and Machine Learning*. Addison-Wesley Publishing Co.

Jonsson, L. (2001). "Experimental Studies of Leak Detection using Hydraulic Transients." *Proc. 29th IAHR Congress*, September 2001, Beijing, China.

Jonsson, L. and Larson, M. (1992). "Leak detection through hydraulic transient analysis." *Pipeline Systems*, Coulbeck, B. and Evans, E. (eds.), Kluwer Academic Publishers, 273-286.

Kapelan, Z. S., Savic, D. A. and Walters G. A. (2005). "Optimal Sampling Design Methodologies for Water Distribution Model Calibration." *Journal of Hydraulic Engineering*, *ASCE*, 131(3), 190-200.

Kapelan, Z. S., Savic, D. A. and Walters, G. A. (2004). "Incorporation of Prior Infor-mation on Parameters in Inverse Transient Analysis for Leak Detection and Roughness Calibration." *Urban Water*, 1(2), 129-143.

Kapelan, Z. S., Savic, D. A. and Walters, G. A. (2003a). "A hybrid inverse transient model for leakage detection and roughness calibration in pipe networks." *Journal of Hydraulic Research*, *IAHR*, 41(5), 481-492.

Kapelan, Z. S., Savic, D. A. and Walters, G. A. (2003b). "Optimal sampling design for calibration of transient network models using multi-objective GAs." *Proc. 1st Intl. Conference on Pumps, Electromechanical Devices and Systems (PEDS)*, Cabrera and Cabrera Jr., (eds.), Valencia, Spain.

Kapelan, Z. S., Savic, D. A. and Walters, G. A. (2003c). "Multi-objective Sampling Design for Water Distribution Model Calibration." *Journal of Water Resources Planning and Management*, *ASCE*, 129(6), 466-479.

Kapelan, Z. S., Savic, D., Walters, G., Covas, D., Graham, N. and Maksimovic, C. (2003d). "An Assessment of the Application of Inverse Transient Analysis for Leak Detection: Part I-Theoretical Considerations." *Proc. Intl. Conference on Computing and Control for the Water Industry (CCWI)*, London, UK, Maksimovic, C., Butler, D. and Memon, F. D. (eds.), pp. 71-78.

Kapelan, Z. S. (2002). "Calibration of WDS Hydraulic Models." *PhD Theisi*, Department of Engineering, University of Exeter, 334 p.

Lee, P. J., Vitkovsky, J. P., Lambert, M. F., Simpson, A. R. and Liggett, J. A. (2008). "Discrete Blockage Detection in Pipelines Using the Frequency Response Diagram: Numerical Study." *Journal of Hydraulic Engineering*, *ASCE*, 134(5), 658-663.

Lee, P. J., Lambert, M., Simpson, A. and Vitkovsky, J. (2006). "Experimental verification of the frequency response method of leak detection." *Journal of Hydraulic Research*, *IAHR*, 44(5), 451-468.

Lee, P. J., Vitkovsky', J. P., Lambert, M. F., Simpson, A. R. and Liggett, J. A. (2005). "Frequency domain analysis for detecting pipeline leaks." *Journal of Hydraulic Engineering*, *ASCE*, 131(7), 596-604.

Liggett, J. A. and Chen, L. C. (1994). "Inverse transient analysis in pipe network." *Journal of Hydraulic Engineering*, *ASCE*, 120(8), 934-955.

Liou, J. C. (1996). "Pipeline integrity monitoring using system impulse response." *Proc. Intl. Pipeline Conference*, *ASME*, vol. 2, 1137-1141.

Liou, J. C. (1998). "Pipeline leak detection by impulse response extraction." *Journal of Fluids En-*

gineering, *ASME*, 120, 833-838.

Misiunas, D., Vitkovsky, J. P., Olsson, G., Simpson, A. R. and Lambert, M. F. (2005). "Pipeline break detection using pressure transient monitoring." *Journal of Water Resources Planning and Management*, *ASCE*, 131(4), 316-325.

Mounce, S. R., Boxall, J. B. and Machell, J. (2008). "Online applications of ANN and fuzzy logic system for burst detection." *In*: *Proc.* 8*th Annual Water Distribution Systems Analysis Symposium*, August 2008, Kruger National Park, South Africa.

Mpesha, W., Gassman, S. L. and Chaudhry, M. H. (2001). "Leak detection in pipes by frequency response method." *Journal of Hydraulic Engineering*, *ASCE*, 127(2), 134-147.

Nash, G. A. and Karney, B. W. (1999). "Efficient inverse transient analysis in series pipe systems." *Journal of Hydraulic Engineering*, *ASCE*, 125(7), 761-764.

Nixon, W. and Ghidaoui, M. (2007). "Numerical sensitivity study of unsteady friction in simple systems with external flows." *Journal of Hydraulic Engineering*, *ASCE*, 133(7), 736-749.

Nixon, W. and Ghidaoui, M. (2006). "Range of validity of the transient damping leakage detection method." *Journal of Hydraulic Engineering*, *ASCE*, 132(9), 944-957.

Press, W. H., Flannery, B. P., Teukolsky, S. A. and Vetterling, W. T. (1990). "Numerical Recipes: The Art of Scientific Computing." *Cambridge University Press*, p. 702.

Puust, R., Kapelan, Z., Savic, D. and Koppel, T. (2009). "A Review of Methods for Leakage Management in Pipe Networks. "*Urban Water Journal*(in press).

Pudar, R. S. and Liggett, J. A. (1992). "Leaks in pipe network." *Journal of Hydraulic Engineering*, *ASCE*, 188(7), 1031-1046.

Romano, M., Kapelan, Z. and Savic, D. A. (2009). "Bayesian-based online burst detection in water distribution systems." *Proc.* 10*th Intl. Conference on Computing and Control for the Water Industry* (*CCWI*), September 2009, Sheffield, UK.

Saldarriaga, J. G., Araque Fuentes, D. A. and Castaneda Galvis, L. F. (2006). "Implementation of the hydraulic transient and steady oscillatory flow with genetic algorithms for leakage detection in real water distribution networks." *Proc.* 8*th Water Distribution Systems Analysis Symposium*, Cincinnati, Ohio, USA, August 2006, CD-ROM edition.

Silva, R., Buiatta, C., Cruz, S. and Pereiral, J. (1996). "Pressure wave behavior and leak detection in pipelines." *Computers and Chemical Engineering*, vol. 20, S491-S496.

Soares, A. K., Covas, D. I. C. and Reis, L. F. R. (2008). "Analysis of PVC Pipe-Wall Viscoelasticity during Water Hammer." *Journal of Hydraulic Engineering*, *ASCE*, 134(9), 1389-1394.

Stephens, M. L., Vitkovsky, J. P., Lambert, M. F., Simpson, A. R., Karney, B. and Nixon, J. (2004a). "Transient Analysis to Assess Valve Status and Topology in Pipe Networks." *Proc.* 9*th Intl. Conference on Pressure Surges*, Chester, UK, March, 2004, 211-224.

Stephens, M. L., Lambert, M. F., Simpson, A. R., Vitkovsky, J. P. and Nixon, J. (2004b). "Field Tests for Leakage, Air Pocket and Discrete Blockage Detection Using Inverse Transient Analysis in Water Distribution Pipes." *Proc.* 6*th Annual Symposium on Water Distribution Systems Analysis*, Salt Lake City, USA, CD-ROM edition.

Stoianov, I., Karney, B., Covas, D., Maksimovic, C. and Graham, N. (2002). "Wavelet Processing of Transient Signals for Pipeline Leak Location and Quantification." *Proc.* 1*st Annual Environmental & Water Resources Systems Analysis Symposium* in conjunction with ASCE Environmental and Water Resources Institute Annual Conference, Roanoke, Virginia, USA, CD-ROM edition.

Tang, K. W., Karney, B. W. and Brunone, B. (2001). "Leak detection using inverse transient calibration and GA—Some early successes and future challenges." *Proc 6th Intl. Conference on Computing and Control in the Water Industry(CCWI)*, Leicester, England, September 2001.

Tang, K. W., Karney, B. W., Pendlebury, M. and Zhang, F. (1999). "Inverse transient calibration of water distribution systems using genetic algorithms." *Proc. 5th Intl. Conference on Computing and Control in the Water Industry(CCWI)*, Exeter, England, September 1999.

Vitkovsky, J. P., Bergant, A., Simpson, A. R. and Lambert, M. F. (2006). "Systematic Evaluation of One-Dimensional Unsteady Friction Models in Simple Pipelines." *Journal of Hydraulic Engineering*, *ASCE*, 132(7), 696-708.

Vitkovsky, J. P., Lambert, M. F., Simpson, A. R. and Liggett, J. A. (2007). "Experimental observation and analysis of inverse transients for pipeline leak detection." *Journal of Water Resources Planning and Management*, *ASCE*, 133(6), 519-530.

Vitkovsky, J. P., Liggett, J. A., Simpson, A. R. and Lambert, M. F. (2003a). "Optimal measurement site locations for inverse transient analysis in pipe networks." *Journal of Water Resources Planning and Management*, *ASCE*, 129(6), 480-491.

Vitkovsky, J. P., Lee, P. J., Stephens, M. L., Lambert, M. F., Simpson, A. R. and Liggett, J. A. (2003b). "Leak and blockage detection in pipelines via an impulse response method." *Proc. Pumps, Electromechanical Devices and Systems Applied to Urban Water Management*, Cabrera, E. and Cabrera Jr., E. (eds.) vol. I, pp. 423-430. April 2003, Valencia, Spain.

Vitkovsky, J. P., Simpson, A. R., Lambert, M. F. and Wang, X. J. (2001). "An Experimental Verification of the Inverse Transient Technique." *Proc. 6th Conference on Hydraulics in Civil Engineering*, November 2001, Hobart, Australia, 373-380.

Vitkovsky, J. P. (2001). "Inverse analysis and modelling of unsteady pipe flow: Theory, applications and experimental verification." *PhD thesis*, University of Adelaide.

Vitkovsky, J. P., Simpson, A. R. and Lambert, M. F. (2000). "Leak detection and calibration of water distribution systems using transients and genetic algorithms." *Journal of Water Resources Planning and Management*, *ASCE*, 126(4), 262-265.

Vitkovsky, J. P. and Simpson, A. R. (1997). "Calibration and Leak Detection in Pipe Networks Using Inverse Transient Analysis and Genetic Algorithms." *Research Report No. R157*, Department of Civil and Environmental Engineering, University of Adelaide.

Wang, X. J., Lambert, M. F, Simpson, A. R., Liggett, J. A. and Vitkovsky, J. P. (2002). "Leak detection in pipelines using the damping of fluid transients." *Journal of Hydraulic Engineering*, *ASCE*, 128(7), 697-711.

Wu, Z. Y., Sage, P. and Turtle, D. (2010). "Pressure-dependent leakage Detection Model and Its Application to a District Water System." ASCE *J. Water Resour. Plng. and Mgmt.* Vol. 136, No. 1, pp. 116-128.

Wylie, E. B. and Streeter, V. L. (1993). *Fluid Transients in Systems*. Prentice Hall, Englewood Cliffs, New Jersey, USA.

Zecchin, A. C., Simpson, A. R., Lambert, M. F., White, L. B. and Vitkovsky, J. P. (2009). "Transient Modeling of Arbitrary Pipe Networks by a Laplace Domain Admittance Matrix." *Journal of Engineering Mechanics*, *ASCE*, 135(6), 538-547.

第8章　现　场　数　据

8.1　简介

对于诸多与漏损相关的行为，现场数据的采集是非常重要的，如评估背景漏损水平、确定新发生的泄漏和爆管以及建立和维护供水管网水力模型。本章将讨论现场数据采集相关仪器，数据采集精度、位置，以及现场数据如何用于漏损分析等相关内容。

8.2　法规驱动的数据采集

水务公司收集数据往往是为了满足监管机构经营的需要。在英格兰和威尔士，水务公司是私有企业，而且，为了确保一个有益的“竞争”循环，政府监管部门建立了非常严格的监控管理系统。在英格兰和威尔士，OFWAT（水服务管理处）管理着 21 个区域性垄断的水务公司：10 个同时提供供水和排水服务，11 个只提供供水服务。OFWAT（水服务管理处）通过对这些水务公司的绩效性能进行评估定义它们主要的服务水平和能力，这就是目前被称为水务企业性能标准的整体性能评估（OPA）测试。OPA 自 1998 年英格兰和威尔士的水务公司开始私有化运营以来一直应用于其企业管理，预计在未来的发展中，会引入更加重视客户体验的服务激励机制（SIM）。

在英格兰和威尔士，法规和通知文件的制定是为了保证水务公司以公平合理的价格向客户提供优质高效的服务。监管项目包括监控水务公司的绩效；采取必要措施，包括为保护消费者利益而施行的强制措施；为水务公司规定挑战性的效率目标。其中必须报告的主要标准准则之一是“承诺标准要则（GSS）”，其目的是带动与供水漏损相关领域的数据收集和分析。GSS 规定了供水公司应保证输水管道中不低于 7m 的静水压力作为供水的前提。公司还会监测低压力风险指标下处于压力最低标准（DG2）的资产数量。该规定在《水工业法 1991》第三部分第二章（供水方式）第六十五节中有详细描述。该规定要求每个水龙头处有不小于 10m 的压力以及在管道中应保持每分钟 9L 的流量。该规定也常被引为在管网配水系统中最低应保证 15m 的压力。水服务管理处（OFWAT）要求各公司向其提交每年低于该压力标准的资产数量。然而，监测每个用户所体验到的服务效果是不可行的，因此，监测往往是从流量和压力的选择性测量推断其是否达标。压力很容易测量，大多数配备有相关设备的业务人员可以从用户水龙头、消火栓或管网中其他方便测量处获得压力测量数据。但是，这仅提供了“点”数据，只能用于衡量当前系统的状态和事件管理。要进行整体监管和更多的战略管理，则需要对管网中关键位置的流量和压力进行连续不断地测量。

在英格兰和威尔士，当前的漏损管理实践是逐步达到“漏损经济水平（ELL）”。ELL

是一个数值，定义为减小漏损率所投入的边际成本和采取漏损减小措施所产生的效益相当时的漏损水平。关于ELL计算的最佳实践原则在研究报告（OFWAT2002）中有详细陈述。计算过程很复杂，包含了对当前管网漏损水平的估计。然而，由于变量众多以及缺乏准确的数据，很难对当前管网的漏损水平进行估计。值得注意的是，ELL会随着能量成本的变化而变化。在漏损水量可以被准确地估计之前，需要对进入管网系统的流量和用户用水量进行准确计量。但是，这些水量可能也存在很大的估计误差，不可能精确计量，因为英格兰和威尔士的家庭用水中只有约1/4被计量（根据2009年的统计）；只监测了主要的工业用水；并且所有其他的成分都是估算的。英格兰和威尔士这种对居民用水的低比率计量是经济合作与发展组织（OECD）中的一种非典型情况（OECD2003）。

8.3 仪器类型和精度

将仪器安装在固定的位置，连续采集监测点的时间序列数据，这些数据代表了从测量开始时的所有变化和复杂性。在大多数监测点位置，流量和压力数据采集的非官方工业标准是每15min采集一次。尽管该标准的设计理由有点模糊，但它确实做到了数据量和日常模式之间的合理平衡。然而，数据采集的频率应根据实际需求确定。通常，15min采样频率的样本数据可以观测到管网内整体的压力动态变化特征；不过，要想观测瞬时的压力变化和幅度，数据采集频率应小于1/10s。流量的动态变化也可通过15min采样频率的样本数据很好地体现，而更高频率的数据采集可以进行组分分析，以了解不同类型用水量对整体流量变化的影响，如居民和工业用水或者漏损水量。

8.3.1 流量

流量测量设备（如螺旋式水表、皮托管）常在水力系统中用于测量流速数据。由于测量时需插入管道中，并且只测量横截面中某一点的流速，因此，在供水管网有压满流系统中应用受到限制。由于这类仪器提供的是点流速数据，因此需要对流速剖面的多个位置进行测量以估计流量，或基于假设的流速剖面进行估计。测流孔板是另外一种流量测量设备，根据通过孔板的水头损失与流量的水力关系对流量进行估算。该设备的不足之处在于，孔板处会产生局部水头损失。常用的仪器是涡轮或电磁流量计，其中电磁流量计具有全口径、低水头损失以及电池供电的特点，因此比较受青睐。该仪器常用于测量流量，而不是点流速。另外，相对于这些仪器，超声波测量仪是一种非常实用的选择，在某些情况下只需要接触管道的一部分即可。

上述所有的仪器均要求管道直接安装和维护。安装时通常是直接替换管道的一小段。这类仪器在安装时设有旁通管，以确保不中断供水，安装方式的准确性将直接影响到测量精度。根据一般经验，仪器的上游和下游笔直管道长度至少为10倍管径，才能保证测量的准确性。但这在实际中很难实现。仪器制造商通常会提供对于仪器安装最短长度的建议。仪器的选择取决于最大预期峰值流量和最小夜间流量的比率。最新的仪器可以达到大于100：1的比率。以流量为基础的测量应考虑季节性和用水需求的变化。近些年，出于管网设计和监控的目的，以及为了准确确定漏损水平，生产商已研发出高精度的流量和压力测量仪器。

通常，在正确选择了合适的仪器，并严格执行了生产商提供的安装流程的前提下，市场上现有的流量和压力测量仪器的测量精度能达到 0.1%（甚至 0.01%）。产品的选择会受到管道直径、成本、维护和公司政策/首选供应商等多方面因素的影响。若流量可能反向，则应选择能够测量反向流量的仪器。基于流量平衡的漏损评估所使用的流量测量仪器需要具备良好的精度。若仪器的精度不够，即使对具有多个入口和出口的单个 DMA 进行流量平衡计算，评估结果也会产生很大的误差。

大多数流量测量仪器的输出数据是每单位流量的电子脉冲数。这些电子脉冲的数量通常是计量时间除以数据采样周期。因此，大部分流量数据是 15min 取样区间内的平均值。这样可以使数据“平滑”，但是有可能丢失有用的流量信息。可以对每个脉冲流量进行设置以提供不同的计量方式。一种常用的脉冲流量大小是 10L：15min 周期内 10L 脉冲流量提供了 0.67L/min 的计量精度。

要使测量结果准确可靠，所有的仪器都应该定期进行检查和校准。仪器应该根据不同的功能和相关标准进行选择，并按照生产商的指导说明使用。最佳实践是，考虑到与现场相关的影响因素（如局部配件和固定装置），仪器校准应在现场进行。现场校准通常使用一个辅助测量仪器，如用插入式探针校准一个永久安装的流量计。而另一种可行的方法则是进行稀释测量：在已知流动速率的上游监测点注入已知浓度的物质，并在下游监测点测量该物质的实际浓度，离开系统的流量作为未知因素进行计算。目前许多示踪剂都可以用于这样的校准工作；食品级盐提供了一个可行的解决办法，即在介于处理水水平和味觉界限之间的有效范围内进行简单的电导率测量即可计算流量。通常实用的做法是，在初始仪器安装时即保留合适的分支点用于后续校准工作。

8.3.2 压力

压力监测点的监测值等于管网监测点处的静态水柱高度，是相对于大气压力的静压，也称为表压。系统压力可达百米，因此，水柱型液柱式压力计通常不适合供水管网的压力测量。汞柱型液柱式压力计提供了另一种选择，由于汞的相对密度达到了约 13.6，需要的测压管长度明显变短。然而，汞的使用不符合卫生和安全要求。更实用的是弹性压力测量仪表，其代表是 1849 年申请了专利的波登管压力计（又称弹簧管压力计）。该设备使用弹簧管，当待测流体引入弹簧管时，弹簧管壁受压力作用使弹簧管伸张，引起挠度变化而带动穿过刻度尺的机械手臂转动，从而指示压力。还有两种其他类型的弹性压力测量仪表，即膜片式压力表和波纹管式压力表。两者都是基于压力变化引起挠度变化的基本原理。这些弹性压力测量仪表一般由现场操作人员携带，用于获取监测点的临时压力。

弹性压力测量仪表已被电测式压力测量仪表取代，特别是需要对时间序列数据进行收集的情况。电测式压力测量仪表有各种类型：基于材料应变的一类，如压阻式、压电式和电位式；基于测量机械装置或气体的共振频率变化的共振设备；基于测量隔膜引起的磁场变化的电感式仪表；基于光导纤维中的物理变化的光感式仪表等。大部分压力测量仪表的成本函数可用精度、测量范围、响应时间和设备尺寸表示。

选择压力仪表时，应注意生产商提供的使用说明。绝大多数压力仪表只是简单地通过静态水体与监测点连接。这意味着，只要管网系统中有分接点可以与管道/软管连接，就可以对其进行压力测量。最常用的测量压力的分接点是按照消防要求设置的分布于整个管网中的消火栓。连接压力仪表时，需要确保连接管中的气体全部排出，因为气体的可压缩特性会影响压力仪表的测量结果。

压力仪表测量的是瞬时压力，在数据分析上会产生一些问题，动态系统的数据往往是杂乱的，而且瞬时压力不能代表压力的一般趋势。与流量仪表一样，生产商对压力仪表的研制开发已达到了十分成熟的水平，现有仪器如果严格遵守生产和安装流程，并且正确使用，仪器的测量精度可以达到 0.1%，甚至 0.01%。与流量仪表一样，压力仪表的测量精度与其精度范围有关，仪器的选择应考虑预期的系统运行状态。英格兰和威尔士常用的仪表，具有较大的测量范围，其测量精度通常在 0.2～0.5m 之间。

压力仪表的安装、校准和维护要比流量仪表简单，所以相对于流量数据，压力数据的采集更加简单。建议定期测试和校准压力仪表，以确保最佳的测量精度。压力仪表的校准通常无需现场进行，这与流量仪表恰恰相反。压力仪表校准应进行静压降或静载试验，并由相应的认证机构执行。

对于压力仪表的响应速度，15min 的数据采集频率一般不是问题。当测量瞬变流的压力时（第 7 章），压力仪表的响应速度才显得重要，此时需选择高采集频率的仪器。用于瞬态压力测量的仪表，对长时段数据采集能力有限，因为要对压力瞬时值的变化和幅度进行准确描述就需要很高的采样频率，并且相关的数据存储要求也很高。然而，随着仪器成本不断降低和存储设备容量不断增加，现在有能力一次记录连续几天 100Hz 采样频率的数据，使得对该类型数据的采集成为可能。

8.3.3 其他参数

除了流量和压力外，其他参数也可从供水管网系统中测得。从漏损的角度，应该监测一些与之相关的参数，比如水池/水塔的水位（对于水量审计很重要）、水泵运行特征参数（比如工作流量和能耗）。除了水量数据，还有水质数据。水质数据通常是采集水样后，通过实验分析得到。水质采样是日常的例行工作，通过在水池和用户终端进行采样分析，以监管水质。离散、手动的采样方式得到的只是单一时间或短时间内的“现场”数据，只能表示采样时段的水质状态。水质数据通常与测量数量无关，因为在同一时间不可能同时做到多个采样点进行手工采样。手工采样只提供了系统某一瞬间的状态，不能表示系统之前或之后的状态。

一般在给水厂中对水质参数进行连续测量，因为给水厂具有可控的环境条件、可持续供电等。即使在这种良好的条件下，水质测量仪器依然需要严格维护以保证良好运行，从而提供可靠的水质数据。随着科技的进步，水质参数的连续测量技术一直在提高，比如通过改善陶瓷基片上厚薄胶片打印技术提供无试剂探针。目前，已经有多种产品可用于测量供水管网系统中的水质参数，比如温度、浊度、色度、电导率、pH 值、氧化还原电位、溶解氧、游离性余氯和总氯。一些仪器甚至将多个水质参数的测定合并到一个探针上，可以直接插入干管中或安装在用户设施中。目前，还未对这些仪器的成本效益进行评估，其应用还局限于一些试点工程，尚未被广泛应用。

关于水质参数在漏损方面的应用研究很有限。悬浮物质的浓度（参考浊度或不透明度）被视为一个表征流量波动的潜在有用指标。Khan 等人（2002；2005）使用相关仪器通过测量供水浊度和温差，对供水管网中的故障进行检测。使用水质参数（如温度和电导率）进行漏损定位的新技术也正在发展当中。

8.4 布置

给水系统包括饮用水的处理、储存和分配设施，这些设施由水泵、阀门和其他操作组件联合控制和运行。在英格兰和威尔士，甚至全球范围内，出于管理和报告的目的，这些系统被分解为层级结构，由生产管理区、独立计量区（DMA）和为人口监管或压力控制创建的DMA子区组成（相关信息详见第10章）。DMA设计为水力状态相对独立的区域，一般是永久性的（除了偶尔的重新分区）。在每个DMA的进口（和出口）安装流量和压力测量仪器，因此可以监测进出该区域的水量。每个DMA通常至少装有一个永久压力监测仪表，即所谓的“关键点”，以对该区域最低压力进行监管报告。所有这些区域收集的流量和压力数据提供了系统运行和管理的有效数据。图8-1展示了DMA的结构和进出口位置的监测点。

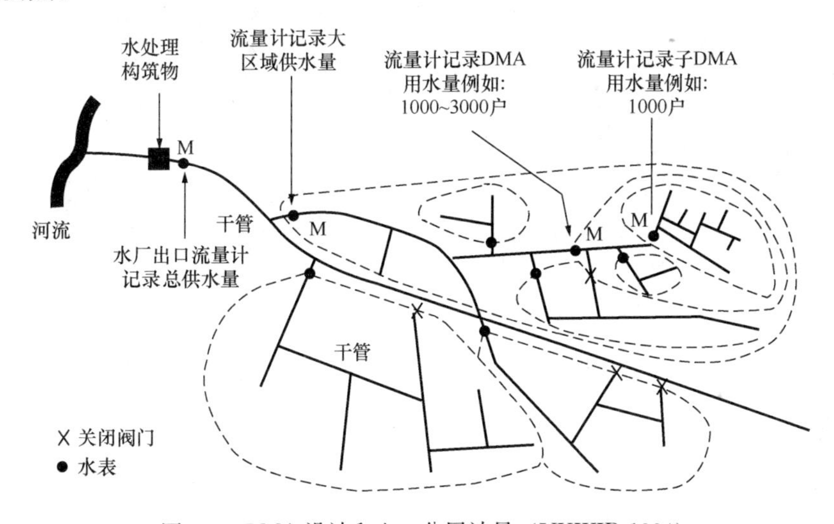

图8-1 DMA设计和入口分层计量（UKWIR 1994）

通常情况下，对DMA进行监测将涉及压力和流量数据的传感/采集、本地数据存储、手动下载或传输数据的通信系统。数据一旦被接收，应该在系统存档用以进行数据展示、处理和分析。

8.4.1 流量

除了利用压力数据进行漏损分析之外，流量数据也是获取漏损信息的主要来源，特别是第6章中提到的漏损热点检测技术。提供连续时间序列数据的流量测量仪表一般安装于水厂的出水干管上以测量水厂供水量、安装在服务水池和泵房的进口和出口处、沿干管布置、安装在DMA和一些DMA子区的进口和出口处以及主要（工业）用户处。Jankovic-Nisic等人（2004）提出了一种流量监测点优化布置和监测时间步长优化选择的方法，推荐监测的DMA区域应小于基于分区准则划分的DMA规模，并进一步建议不同的供水管网应单独进行计算。此外，通常要测量用户端的流量。但是，这种测量一般是以测量累加水量的形式进行，通常是以 6 个月以上为周期，主要是为了收取用户水费。最近，“智能水表”正在快速发展，这种水表除了具备其他水表共有的优点外，还可以提供每户的流量时间序列数据（见第 9 章）。然而，当前这种水表的成本过高。流量仪表的数据是水量平衡计算的最主要组成部分，测量中的任何误差都会对整体精度产生影响。

图 8-2 展示了两种典型 DMA 入口的设备井，可以看到包含电磁流量计的管段以及上面的脉冲部件。右侧的图片也展示了一个通信数据存储和传递单元。

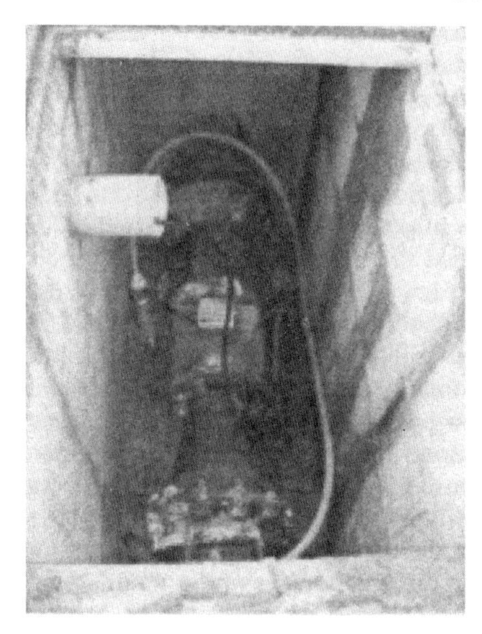

图 8-2　DMA 入口设备井

图 8-3 展示了现场设备可能遇到的问题：左侧是一个尺寸受限的进水的设备井，右侧的设备井里有很多从路面滚落的碎屑。

图 8-3　现场设备常见问题示例

8.4.2　压力

相比于流量监测，压力监测的设备、安装和数据收集或传输的成本要低很多，因此，一般在流量监测的位置也设置压力监测仪表。在英格兰和威尔士，每个 DMA 都会有一个压力监测点，位于海拔最高点（或管网最末梢）。海拔最高点被认为是对低压最敏感的点，而低压通常被认为是 DMA 中事故的首要表现指标之一。该监测点收集的数据主要是向 GSS 监管机构提供压力信息。因此，该压力监测点的布置方法主要是为了满足管网供水压力，并不是为了检测漏损或爆管事故。但是，压力监测点优化布置的方法一直在发展中，目的是无论 DMA 中何处发生事故都能及时捕获事故数据。

除了安装永久性的压力测量仪表外，还有为短期研究而进行的压力监测，比如为事故调查和分析、水力模型校准和第 6 章中所述的漏损热点定位技术而收集数据。短期的压力测量仪表布置是可行的，这是由压力测量仪表自身的性质决定的：易于安装，易于选择合适的安装地点（消火栓等）。目前进行这种额外的短期数据采集一般是为了在可用资源的情况下提供均匀的空间覆盖率。然而，管网中不同位置所反映的信息有很大差异，监测点的选择是复杂的，而且往往难于理解和实施。压力数据收集应在一些关键位置进行，比如低压区、控制结构、用户投诉水质的区域，以及对建模/校正具有不确定性的区域。近些年，已经开展了很多关于如何优化短期压力监测的覆盖面的研究，比如 Kapelan（2002）。这类研究强调了该问题的复杂性，需要进行详细的分析以了解从供水管网中不同位置处获得的数据的灵敏度和信息的差异。

8.4.3 优化

对于管网系统中突发（爆管）事件的检测，由于一直未改进检测技术而受到指责（Waldron2005）。目前，DMA 中最常用的漏损检测方法是最小夜间流量测试法，该方法被广泛推荐为“最佳实践方法”。然而，该方法很大程度上基于估计而不是现场直接测量。可以安装额外的仪器，进行更多的直接测量。Janke 等人（2006）提出，由于该方法通常是为了实现均匀的空间覆盖监测而不是漏损检测，故当前的监测点布置方法可以作进一步改进。在 DMA 中安装更多的监测仪器可以为漏损检测提供更多有用的信息。然而，由于该方法的复杂性和相关成本的问题，安装额外的流量测量仪表不大可能。

在事故检测方面，测压效果通常要低于测流效果。这主要是由于以下三个原因：

（1）流体伯努利方程中，流量和压力之间的平方关系。

（2）流量数据一般通过脉冲计数系统提供一个时间周期的平均值，以产生平滑的流量数据，测量数据更可靠。压力数据通常是瞬时值，受噪声和变化等因素影响。

（3）流量仪表对下游的任何变化都很敏感。压力仪表只对沿特定路线的水头损失变化敏感。

尽管压力数据存在这些限制，但在事故检测中压力数据仍发挥着重要的作用，主要是因为其复杂性和安装成本都低于流量仪表。压力仪表可以以相对较低的成本安装在消火栓处，而流量仪表往往需要昂贵的安装费用，并且可能导致部分系统服务中断。因此，通过不断完善对压力敏感度的理解，潜在的重要信息可以通过在 DMA 中增设永久性的压力测量仪器获得。Farley 等人（2008；2010）提出了以识别漏损或爆管事故为目的的压力监测点优化布置的方法，并通过一系列的现场实验对该方法进行了评估。

为了确定压力传感器的最佳数量和安装位置（用于事故检测、漏损热点识别或水力模型校准），需要求解复杂的优化问题。该问题很复杂，这是因为潜在的安装位置存在很多种可能性，而且最优压力传感器数量在不同的 DMA 中也不同。对于传感器的最佳安装位置，测压点必须对不同区域和水力状态变化敏感，以确保每一个传感器都能尽可能收集有用的信息。测压点位置对于特定区域或水力状态变化的敏感程度取决于仪表安装的目的（事故检测、漏损识别还是模型校正），需要在最优化目标中反映。

确定仪表安装位置的最佳方案很困难，因为所有的供水管网系统均不相同，而且都有各自的特点。因此，不存在一个通用的解决方案，每个系统都需要根据自身的相对特点进行选择。若每一个测压点都通过人为确定，该过程将会非常耗时。随着数学模型的发展，模拟计算可以批量进行，因此，可以生成多种不同的事件，于是产生了大量需要分析的数据。一旦数据被分析出来，该问题便得到解决。这是一个活跃的、处于快速发展和进一步研究的领域。

8.5 数据传输

手动获取的点样本压力数据一般都没有正式记录，只是简单地用于指导当前的运行决策。然而，永久安装的流量计、压力表和为短期研究安装的仪表所记录的数据是为了之后的一系列分析工作。为了实现这个目的，大多数流量计和压力计装配有内存组件，这样便可以存储数据（数据记录器是双通道或多通道，若需要，可设计为永久安装）。存储的数据可以通过笔记本电脑或掌上电脑现场读取，或者取回数据记录器，连接到办公主机进行读取。另外，遥测技术，如公共交换电话网（PSTN）、全球移动通信系统（GSM）、通用分组无线服务（GPRS）或调制解调器技术，都可以用于数据通信。如今人工数据采集已被广泛采用，特别是从 DMA 流量计和关键压力监测点采集数据。这样的数据一般每月收集一次，也有利于仪表和电池的物理检查。大型设备的压力表和流量计，如泵站和水库处的仪表，在电源充足时，一般通过 PSTN 调制解调器连接至集中在线数据存储组件，定期进行数据传输。根据历史实践，在英国一般每 4h 采集一次。供水管网数据采集和通信技术应设计为能够经受住地下环境的影响。因此，这些设备应该遵守 IP69 协议。现场存储数据较多而手动收集数据较少的仪表，或者自动通信仪表，一般都要求结构设计可靠，并保证 5～10 年的电池寿命。

自动数据传输技术，如 GSM、SMS 和 GPRS 系统，可以用于管网系统各类监测点数据的自动传输，该方法可以替代手动数据收集。过去该技术朝着 GSM 或短信方向发展，而现在则向更先进的 GPRS 或低功率无线传输"跳频"分析发展。因此，世界各地的水务公司正在越来越多地安装带通信功能的传感器，以监测和评估他们的配水系统性能。这些技术具有很多的优势，比如节省时间（无需手动采集数据）、无需进入消火栓井采集信号、能够快速调动人手以及实现实时控制。未来，可能会扩展到阀门的操作和自动控制。

遥测系统由于可以直接提供数据，因此，成本不一定高。节省的费用超过了手动下载所消耗的费用。通信技术相对于传感器组件还是便宜的。GPRS 数据传输技术一天可以传输多次数据，成本仅与数据量有关（数据量其实很少）而不是消息数。《水利公报》1998 年一月刊报道了一家水务公司使用调制解调器连接到 Vodaphone 的无线数据网进行数据采集，设备购置和安装成本仅为固定线路系统安装成本的 10%，为线路租金的 50%。由于在为客户服务中使用了最佳的技术，另一个水务公司的"实时管网服务试点"赢得了英国 2007 年全国客户服务奖。试点使用了配备有 GPRS 通信基础设施的 Cello 记录仪，使该公司能够在用户热线投诉之前了解服务故障。GSM 技术的普遍实施方便了日常数据传输，最新的 GPRS 技术可以设置 30min 间隔的数据传输。

基于 GPRS 的传感器系统应有完善的设计和维护计划，包括以下问题：覆盖范围、管网流量分析、通信策略、安全性、对使用中的第三方设施服务质量的检查等。这些都需要一个明显的监测和维护体系，以确保高品质的实时数据。各种各样的低功率无线电技术已经被应用或正在测试，以期能解决一些与 GSM 或 GPRS 相关的电源和连接问题。未来，这些技术将进一步提升数据传输的便利性。未来的功能将包括特设网络、数据过滤、主动采样、增强的无线电范围和电池寿命。目前正在采取措施规范这些数据传输的格式和协议以改善连接性和兼容性问题。

8.6 数据筛选与质量

使用手动数据采集或在线自动采集系统，供水管网系统可以很容易收集到大量的数据。尤其是在线自动采集系统，为水务公司提供了大量的数据。传感器由不同的制造商设计，经常用来下载、处理数据（如果具备处理功能），并将数据存储在不同的计算机系统中。这导致不同来源的大量数据需要利用智能算法将其转化为可供决策者使用的有用信息（第 9 章）。在任何分析或应用之前，数据筛选和质量保证是一个重要步骤。本节将重点阐述自动采集系统的数据处理方法，该方法也同样适用于手动下载的数据。

8.6.1 数据验证

获得最新的仪器诊断信息并进行数据验证以确保后续的分析或应用的准确性和有效性，是非常重要的。远程站点的通信故障报警往往被忽视，因此，数据收集需要一个数据检核计划表。据估计，在英国水务公司只使用了 10%的数据（SWIG 2007），这在很大程度上是由于数据质量不足造成的。理想情况下，每个记录器的每次数据下载，都应对基础数据进行校正。数据检查应包括：

（1）连接和下载是否成功；

（2）数据是否正确存储在数据管理系统中；

（3）数据是否存在；

（4）零或负值是否存在，这一般表明记录器或传感器故障；

（5）数据是否“合理”。

一些遥测软件系统提供了标记这些问题的工具，例如报警限值可以帮助检测到零值。检核技术可以通过异常报告显示失败的数据点，从而促进设备维护。然而，这些工作需要工作人员进行人工判断。如果系统不能提供特定地点的数据，则应进一步调查；如有必要，应准备异常数据替换的措施并尽快采取补救措施。

8.6.2 数据质量

相比于其他领域的数据，如电力行业或生物医学领域，配水系统中获得的数据一般被归类为“废数据”。通过对一个包含 529 个流量和压力仪表、为期 4 年（2006—2009 年）、记录数据量超过 7600 万的数据库的详细分析结果表明，高达五分之一的数据发生丢失或错误（Ediriweera 和 Marshall 2009）。主要原因包括缺乏对通信系统操作和传感器管理的相关知识而产生的问题、设备供应商提供的使用说明中的缺陷、终端系统故障和传感器硬件故障。令人惊讶的是，由于下雨、无线电信号衰减和干扰的影响而产生的物理层通信性能问题并非是主要因素。

如果缺乏数据验证和质量检查，则数据中会存在成段丢失的数据、故障记录仪的数据以及错误日期的数据。人们已广泛地认识到，数据挖掘应用中约 80%的资源花费在数据清理和数据预处理上（Fayyad 等人 1996）。当设计一个自动化系统时，这是一项特殊的挑战。因此，有必要开发一种处理数据数量和质量问题的方法，以便能够处理潜在的不同条件下的大量监测数据。典型 DMA 两周的流量和压力时间序列数据模式如图 8-4 所示。

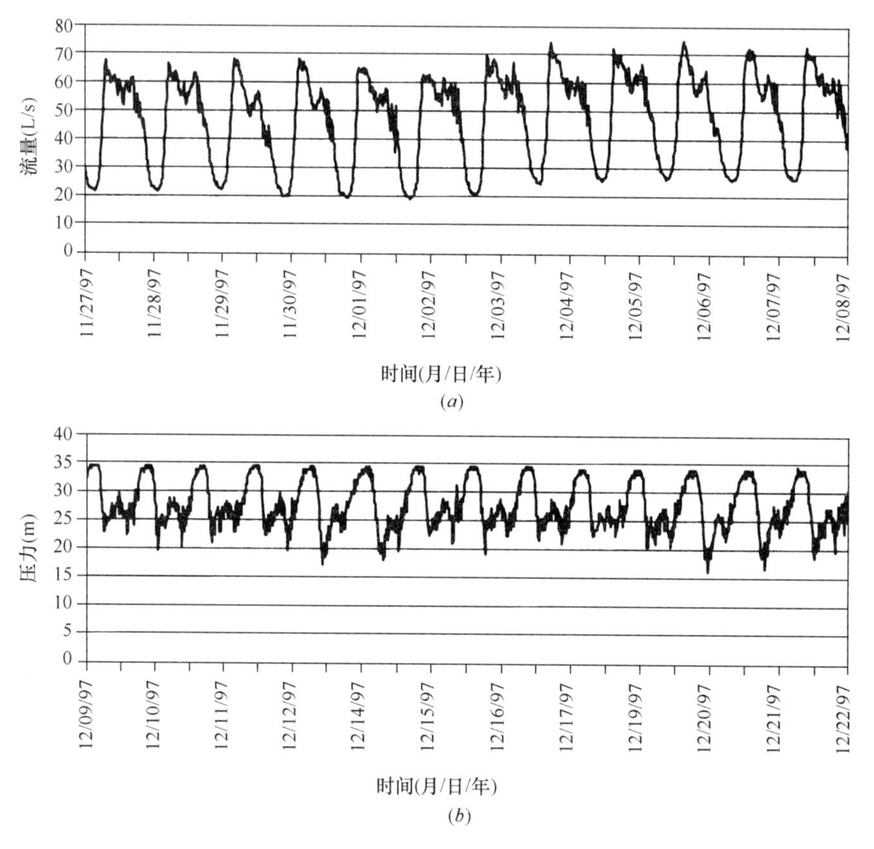

图 8-4 “良好的”流量和压力时间序列示例

（*a*）两周的流量时间序列数据；（*b*）两周的压力时间序列数据

8.6.3 数据缺失

在对数据进行分析之前，必须解决的数据质量问题之一是数据缺失。如果可用的数据量足够大，并且缺失的数据对变化规律的影响不大，则最简单的方法是不考虑这些缺失的数据。该方法基于这样的假设，即对数据遗漏有责任的人工因素与数据本身无关。否则，这种解决方法将会改变原本的数据分布。例如当信号值超过某一特定阈值时，传感器总是不能产生输出信号。当丢弃这些数据导致剩余数据中有用信息过少时，必须考虑“数据填充”技术。

对于一个连续的数据流，如时间序列数据，一般可取的方法是填充数据以重新创造数据流。可以采用各种启发式方法进行“填充”。最简单的方法是从相邻的点插值（这只对于少量缺失数据可行）。另外，每个丢失的数据可以根据其对应的数据模式替换为相应变量的平均值。对于具备可预测的循环特性的时间序列数据（例如季节性数据），该方法是合理的。一种更复杂的方法是利用可用数据建立缺失数据变量与其他变量之间的回归关系（假设变量是相关的），然后利用回归函数来填充缺失的数据。在一定程度上，所采用的方法也取决于缺失数据是否是孤立数据或是否有长序列的缺失数据，对于这些情况有必要采用更复杂的方法。

一个更全面的方法是模拟输入数据分布，然后用这种分布中的随机值填补缺失的数据（Webb 和 Lowe 1990）。自回归移动平均模型（ARIMA）可以用于填补时间序列数据中缺失的数据。Giustolisi 等人（2007）提出数据挖掘方法用于填补丢失的数据。对于在线系统，可以对数据集进行处理，以确定是否有足够可用的数据满足某种特定技术的应用。处理这个问题的一种简单直接的方法是使用一些逻辑检查，这些逻辑检查是以用户可定义参数的有效数据为基础，代表了对数据质量和满足模型应用的数据量之间的平衡。Branisavljevic 等人（2009）探讨了在线和离线数据预处理技术，作为一种工具来提高异常数据检测方法（其主要目的是为其他模型应用标记异常数据）。数据预处理后，他们将扁平线阈值和统计测试应用于 Belgrade 污水处理系统的数据处理中。利用模糊态的特征分类方法（对于一天中的不同时段和干燥/潮湿的天气条件）对数据进行分组，提高了异常数据的检测能力（Branisavljevic 等人 2010）。

8.7 漏损检测数据

本节考虑永久性监测器采集的数据，用于日常的重复分析。关于临时安装监测器采集的数据分析，将在 8.8 节中阐述。

爆管和背景估计（BABE）的方法已广泛用于漏损估计（UKWIR 1994）。2000 年 7 月，国际水协（IWA）绩效指标和漏损工作小组发布了一个国际“最佳实践”水平衡标准（Alegre 等人 2000）。从此，该标准得到越来越多的国家和供水公司的认可，这种水平衡或水审计已被国际上公认为“最佳实践”。水审计涉及流入和流出配水管网系统的流量，全管网或部分管网用水量的详细账单。从整个系统的层面来讲，这包含了一种总供水平衡——即将所有消耗水量（计量和非计量）和非消耗水量（漏损、偷水、排出等）的总和与系统的总输入水量进行对比。通过监测单独的小区可以代替监测整个系统，例如区域流量的计量，这是英格兰和威尔士最常用的漏损控制方法。区域流量计量的基本原理是，通过关闭阀门将配水管网划分为不同的独立计量区域，即 DMA，并尽可能监测流入和流出每个区域的流量。一个 DMA 一般包括 500～3000 个用水户。流量计量数据，尤其是与 DMA 结构系统相结合的数据，也可以用来进行夜间流量分析。

夜间流量分析在英格兰和威尔士是常见的做法，并已在国际上得到认可。夜间流量分析是基于监测的夜间最小流量（NFM），即供给一个具有独立水力特征的 DMA 的最低流量。它一般在午夜和凌晨 5：00 之间的夜间进行监测，包括漏损以及一些夜间最低用水量。如果某个 DMA 中的夜间最小流量值发生较大的变化，则会提醒水务公司该区域出现了问题。根据 NFM 估计区域漏损的大小依赖于对夜间流量中其他成分的准确估计。第 9 章将阐述自动或半自动分析夜间流量变化的系统的开发和应用。

借助于供水记录、水审计和夜间流量分析有助于识别漏损严重的管网区域。但是，它们不能提供漏损位置的信息，并且这种识别并不一定特别及时。逐步测试可提供关于漏损位置的进一步信息。逐步测试是一个分步测流的过程：按顺序依次关闭区域内的阀门以隔离管段，然后记录测量仪表中流量和压力的相应变化。流量大幅度减小一般表示隔离的管段内存在漏损点。这种方法将提供一个区域内漏损的大概位置，可在听漏等措施前施行，作为漏损位置调查的一部分。

然而，分步测试是一种人工操作，工作量大，成本相对比较高，而且一般只能提供一个特定管道长度或管网的一小部分的相关信息。第 6 章所述漏损热点检测方法是超越分步测试法的一个重要进展，它是利用在 DMA 内多个位置的现场数据进行系统性分析来评估一片管网区域的漏损情况。

第 3 章中所介绍的漏损位置检测的声学设备（如听力杆或棒、检波器）一般用于检测漏损产生的声音。漏损噪声相关仪是普遍使用的一种声学装置。这些设备都与计算机集成，通过一个简单的现场装置可在具有漏损嫌疑的两点之间监测漏损噪声信号。通过利用相关性分析方法，计算漏损信号之间的时间偏移，然后自动确定漏损的位置。一些其他的定位方法也被成功应用到水工业中。这些方法中很多来自石油和天然气行业。例如微探头传感器、探地雷达、示踪气体方法和红外摄影（成像）。监测其他参数（比如温度和浊度）的低成本传感器，也被尝试能否用于漏损检测。这些方法都没有被大规模使用。此外，还有一些基于水力模型的技术，比如第 5 章和第 6 章中所提到的方法以及第 7 章中的水力瞬变流信号分析和模拟技术。

8.8 水力建模数据

供水系统的日常操作由熟练的工作人员担任，他们根据经验和专家判断来调节控制元件，例如水泵和阀门，以保证用户对系统的要求得到满足以及能源成本最小化。水务公司一直在不懈地通过漏损热点识别来减少漏损水量（第 6 章）和对新漏损的早期检测（第 9 章），以提高服务水平和满足日益增长的用户需求。管网水力模型是一个可以用来帮助实现这些目标的工具，这将有助于从一个被动的方法向一个更积极的管理策略转移。水力模拟软件已广泛应用于供水行业的战略供应分析、控制策略设计、管网扩建、维护计划制定以及漏损的识别、量化和管理。第 5 章阐述了在水力模型中模拟漏损的方法，第 6 章阐述了使用模型识别漏损热点的相关内容。

水务公司可以采用一些现成的软件，根据配水管网系统的具体要求，建立管网水力模型。目前流行的软件包括 EPANET（美国国家环境保护局）、WaterCAD（Bentley 系统）、AQUIS（7Technologies）、Info works（Wallingford 软件）和 SynerGEE（Advantica）。这些模型软件能够帮助工程师建立供水管网模型，它结合了每一个元件的压力和流量的相关物理定律和公式，进而建立配水管网系统的数学模型。

8.8.1 校正数据

对于运营管理者来说，一个可用的水力模型应该包含准确的物理特性信息，并且必须经过校正。模型校正是通过调整模型的变量参数，直到模型模拟结果与实测结果的误差在合理范围内，这样的模型可以准确地反映管网的真实运行特性。水力模型的校正并不是一个新的问题，多年来，许多研究人员和从业人员都进行了研究。Walski（1983）把校正描述为："一个包含两步的过程：(1) 对于已知的运行状态，即水泵动作、水塔水位、减压阀设置，对压力和流量的模型模拟值与观测值进行比较；(2) 调整模型的输入数据，以提高观测值和模型模拟值之间的一致性。"

水力模型模拟值的准确性主要与模型校正的质量有关。模型校正的准确度和在校正中投入的工作量应与模型的应用相匹配：如果模型仅用于压力管理，则主要校正压力参数；如果模型用于和水质相关的项目，则需要完全准确的水流路径和流速，然后应该在更广泛的条件下进行更详细的校正。模型校正与建模过程具有同等的复杂性，甚至可能比建模过程更为复杂，因为在校正过程中所有的模型参数以及所用的数据都可能在准确性上被质疑。因此，用于模型校正的现场数据是决定水力模型最终价值和用途的关键因素。

8.8.2 延时模拟

在水力建模软件的实际应用中，使用最广泛的是延时模拟。它提供了一系列稳态系统状态（快照），当按时间顺序查看时，这些系统状态提供了一段时间（通常为 24h）内配水管网系统的动态变化过程。因此，当前的大多数水力模型提供了系统一天的理想动态变化。这样的模型校正需要一个理想化的 24h 的数据集。这就需要大量的数据。例如，对于管网中的任一个检测点，我们通常需要用至少 14d 的流量或压力数据的平均值作为校正数据。最广泛使用的模型校正数据是压力数据，这些数据一般是从 DMA 区域内选定的位置处临时安装的数据记录仪中手动下载的，如 8.4.2 节中所提及的内容。因此，DMA 水力模型校正是用区域内的监测点数据进行校准。在一个典型规模/复杂度的 DMA 中，一般布置 10 个压力监测点。这种布置一般是对永久安装的仪器所提供的信息的补充，这些永久安装的仪器包括 DMA 边界流量和压力监测仪器及关键位置处的压力监测仪器。水池和水库水位数据，连同水泵切换信息或其他相关的系统控制数据，也一起用于模型校正。除了这些数据，先验知识是大多数模型校正成功的关键；然而，把先验知识形成固定的规则或程序并不可取。

图 8-5 展示了 DMA 中某个监测点 5 个工作日中的压力数据。重复日常模式中的变化是真实系统的典型特征。通常的做法是以一天中每个时段的数据的平均值作为理想化的 24h 数据。然后，模型的准确性用拟合质量的度量标准来评估，其中最简单的是在 24h 内模拟值和监测值之间误差的平方和。图 8-5 所示的压力数据来自某个工业区，用水量主要发生在上午，一天中随着时间逐渐减少，在 4：00 左右达到最小用水量和最大压力。对于这样一个工业区，周末记录的压力数据会有明显不同，一般不包括在 24h 的 EPS 模拟中。这是因为很多管网模拟的应用是由最小压力标准驱动的，而最小压力发生在最大用水时段；因此，可以认为工业区在周末时的低用水状态是不重要的。在进行水力模型校正时，明确所使用数据的变化特征和准确性是至关重要的。

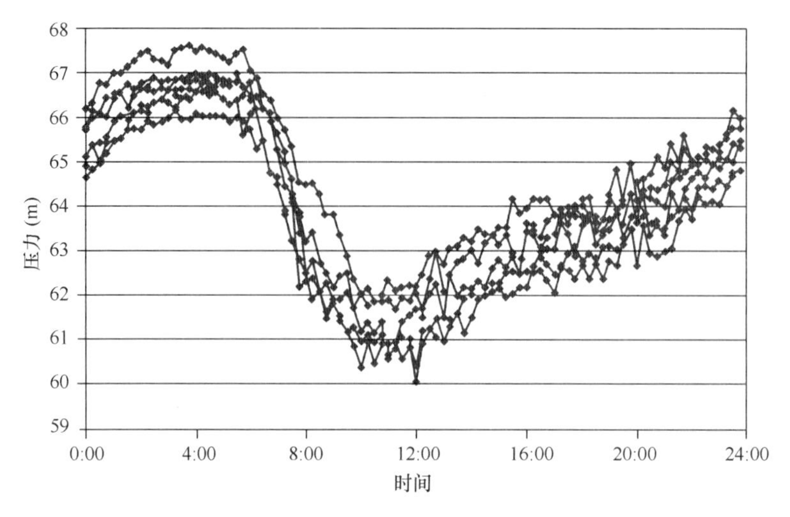

图 8-5　DMA 中一个监测点 5 个工作日的压力数据示例

8.8.3　精度

当设备精度只有 0.2m 或 0.5 m 以及系统变化比较显著时，通常水力模型的校正只能达到一个低水平（每一个时间步长的误差<±1 m）。模型校正和用来评估拟合质量的度量标准不应该低于设备精度或系统变化性，在理想的 24hEPS 模型中系统的变化性很容易被忽视。当使用 24hEPS 模型时，需要注意数据简化的可能影响，比如图 8-5 中忽略周末的压力变化模式。水力模型校正的另一个共同挑战是建模中使用的数据。这并不能算是校正，而是一种检查以确认建模过程中没有出现错误。一个常见的例子是利用 DMA 入口处监测到的流量模式定义该 DMA 模型内用户用水模式，然后通过检查模拟结果是否生成相同的模式，以对模型校正进行评估。

8.8.4　改善的校正数据

如前所述，管网中不同的位置可能产生不同的系统性能信息。应在关键点（或策略点）处收集压力数据，如低压区、控制结构、水质投诉区和提供良好校正数据的区域。因此，数据收集应该集中在这样的区域。此外，水力模型模拟可用来识别最大不确定性的区域和可能产生最大信息的关键位置，如 8.4.3 节所述。

大量的参数用于建立和定义供水管网模型，其中许多参数具有不确定性。相反，用于 24h EPS 校正的现场数据一般是在相对较短的时间内从相对较少的监测点收集的。因此，这是一个不确定性问题，完全有可能因为不正确的原因得到一个看起来可以接受的校正结果。例如，在一根管道上获取监测压力降低的模拟可以通过改变下列任何独立构件或组合来实现：用水量、管道粗糙度、管长、管径、阀门设置等。一种降低该问题不确定性的方法是强制系统变化以考虑非标准状况。Walski（2000）介绍了消防流量测试对于这方面的益处，而 Boxall 等人（2004）讨论了直径和粗糙度对模型校正的影响。第 6 章介绍了一种先进的管网模拟应用，用临时布置的压力仪表，采集在标准精度下的非标准运行状态（冲洗）期间产生的数据，模型提供了“漏损热点”的评估，包括漏损热点位置和规模。

8.8.5 水质应用的模型校正

水力模型的校正一般是针对管网内节点压力的变化进行校正，并通过 DMA 边界水表以及可能存在的水池和水库水位信息补充校正数据（Walski 2000）。对于在水力（主要是压力）模型之外的应用，比如水质参数的模拟（水龄、余氯、消毒副产物、浊度等）或为了提高运行和维护性能（例如，冲洗过程）的模型应用，水力模型校正可能还不够。模型缺乏足够的精度起因于流速和压力之间的平方关系（如伯努利方程所表示的那样）和上述的不确定性。只对压力进行校正的模型中，水流路径和流动时间（流速）可能存在显著的误差。提高管网水质模型校正的一种方式是跟踪研究。在管网的某个点，以脉冲形式注入一种易于监测和安全的物质，并在下游管网的其他位置跟踪监测该物质。这样就可以确定注入点和监测点之间的流动时间。然后，利用模拟值和监测值的流动时间差评估模型的精度。Skipworth 等（2002）提供了该校正方式的一个示例，即使用食用盐（低于味觉和气味的限值）作为示踪剂，监测简单的电导率，用软件计算校正模型参数。

8.8.6 在线应用

使用软件进行配水管网的设计、运行和管理都是从反复的试验中发展起来的，包括最近使用的各种形式的优化算法，如遗传算法（例如 Dandy 等 1996）。这种类型的工具在本质上是离线的，虽然效率很高，但计算量往往很大，直到最近，数据依然仅在离散的脱机形式下可用。将模型与遥测系统的实时数据连接起来的初步工作是相当成功的（Skipworth 等 1999；Orr 等 1999）。将一个经过校正的管网水力模型与实时的远程监控和数据采集系统（SCADA）相连接，这样水力模型就可以访问这些来自管网关键位置的实时数据。然而，数据是通过电话线和有线调制解调器传输的，经常无法连接到管网中的一些数据记录器。这种系统传输很慢，而且存在数据错误问题。同时，因为每一个数据记录器必须通过单独的电话呼叫传递一个单独的当前读数，难于同步读取当前时刻所有数据记录器的数据，因此会存在数据“偏移”，可能会影响模拟结果。但是，目前数据采集传输和储存技术的改进使在线模拟成为可能。当前，可以根据从现场获取的流量和压力数据对管网模型进行定期更新，也可以检测水力事件，比如爆管；在模型正确配置的条件下，这样的模型也可以检测消火栓或阀门的非法操作，并可以自动监测系统的服务水平（压力标准）。预计这种模式将获得普及并广泛应用，使未来管网的实时监测、控制和优化成为可能（Machell 等人 2010）。

使用水力模型对大型配水管网进行实时的、近优化的控制仍然是不切实际的，因为这样的优化过程会面临巨大的计算负担。一些替代的方法正在发展当中。Bhattacharya 等（2003）提出了一个基于强化学习的 ANN（人工神经网络）算法，可学习复制最优控制策略（基于捕捉操作者的经验）。Rao 和 Salomons（2007）开发了一种 GA（遗传算法）和人工神经网络模型相结合的方法，用于捕捉 EPANET 模型知识库，由此在动态条件下产生一个系统控制的近似最优解（用 1h 的 SCADA 数据更新）。

8.9 小结

根据监管报告的需求（包括对漏损率的估计），流量和压力数据一般从配水系统中收集。在水审计或夜间分析中，用于漏损分析的主要数据来源是流量数据。然而，管网运行监管的最低压力限制也要求采集压力数据，尽管一般不用于漏损检测，但具有显著的直接应用的潜力。这两种数据源都可以广泛用于管网水力模型的校正。这种建模对供水漏损检测有显著的益处，比如本章讨论的在线模拟和第 6 章中提到的漏损热点检测。然而，所有这些研究方法都依赖于从现场收集到的流量和压力数据。

参考文献

Alegre, H. , Hirner, W. , Baptista, J. M. and Parena, R. (2000). "Performance Indicatorsfor Water Supply Services." *IWA Manual of Best Practice*, July 2000.

Bhattacharya, B. , Lobbrecht, A. H. &Solomatine, D. P. (2003). "Neural networks and reinforcement learning in control of water systems." *J. Wat. Res. Plann. Mngmnt.* , 129(6), 458-465.

Boxall, J. B. , Saul, A. J. and Skipworth, P. J. (2004). "Modelling for hydraulic capacity." *Journal of the American Water Works Association*. 96(4), 161-169.

Branisavljevic, N. , Kapelan, Z. and Prodanovic, D. (2009). "Online time data series preprocessing for the improved performance of anomaly detection methods." *Integrating Water Systems*. Boxall and Maksimovic(eds), Taylor and Francis, 99-103. ISBN: 978-0-415-54851-9.

Branisavljevic, N. , Kapelan, Z. and Prodanovic, D. (2010). "Improved Real—time DataAnomaly Detection using Context." *Journal of HydroInformatics*, In Press.

Dandy, G. A. , Simpson, A. R. &Murphy, L. J. (1996). "An improved genetic algorithm for pipe network optimisation." *Water Research*, 32(2), 449-458.

Ediriweera, D. D. and Marshall, I. W. (2009). "Understanding and Managing Large Sensor Networks." *Integrating Water Systems*. Boxall and Maksimovic(eds), Taylor and Francis, 55—61, ISBN: 978-0-415-54851-9.

Farley, B. , Mounce, S. R. and Boxall, J. B. (2010). "Field Testing of an Optimal Sensor Placement Methodology for Event Detection in an Urban Water Distribution Network." *Urban Water*, 7(6), 345-356.

Farley, B. , Boxall, J. B. and Mounce, S. R. (2008). "Optimal location of pressure metersfor burst detection." 10th Annual International Symposium on Water Distribution Systems Analysis, 17—20th August, Kruger National Park, South Africa.

Fayyad, U. M. , Piatetsky-Shapiro, G. and Smyth, P. (1996). "From data mining to knowledge discovery: An overview." In Fayyad, U. M. , Piatetsky-Shapiro, G. , Smyth, P. and Uthurusamy, R. , editors, *Advances in Knowledge Discovery and Data Mining*, 495-515. AAAI Press/The MIT Press.

Giustolisi, O. , Doglioni, A. , Savic , D. A. and Webb, B. W. (2007). "A multi-model approachto analysis of environmental phenomena." *Environmental Modelling Systems Journal*, 22(5), 674-682.

Janke, R. , Murray, R. , Uber, J. and Taxon, T. (2006). "Comparison of Physical Sampling and Real-Time Monitoring Strategies for Designing a Contamination Warning System in a Drinking Water Distribution System." *Journal of Water Resource, Planning and Management*, 132(4), 310-313.

Janković-Nišić, B. , Maksimović, C. , Butler, D. and Graham, N. (2004). "Use of Flow Meters for

Managing Water Supply Networks." *Journal of Water Resources, Planning and Management*, 130(2), 171-179.

Kapelan, Z. S., Savic, D. A. and Walters, G. A. (2005). "Optimal Sampling Design Methodologies for Water Distribution Model Calibration." *Journal of Hydraulic Engineering*, 131(4), 190-200.

Khan, A., Widdop, P. D., Day, A. J., Wood, A. S., Mounce, S. R. and Machell, J. (2002). "Low-cost failure sensor design and development for water pipeline distribution systems." *Water Science and Technology(IWA)*, 45(4-5), 207-216.

Khan, A., Widdop, P. D., Day, A. J., Wood, A. S., Mounce, S. R. and Machell, J. (2005). "Performance assessment of leak detection failure sensors used in a water distribution system." *Journal of Water Supply: Research and Technology—AQUA*, 54(1), 25-36.

Machell, J., Mounce, S. R. &Boxall, J. B. (2010). "Online modelling of water distribution systems: a UK case study." *Drink. Water Eng. Sci.*, 3, pp. 21-27.

OECD(2003). "Improving Water Management: Recent OECD Experience." OECD.

OFWAT(2002). "Future approaches to leakage targets for water companies in England and Wales—Tripartite Study." *Best practice principles in the economic level of leakage calculation*.

Rao, Z., &Salomons, E. (2007). "Development of a real-time, near-optimal control process for water distribution networks." *Journal of HydroInformatics*, 9(1), 25-37.

Skipworth, P. J., Machell, J. and Saul, A. J. (2002). "Empirical travel time estimation in a distribution network." *Journal of Water and Maritime Engineering, ICE*, 154(1), 41-49.

Skipworth, P. J., Saul, A. J. and Machell. J. (1999). "Practical application of real time hydraulic modelling of water distribution networks." *International Journal of Comadem*, 2(1), p15-21.

SWIG(Sensors for Water Interest Group)(2007). "SCADA systems for future management of assets." UK, 24/01/2007.

UK National Customer Service Award (2007). "2007 winner." Available: http://www.customerserviceawards.com/2007—winnersl [accessed19/3/2010].

UKWIR(1994). *Managing Leakage*.

Waldron, T. (2005). "Where are the Advancements in Leak Detection?" *Proceedings of* 2005 *water Loss Conference*, Halifax, N. S., Sept. 12—14, 2005.

Walski, T. M. (2000). "Model calibration data: the good, the bad, and the useless." J. AWWA, 92(1), 94-99.

Water Industry Act(1991). *PartIII Chapter II"Means of Supply" Section* 65.

Webb, A. R. &Lowe, D. (1990). "The optimised internal representation of multilayer classifier networks performs nonlinear disciminant analysis." *Neural Networks*, 3(4), 367-375.

第9章　在线监测和检测

9.1　简介

现代通信技术能够提供实时或接近实时的数据，这些数据能够提高对基础设施系统的资产管理。一些水务公司在配水系统中，对在线自动数据分析和监控新技术进行了尝试，在异常警报方面取得了可喜的成果。异常警报能帮助工程师及时启动必要的行动计划。此外，在线数据分析丰富了对系统特性的理解，并且改善了以数据驱动为方法的应用程序，以预测未来短期的状况。本章将论述在线监测的相关应用，特别是异常检测，以及在配水系统中减少漏损的可能性。

9.2　在线监测

9.2.1　数据采集与监控系统

供水企业一直在使用在线监测技术。数据采集与监控（SCADA）系统依赖于监测传感器，它将物理现象（如压力或流量）转换为控制系统可识别的集成电子信号。SCADA系统依靠各种传感器的输入信号确定系统的状态，然后根据系统状态修改对该系统的控制。在漏损情况下，SCADA系统需要使用电脑、传感器采集（如遥测）的数据和分析算法对传感器数据进行评估，确定是否有漏损发生。石油工业广泛使用的SCADA系统是一种流量测量方法，它依靠各种物理现象准确测量管道中两点之间的总流量。过去认为大型配水管网系统中实现完整的SCADA系统（类似于水处理工艺中使用的SCADA系统）的传感器和数据通信设备所需的费用过高，尤其是应用在缺乏对大规模漏损对环境影响的认知（例如，与燃油输送系统相比）的管网中。但是，这种看法正在改变。水力和水质模型可以通过SCADA系统提供的数据进行实时校正，从而将其与遥测系统连接起来。然后，该系统可以与动态漏损检测和定位方法进行整合集成，在用水量增长和漏损检测方面，该系统可以监督和自动评估供水管网的水力性能。

9.2.2　自动抄表系统（AMR）和高级计量体系（AMI）

自动抄表系统（AMR）是一种可以自动从水表中收集用水量、用水特征和运行状态数据并将数据传输至中央数据库进行收费、检修和分析的技术。自动抄表技术节约了自来水公司人工抄表的费用。在美国的一些试点城市已经开始实施固定网络或AMI（高级计量体系）系统。AMI是一种网络技术，该技术在远程设施管理方面优于AMR。该系统包括安装在客户端具有数字输出功能的智能水表。智能水表内部具有计量接口单元

（MIU），即发射机，通过无线电将信息从水表传输至接收器，接收器可以是数据收集单元（DCD）或无线电蜂窝控制单元（CCU）形式的移动接收机或固定接收器。以移动电话或直接连接的形式将数据传送到办公主机。这些水表读数数据可以提供用水量和用水模式。该技术可以提供每个用户每 6 个小时的水表读数和日常漏损报告，代替了双月抄表周期的移动 AMR 技术。当考虑单个用户时，非零的夜间用水量一般表示存在漏损。目前试点正将固定网络用于智能水表产生实时警报（包括回流检测）。可使用立方英尺、加仑甚至美元等计费单位分析每小时、每天、每月的历史数据，客户可以在互联网上跟踪其用水量。通过数据采集软件，所有的数据都可以接近实时地收集和存储在一个集中的数据库中。然后，用户可以通过安全的 web 应用程序（如分析收费表的组成和使用情况）并利用各种在线数据分析工具（例如 Google PowerMeter）对这些数据进行分析。智能水表也可以和移动技术相结合。例如，客户可以从 iPhone 手机上监控用水情况，甚至可以注意到忘记关闭的水龙头。对水务公司来讲，用于评估客户用水特征的信息流具有双向性。

9.3 数据管理和存储

9.3.1 数据收集

第 8 章介绍了收集水力（压力和流量）数据的技术。这些数据主要用于漏损管理，为数据处理和 BABE 类型分析（见第 2 章）提供了有效手段。压力/流量数据的性质决定了对数据时效性、充分性和数据质量的要求。迄今为止，大部分数据都是定期手工收集和分析，周期通常是一个月。然而，远程数据收集提供了对系统状态更快反应的潜力，因此，也提供了更及时的操作响应。越来越多的供水公司发现采用自动数据采集比采用手动数据采集更节约成本。全球移动通信系统（GSM）和通用分组无线业务（GPRS）是目前供水行业中占据主导地位的技术。在这样的系统中，通过使用专用通信软件进行连接，读取/解码和处理数据。然而，这些数据一般存储在公司的数据库中，用户可以使用不同的应用程序访问数据库。类似的技术还有远程遥测系统（RTS），从公共交换电话网络（PSTN）站点获取数据，并将数据存储于公司的数据库中。从现场返回数据的关键过程和问题如下：

（1）数据收集；

（2）采集点数据的记录与存储；

（3）数据传输至中央数据存储器；

（4）入口点及后续数据的有效性检查；

（5）数据质量检查及后续的补救措施；

（6）需要维护的历史数据时段；

（7）数据归档整理和采集频率；

（8）错误数据处理过程、数据变化控制以及审计追踪。

9.3.2 数据存储

数据可以在本地或远程处理并发出相应的警告——这些方式可以在“线上”处理数据

以减少所需的数据通信、中央数据存储和分析，而只报告异常情况。该功能在工业应用中并不常见，需要适当的安装和维护。对于通过高频抽样信号测量参数的设备，在线分析很有吸引力。大量数据可以在原地处理，而不需要通过网络传输。

数据收集、维护和质量保证是水务公司的核心工作。这项工作需要具有相应的管理责任。糟糕的数据会显著地降低对于管网管理人员的用途。维护数据质量需要定期进行质量评审和校正数据收集器。应在理解数据关键性和收集成本的情况下管理数据，负责数据收集的人员应明确数据收集原因和最终用途。区分实时数据和不可控的副本（不是用来维护或更新的文件，不具备可追踪的分布式结构）是非常重要的。当实时数据和副本数据都保存在同一个数据库中时，应该有方法明显地区分它们。

9.3.3 数据管理和未来展望

从某种意义上讲，收集和测量的数据具有独特的个体属性，例如管道内的水压或水池的水位。每个数据不比其他数据更特别，若不与其他信息比较，数据本身没有什么意义。一般来讲，数据形式是没有明确含义的数字、文字或者图片。例如："E017"（DMA 标识符）、"23.345"（压力值）。

数据个体需要与其他数据一起构成数据结构的一部分，以赋予数据个体具体意义，例如一个语句。信息是具有明确含义的数据。例如，如果一个结构物低于潮位，而水位高度是+10m，然后就创建了一条信息，即这个结构有被洪水淹没的风险。信息将内容和含义赋予数据。数据和信息之间的区别取决于目的或目标。因此，对于一种目的，信息可能有一些意义，而对于另一种目的，该信息可能会被认为是数据。例如，海岸剖面图可以提供海岸线变化的信息；然而，如果想要知道海浪防御标准，需要其他的数据，如浪高和水位。

知识来自对一个物体相关信息的了解，然后利用该知识做出决定，形成判断，形成意见，或做出预测。知识就是关于怎么做的信息。通过利用由过去大量重要的信息所建立的世界运行规则而获得。例如，操作员可以根据过去一个特别的 DMA、管网模型、自动警报和用户报告等经验认知来评估发生的事件。数据产生信息，信息产生知识。水务公司实际上真正感兴趣的是信息和知识，而不是数据（也许是最终节省成本而不是知识）。未来，更加标准化的信息互用性将会盛行，信息将会独立于任何特定的计算机软件系统而存在，具有标准化的接口、技术信息模型且可转化为可扩展标记语言（XML）。目前水务公司正在探索更加先进的实时性能管理技术架构，比如通过广域网（WAN）将数据源传输到数据库，然后允许用户通过网页浏览器实时访问这些数据。数据查看网络系统将提供一系列的益处，允许范围更广的人使用管网信息规划和运行供水管网。当前提供的实时数据将会提高未来的管网运行，允许在本地或远程处理数据以提供异常警告，这样的数据处理方式涉及多种信息。随着覆盖范围的增加（流量和压力的覆盖网格能够确定发生事件的位置以及增加对系统性能的认识），水务公司收益会逐步积累，但也取决于低成本的传感器和点对点通信技术的发展情况。这类数据的采集需要有数据管理的支持，使用更多的分布式中间基础设施，如 Dataturbine（Tilak 等人 2007）。多数据源的可视化和集中处理能力对于支持事件管理、提高整体服务水平和减少事故影响至关重要。简单、低成本传感器网络中数据的突变性将被持续地研究和探索。随着这些技术的发展，与其他传感器类型（如水质）的数据结合会带来新的机遇，以支持独立的或相关的应用。如在线建模和改善对客户问题的实时回应（比如，与区域内工作相关的低压问题，或压力和浊度数据的结合以帮助查明漏损）。

一些遥测软件设备提供了相关功能，以解决一些相关的问题，例如，报警限值可以帮助检测零值。验证技术可以用来通过异常报告指出错误数据，帮助提高对数据的维护。然而，还是需要从相关员工那里获得一些数据的经验解释。如果从一个特定的站点不能得到数据，就应该进一步调查；公司要有相应的数据替换策略，必要时还应尽快采取补救措施。

9.4 传统警报系统

9.4.1 爆管生命期

应对漏损和爆管的一个重要任务是要及时检测到漏损事件。爆管的生命期从概念上可以分为感知时间、定位时间和修复时间（WRC1994）。通常在漏损发生和水务公司意识到漏损之间存在差距（见图 9-1）。水务公司一般是通过用户热线电话报警得知爆管事故的发生。电话中心记录了供水服务问题的细节信息，包括低压或水质变色问题，以及可能出现的管道水流溢到地表的投诉。作为回应，水务公司将安排技术人员处理这些投诉。然而，并不是所有这类投诉都是真的发生了漏损。例如，有些溢出地表的水流来自地表水或来自不属于水务公司负责的另一个水源的水。尽管配水管网中的大型爆管事故可以根据多个用户的投诉而快速发现并修复，但并不是所有的爆管都会对供水服务造成剧烈的影响或产生可见水流，也可能在未被发现的情况下泄漏了很长一段时间。完全依赖用户反映问题很难改善水务公司的形象，更积极的方法是在用户反映之前，控制室和现场小组获得故障报警，进行维护以减少供水漏损。对用户没有影响的未被发现的漏损，就会转变成背景漏损。大型爆管的总持续时间远远小于这些小的漏损，在很多情况下，这些小的漏损需要更长时间来感知和定位，会引起更大的总体损耗。目前水务公司通常是在离线状态下使用水量平衡计算或通过观察夜间流量变化来监测异常流量。当累积背景漏损在流量数据中变得明显，并且高于给定上限的“经济漏损水平”时，水务公司将会处理背景漏损。这种方法不能提供对漏损的及时反映，因此自动分析技术的一个关键领域是对小型到中型漏损的正确识别，以防止它们成为背景漏损。

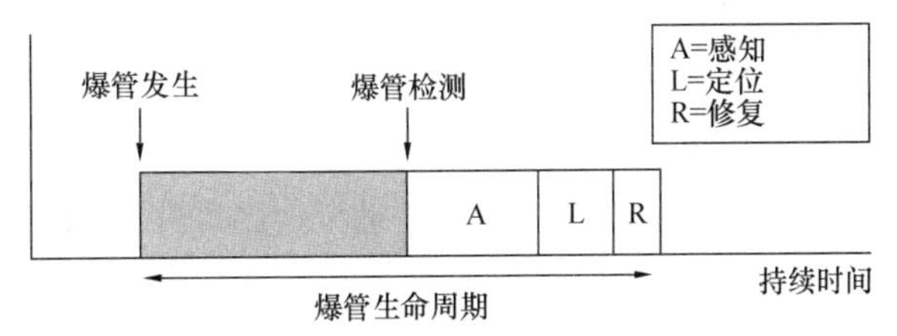

图 9-1 非灾难性爆管生命期（WRC 1994）

9.4.2 最小夜间流量法

在采用遥测系统的 DMA 中，可以定期获取和分析夜间流量数据。这使得快速识别每个 DMA 中夜间流量的变化成为可能，由此可以减少漏损感知时间。比较当前数据与之前数据和其他DMA的最小夜间流量，漏损控制团队能够对DMA的检漏工作进行优先排序。最小夜间流量（MNF）是一个水力特征上相对孤立的供水区域内供给的最小流量，通常是在午夜至凌晨4：00或5：00之间。使用夜间流量是因为夜间用水量最小，更容易识别和扣除合法用水量。为每个DMA确定一个目标夜间用水量。该目标意味着对于隐藏漏损“找到并修复”的漏损活动达到了一定程度。将夜间流量数据输入系统（内部软件包或者传感器制造商提供的漏损分析软件）中，然后扣除计量用水量，估计合法的用水量，就可以计算出漏损量。据此可以评估漏损的变化趋势。如果夜间流量减去合法用水量的结果接近零，那么漏损量也一定接近零。相反地，流量不寻常的波动意味着存在漏损（不存在其他因素的情况下，比如非法或异常用水）。通过监测平均夜间流量，可以探测到水量的不寻常变化。以这种方式识别和量化的漏损量依赖于对夜间流量的准确估计（McKenzie和Seago2005）。与第2章的“自上而下”的审核相比，这项技术是“自下而上”的漏损评估。如果通过漏损分析认为漏损已经增大到需要采取进一步的调查（取决于区域优先性），就会执行人工漏损检测措施，如使用听漏、漏损噪声相关仪和分布测试等漏损检测方法（见第3章）。这种技术很有效，由于对人工操作的依赖性，夜间流量分析并不需要经常或持续地进行。它通常是漏损检测调查的一部分，可能以临时分区的形式进行（如Covas2008）。

如果成功地检测到漏损水量增加，那么就有必要用MNF数据进行有效地验证。目前的数据分析过程通常是手工或半手工的过程，该过程容易出现人为错误而导致效率低下。数据分析员一般不看短期事件的单一时间序列数据，而是使用长期数据的平均值。将大型管网划分为相对较小的DMA区域，这样有利于用计算方法进行漏损检测。现代的漏损管理软件系统能够确定最小夜间流量，能够从记录器数据库中自动提取每天的汇总数据，这些数据库具有数据验证和异常报告功能，能够进行主动漏损控制，能够经常更新和报告DMA漏损水平。平均最小夜间流量是滚动的7天0：00—6：00之间50百分位的平均流量。分析软件通常能够识别夜间流量的增加或减少，并报告超过预设流量水平的DMA。据此，漏损控制团队通过检查错误报表，以识别未报告的爆管或回应低压投诉，以确定一个报告的爆管事件，而不是依赖于事后夜间流量分析。除了与GIS和企业数据库进行数据集成之外，这些软件通常有良好的窗口可视化功能，并提供灵活的图表和报告生成工具以协助工作。

9.4.3 扁平线（实时阈值）

目前，水务公司已经开始通过短信服务（SMS）收集配水管网系统的日常数据。应该注意的是，有这样的设施并不意味着会产生真正实时的数据。随着数据采集成本的降低、仪器质量和记录仪电源使用寿命的提高，使遥测系统具备了提供大量实时数据的能力。当前，对常规数据进行分析以识别漏损/爆管，具有真正的潜力和迫切的需求，以便在用户反映之前提前知晓系统的性能信息。实时诊断系统中的漏损，有助于水务公司及时修复漏损，以减少对用户的干扰，也能降低对基础设施的破坏。过去，很多领先的水务公司通过分析相关数据来检测事故，这些分析方法包括用关键监测点的数据生成警告扁平线法和离线的夜间流量分析法。目前，事故检测的基本思路是通过遥测数据，执行一些分析得到一个二元分类（即发生警报或没有），以实现接近实时的报警。当前的操作运行系统中最新的技术是利用在关键监测点设置警报扁平线，能够近乎实时地识别大型爆管事故。在英国已有水务公司尝试将 DMA 流量和压力警报扁平线的上下限整合到一个 GPRS 试点中，在数据集中传输时提供有价值的数据分析。原始的警报值根据过去 12 个月的高低平均值分别加减 20%设置（上限、下限值可以随着试点的变化进行手动调整）。警报信息在数据收集中心产生，而不是在设备上产生。这些警报扁平线是检测事故的重要一步，代表了对系统性能认识的一个跳跃性进步。应特别注意的是，该系统可用于检测突发的灾难性爆管，作为一种保障、安全措施。

遥测数据和报警系统的概念正在发展成为集成管网管理的一部分，通过将控制室、现场团队和漏损日志进行整合，使管理更积极主动。越快地检测到系统中的爆管/漏损，水务公司就能够越早地做出反应，资源损失就越少，就能最大限度地防止用水服务中断以及减少对基础设施的破坏。然而，使用扁平线系统，在每周接收到的很多警报中，有大量是无用的假警报，并且很多事故仍然没有在用户报警之前检测到。因此，设置扁平线水平（阈值）的重要问题是假警报和未能检测到的较小漏损事件之间的平衡。下一节将讨论更复杂的分析方法。由于采集了高质量的流量时间序列数据，使研发基于人工智能或机器学习算法的在线数据分析技术成为可能。从而开发出能够实现自动报警的新型软件系统。虽然这样的系统还没有得到广泛应用，但将来会越来越受到供水企业的青睐。同时，可以考虑采用其他的方法，比如使用 Shewart 控制限的统计过程控制图。该过程控制图以均值为中心线，用 3 倍标准误差设定上下控制限，若过程输出超过上下控制限，则被认为是统计上的“不可能”事件，即异常事件。控制图是一种简单的事件检测手段，这些事件代表了实际的变化过程。

Mounce（2005）通过数据分析证明，在漏损/爆管（通过消火栓放水模拟）异常事件检测中，压力比流量更不可靠。压力仪表的响应高度依赖于其相对于爆管的位置。例如，设在清水池供水区域入口处的压力表不大可能对该区域内的爆管产生明显的压降反应。但是，如果在 DMA 中使用多个压力记录器，可能会得到关于事故位置的额外信息（Farley 等 2008）。事实上，异常压力波动是由多种因素引起的，低压或压力波动是常出现的问题。对于水务公司来说，发现低压特别重要，因为尽管供水没有完全中断，但是会对用户造成不便，也有可能会被监管机构处罚。压力异常可能由以下情况产生：

（1）由于爆管造成的大量漏损引起的低压。主要表现为突发性的大量失水。这种事件通常由第三方损坏水管引发。在发达国家，目前在城市中开挖施工的公司比以往任何时候都要多。市政道路作业和部分建设项目的开挖都会对地下各种类型的服务管道造成第三方破坏。例如，2004 年发生在加利福尼亚州核桃溪市的因第三方管理造成的悲剧，当挖掘机为新的供水管道挖沟时，引起高压输油管道爆管，因焊接附近的供水管道引燃泄漏的石油，造成 5 名工人死亡。

（2）停电可能会造成泵站一台或多台水泵关闭。一些供电保险柜可以预防这种事故的发生。随着水位的下降，有储水池的区域会首先经历压力下降，当水池排空后就不能继续供水。

（3）管网维护工作，比如冲洗，是帮助运营管理者控制配水管网水质的重要手段。在需要足够水压的地方，维护工作可能造成 DMA 区域内部压力降低。

（4）其他操作事故，例如切断水池、调整压力区域边界、关闭部分系统和打开相邻区域的交叉连接管。

（5）记录器和通信故障，可能对压力数据信号产生影响。

Walski 等（2001）对这些操作问题进行了更详细的描述。

9.5 数据驱动方法

9.5.1 时间序列

从配水管网得到的传感器数据（流量、压力或水质），通常是时间序列数据，即数据流是由一个或多个与时间有关的变量组成。英国标准行业惯例是每隔 15min 采集一次数据，产生一个离散的数据序列 x_{t0}。数据驱动方法的挑战是了解和预测时间序列的正常变化，然后识别数据在指定时刻的异常变化。关于使用状态空间模型模拟时间序列的完整理论，可以参考 Mounce 等（2003）发表的相关文章。配水管网整体是一个复杂的分布式非线性动力系统，使用纯粹线性或非线性方法进行描述，不可能达到令人满意的程度。由于存在不确定性，不可能用这些数据建立一个能够准确描述该系统的非线性模型。在配水管网中，流量本身是嘈杂的，因此即使采用一个完美的流量或压力传感器也会输出不稳定的信号，信号中的噪声是系统与环境交互作用产生的动态噪声。数据驱动方法可用于识别时间序列中的异常现象，如漏损、爆管或传感器故障。然而，事实并非那么容易，因为事故特征经常与发生在配水管网中的复杂时空过程重叠，例如，管网运行状态的变化和工业用水增加。

以下是三个主要的时间序列处理应用类型：

（1）预测。在许多领域，对时间序列进行预测十分有用。由于时间序列的序列相关性，可以用一组按照时间顺序排列的观测值预测未来值。这本质上是一种估计函数，即产生一个潜在的能够估计连续时间序列数值的函数 F。对于一个给定的时间序列 $x(t), t=0,1,2,3\cdots\cdots$ 利用函数 F 预测 $x(t+d)=F(x(t-1),x(t-1),\cdots,\pi_1,\cdots,\pi_i)$。$\pi_i$ 是一个比较重要，但与时间无关的变量，经常被忽略。d 被称为预测“延迟”时间，$d=1$ 表示预测下一个事件步长。流量和/或压力的时间序列预测是研究爆管检测问题的一种途径(Boger1992)。然而，时间序列预测通常没有后续识别的内在机制。常用的方法是对比时间序列预测值与真实值的偏差，若连续一段时间偏差超出阈值，则表明管网中出现了爆管或其他异常流量。图 9-2 展示了流量时间序列真实值与人工神经网络（ANN）预测值的比较。

（2）分类。分类涉及基于模式识别的时间序列标记。典型应用包括生物医学领域的诊断和异常检测、语音识别和手语识别。分类可以看作函数逼近的特例，使用判别函数 F_C 确定时间序列数据中的多个类别，如下所示：

$$F_C:(x(t),x(t-1),\cdots,\pi_1,\cdots\pi_i)\rightarrow\hat{c}_i\in C \tag{9-1}$$

换句话讲，该分类模型可以通过使用一组样本数据的监督训练，实现原始信号和关联类之间的映射。这些技术包括线性/二次判别函数、贝叶斯分类器和人工神经网络。通过调整这些方法的模型（内部）结构和参数，固化系统的隐式特征。

（3）建模。建模是最普遍的应用，理论模型可以提供预测和分类。此外，也可以用来

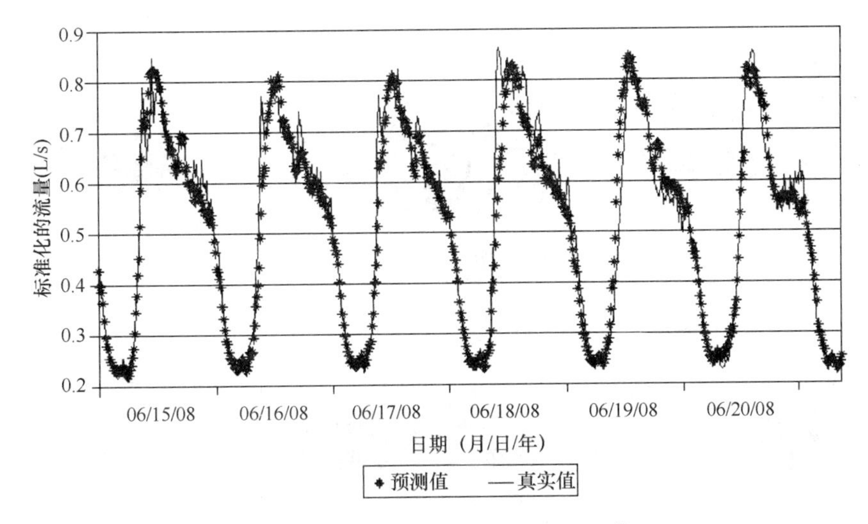

图 9-2　流量时间序列的 ANN 预测值

描述时间序列。数学模型的目标是对生成观测数据机制的完整描述。并且，由于使用近似值，模型内部至少存在一个关系是不准确的，因此，数学模型通常是随机的。在过程控制应用中，模型提供了不同参数对系统的影响模拟结果，并因此判断系统故障状况，进行早期预警。

9.5.1.1　时间序列的稳定性

现实世界中的时间序列数据本质上是非稳定的（例如，金融界里的股票数据及其衍生数据）。若该序列不稳定，则传统回归分析结果是无效的，分析结果也会是错误的。对于稳定的信号，信号属性随时间变化不大。然而，大部分信号都具有许多非稳定或者短暂性特征：偏移、季节趋势、突变以及事件的发生和结束（Kendall 和 Ord1990）。这种波动可能不影响序列的均值，但是会影响序列的方差。针对配水管网系统的流量数据，良好质量的时间序列“几乎”是稳定的，序列数据在延时时段内表现平稳——实际上是一组准稳态模型。数据质量测试可用于评估数据库是否“接近稳定”，目的是避免使用错误或质量差的数据。通过分析一个数据周期（n 周）来评价一段时间内数据平均值和方差的变化，计算每周数据的平均值 μ_n 和方差σ^2 。这些数值与整个周期的平均值$\overline{\mu_n}$ 和方差$\overline{\sigma_n^2}$ 比较。若某个数值超过了预定范围，例如$\overline{\mu_n}/\mu_{\mathrm{MULT}} < \mu_i$ 或$\mu_i > \overline{\mu_n} \cdot \mu_{\mathrm{MULT}}$ ，则认为第 i 周数据存在问题，同样可以用方差做类似的分析（Mounce 等人 2010a）。如果数据失效数超过了平均值（μ_{LIM}）和/或方差 σ_{LIM}^2 ，则不能使用该组训练数据。图 9-3 展示了 DMA 流量计数据质量自动检查示例。

9.5.2　方法

截至目前，相关学者已提出了多种用于漏损检测的数据驱动方法，并取得了不同程度的成功，同时也揭示了时间序列数据分析方法的局限性。Andersen 等 人（2001）已经开展了在 DMA 中，使用状态估计方法进行漏损检测的工作。然而，该技术是在无噪声的理想条件下进行，并且通常需要进行大量的测量。另外一些技术是使用基于配水管网系统的水力模型，使用诸如遗传算法（Wu 等人 2010）的技术将测量的变化与管网水力模型的变

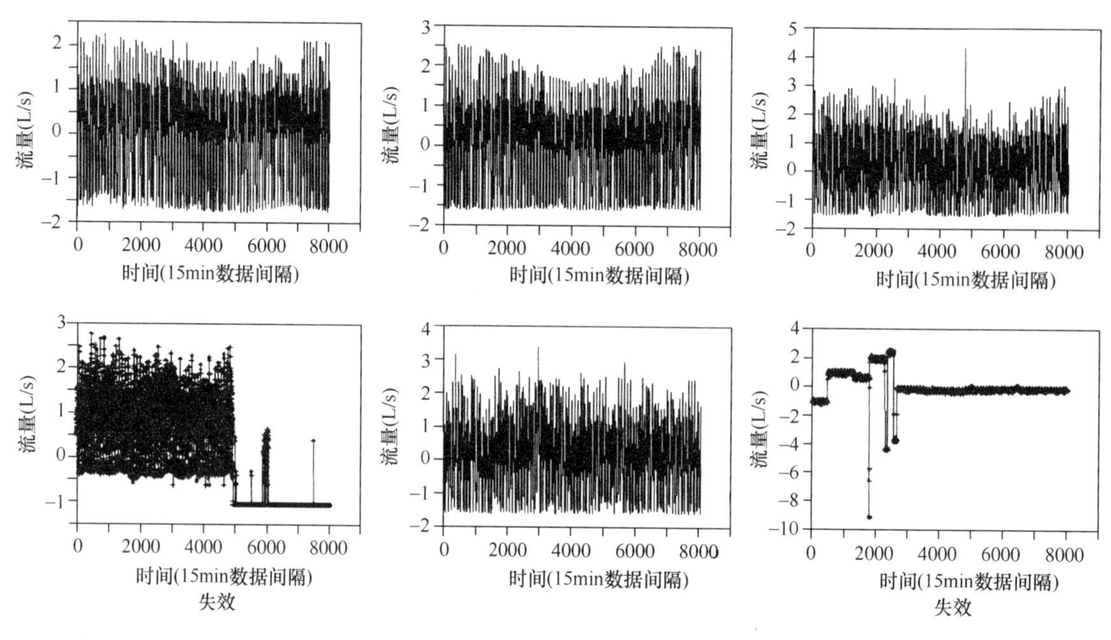

图 9-3　数据质量检查

化相关联来检测漏损。另一个有潜力的领域是使用逆瞬态分析方法（Covas 等人 2003），并且已经开发了同时对数学模型工具和漏损检测进行校准的方法（Kapelan 等人 2000）。这些技术（在第 6 章和第 7 章中有更详细的介绍）往往是离线系统（或者至少在离线环境中测试），计算成本高，并且通常依赖于校正准确的水力模型和密集、短期（若干周）的压力传感器布置。Stoianov 等人（2002）提出了一种新颖的基于信号识别和漏损特征提取的小波变换与人工神经网络集成的漏损检测方法。然而，该方法仅在实验室装置上得到了验证，未在实际管网中进行验证。一些其他的压力分析方法是通过监测管网中压力监测点处的压力，并搜索由漏损引起的压力信号中的偏差来检测漏损。Misiunas 等人（2005）提出了一种基于瞬态响应差异监测的周期性漏损诊断系统及基于高频测量的爆管监测、检测和定位系统，旨在用于对突发爆管事故的快速反应。该系统通过在实验室和现场条件下对压力监测点的压力分析进行了验证。研究中考虑了两种漏损类型：突发性管道爆管和较长时间内形成的管道漏损。Misiunas 等人（2006a）提出了一种基于压力连续监测和瞬态水力模型的漏损检测方法，并应用于输水干管。在案例研究中验证了使用流量和压力连续监测数据检测和定位 DMA 内中型和大型爆管的可行性（Misiunas 等人 2006b）。Stoianov 等人（2006；2007）进行了现场试验，利用输水管道实时监测系统对漏损进行检测。该方法通过使用专业硬件和高频记录仪，在识别的漏损附近区域进行局部搜索定位。Puust 等人（2006）通过求解以未知漏损区域作为校正参数并考虑了压力（和其他可能的参数）监测的反问题，开发了一种概率漏损检测算法。Poulakis 等人（2003）提出了用于管网中漏损检测的贝叶斯系统识别方法。该方法基于流量观测数据，对最可能的漏损事件（漏损的大小和位置）进行了估计，同时，也对漏损不确定性进行了估计。Yamamoto 等人（2006）提出了使用黄金分割法（用于在不使用导数的间隔内找到单峰连续函数的最小值）和多个压力传感器的数据来估计管道爆管/漏损位置的算法。Li 等人（2006）提出了压力监测点传感器融合的聚类方法，用于检测管网中的漏损。Shinozuka 和 Liang（2000；2005）开发了一种基于神经网络逆分析的漏损检测方法，通过监测管网中监测点的压力，识别漏损的位置和严重程度。通过直接分析水力数据，实时识别爆管事件，这样的研究在文献中并不太多。配水管网系统是需水量驱动的，而系统对用水量是未知的（Olsson2006），而是通过压力控制水泵与输出流量匹配。漏损是该输出流量的重要组成部分，因此，漏损检测的挑战在于如何区分漏损和用户用水量。这并不是一件容易的事。

9.5.3 人工智能报警系统

如 9.4.3 节所述，当前供水公司（英国）采用的报警方法是扁平线法，用压力、流量数据生成报警，通知控制室操作人员，以揭示配水管网中的潜在问题。虽然该方法对于检测灾难性爆管事故十分有用，但是存在灵敏度差与大量虚假警报问题。因此，需要研发新方法来替代常规数据分析方法，以便能在发生新漏损时进行识别（包括没有显示出其明显存在迹象的较小漏损事件）。一种可以实现的方式是使用更智能的“智能报警器”。智能计算领域的最新发展（被称为软计算、机器学习或数据驱动建模）正在帮助解决水资源领域中的各种问题。Elshorbagy 和 El-Baroudy（2009）探索了采用数据驱动的进化技术来估计土壤含水量。Giustolisi 和 Savic（2009）报道了一种数据驱动的进化多项式回归（EPR）技术，利用多目标遗传算法并将其应用于地下水位预测与总月降雨量相关性的案例研究中。Savic 等人（2009）基于 EPR 提出了一种使用多种类型数据对资产老化进行建模的方法，目的是希望得到适用于不同管网系统的模型。Evora 和 Coulibaly（2009）综述了人工神经网络建模在水文遥感中应用的最新进展。这些技术对于分析一些工程问题是理想的工具，尤其对那些未解决的微观尺度交互作用的问题，而问题的本质又不十分明确，但是拥有大量的测量数据。解释这些信息是一项具有挑战性的任务，原因如下：

（1）数据量太大；

（2）参数模式具有特定位置特征，随季节性（每天、每周、每月）的各种变化而改变，这些特征通常是可预测的；

（3）模型不准确和系统信息不足；难以获得关于系统任何时刻的准确信息，尤其是难以获得关于事件的全部信息，这些信息应日常记录在供水公司的信息系统里。

目前，研究人员正在探索应用人工智能和统计技术改进扁平线警报系统。需要开发针对供水行业数据的有效技术，这些技术应是数据驱动的，能够自我学习，具有有限数量的样本，以及能够处理不完整、质量差的数据。Mounce 等人（2002）首次提出了配水管网系统中该应用类型的概念和框架，其他作者也基于相似的方式提出了其他技术应用。Mounce 和 Machell（2006）采用多层感知器（MLP）和时间延迟神经网络（TDNN）进行爆管（消火栓冲洗模拟）的案例研究。Loebis 等人（2010）比较了两个爆管检测分析系统：一个基于自动回归卡尔曼滤波，另一个基于人工神经网络和模糊逻辑系统。这两种系统使用 15min 采集频率的流量和压力数据进行分析。此外，其他几种方法也已成功应用于离线系统中。Akselaa 等人（2009）描述了一种基于自组织映射（SOM）神经网络的漏损检测方法。所使用的数据包括监测点流量和漏损节点编号（用于训练和验证测试结果）。Romano 等人（2009）提出了一种贝叶斯决策系统，使用流量和压力数据，利用小波分析消除噪声，然后使用成组数据处理方法（GMDH）预测未来的流量和压力分布，随后使用统计过程控制（SPC）监控流量和压力的短期、长期变化。使用一组控制规则检测流量和压力在连续时间步长中的差异，其中贝叶斯推理系统用于产生警报。作者基于单个 DMA 在 1 年期间的历史数据，对该年中 5 个已知漏损事件使用该系统进行了检测。结果进一步显示，通过考虑两个时间步长，可以在 30min 内（假设时间步长为 15min）发出警报。该方法正在由英国水务公司进行评估。Ye 和 Fenner（2010）使用自适应卡尔曼滤波模拟正常用水量（或者水压），过滤器的残差代表与下游管网中的爆管或漏损相关的异常用水量。Mounce 等人（2010b）基于支持向量机，对配水管网系统中的时间序列数据进行分析，以识别管网中的异常事件。时间序列新信息检测（或异常检测）是指自动识别嵌入在大量正常时间序列中的新（或异常）事件的过程。新事件包括各种事件，例如管道爆管、消火栓冲洗、重新分区、非法连接和传感器故障。Jarret 等人（2006）探讨了配水管网系统的数据处理和异常检测技术，包括控制图、时间序列分析、Kriging 技术和卡尔曼滤波技术。结论是，他们没有在文献中找到任何一种方法能够“回答所有问题”。

9.5.4 人工神经网络(ANN)与模糊推理(FIS)报警系统

人工神经网络（ANN）已经被广泛应用于不同的工程领域，它是一种基于生物神经系统运行方式的建模方法。在提供足够数据的情况下，ANN 已经在数学上被证明是一种可以处理任意非线性估计的通用计算机器（Hornick1989）。ANN 已经成功地应用于一系列水力模型问题，并且在预测应用方面具有很大潜力。人工神经网络和模糊推理技术已经用于 DMA 流量数据的自动在线分析。离线应用展示了流量数据分析如何用于识别爆管（Mounce 等人 2002）。Mounce 等人（2003）开发了这个系统并将其应用于模拟爆管的案例研究。他们使用连续更新的历史数据训练人工神经网络模型，构建了未来流量变化的概率密度模型。模糊推理系统（FIS）用于分类，将当前时刻流量观测值与预测流量值在时间窗口内进行比较，对异常流量进行报警（Mounce 等人 2006）。基于预测流量的概率密度函数，模糊推理系统提供了与每个检测相关联的置信区间。另外，也对异常流量大小进行准确估计以进一步对警报进行排序。用一系列人工冲洗实验的数据，证明了常规评估大小的准确性。人工智能系统对真实冲洗速率估计的误差只有 10％左右，而基于动态夜间最小流量比率的计算误差在 20％左右（Mounce 等人 2007）。

Mounce 等人（2008；2010）改进了离线系统，并应用于在线检测系统中。软件的关键挑战包括实现数据库的解决方案、多数据源处理、警报操作、自动训练和测试以及最重要的数据预处理和数据质量问题。图 9-4 为成熟的在线人工智能系统综合流程图。自动人工智能数据分析系统是数据驱动型的，从数据采集单元开始，数据每 30min 通过 GPRS 传输一次。然后将此数据镜像到另一个服务器，通过通信软件中的导出功能，每小时自动更新一组 CSV 文件。使用开放数据库互连（ODBC）访问技术与储存历史时间序列数据的 MS Access 数据库连接，每小时通过数据库应用程序将当前的记录器数据添加到数据库。该系统基于 MATLAB 平台，通过调用数据库工具箱、模糊逻辑工具箱和 NETLAB 工具箱实现（Nabney2001）。在线人工智能系统通过 ODBC 技术连接到数据库，在规定时间间隔（例如每周）内利用最近几周的数据，对每个记录器的人工神经网络模型进行再驯化，然后每小时进行阶段性分析。FIS 的异常分类器发出自动的邮件警报。

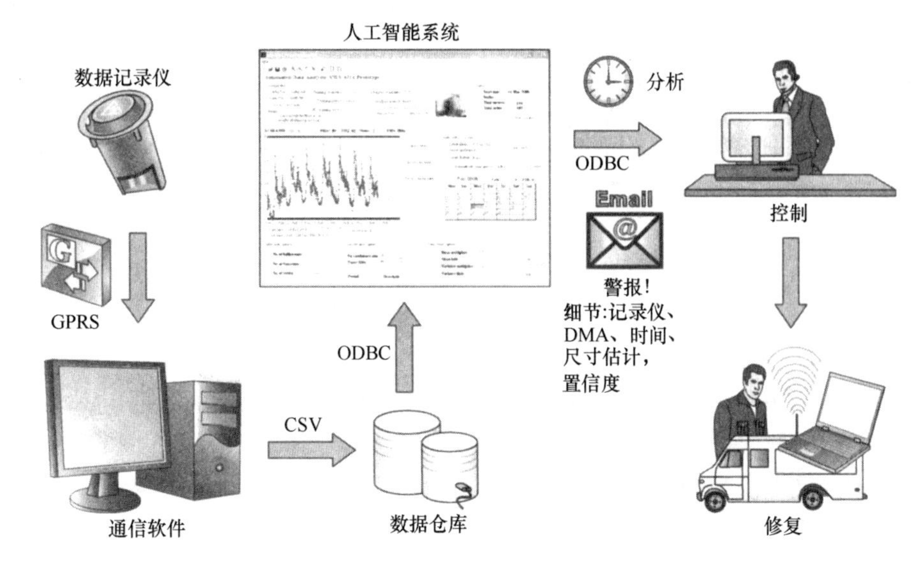

图 9-4　在线人工智能系统综合流程图

9.6　案例研究

基于人工智能的模式识别系统可以实现分析过程中常规任务的自动化，并且能够执行非线性判别分析（监督或非监督）。因此，这些技术原则上可以充分利用分析数据中的各种特征。使用信号和模式处理方法监测复杂配水管网的性能是一个重要问题，必须以智能的方式向人工操作者呈现性能信息。为了提高分析效率，机器需要解释一些从管网中收集的信息，但是我们通常更愿意让机器仅解释一部分数据，让操作者能够根据他们的先验知识做出更精细的判断，因为这种知识不能被任何数据集所替代。

Mounce 等人（2010a）阐述了英国某供水公司实施的在线系统试验，使用 ANN 和模糊逻辑系统检测 DMA 的漏损/爆管，并产生“智能报警”。该 AI 系统不依赖于任何特殊的硬件或网络配置。该系统设计用于检测将要发生的爆管和漏损，而不是已经存在的漏点或背景漏损。所开发的系统提供对异常流量事件的“灵敏”检测，并且由于开发的 FIS 系统以异常流量事件的百分比形式提供置信估计以及爆管流量速率的估计，因此可以非常有效地用于优先事件和响应。

Harrogate 和 Dales（H&D）地区位于英国北约克郡的北边，由大约 200 个 DMA（除了主要管道和工业用户的 DMA）组成，包括大约 122000 个用户。负责该区域的水务公司安装了 450 个带有 GPRS 通信设备的 Cello 记录仪，显著改善了流量和压力的数据传输。每个传感器节点配备 GPRS 数据连接的 GSM 调制解调器。节点收集的数据通过公共 GSM / GPRS 网络发送。节点使用单个电池组供电，电池寿命约为 24 个月。实验案例提供的研究源数据（仅流量）验证了人工智能数据分析系统的有效性。与扁平线方法相比，人工智能数据分析系统能更好地检测微小的 DMA 流量数据变化，这种微小变化与诸如漏损和爆管事故有关。在 2008 年一整年的时间内，该在线系统持续运转并发出警报。该案例研究是 NEPTUNE 项目的一部分，NEPTUNE 项目由英国工程和物理科学研究理事会和企业赞助，有七个学术机构、三家企业、两个供水公司（Yorkshire Water Service 和 United Utilities）和一个自动化公司（ABB 公司 2007—2010）参与，资助费用为 270 万英镑（Savic 等人 2008）。该项目的核心可交付成果是一个基于风险的综合决策支持系统（DSS），用于评估干预策略，为可持续供水系统运行决策提供信息。该 DSS 以 Dempster—Shafer 理论为基础，结合来自若干独立数据源/模型（如爆管预测模型、水力模型和客户联系模型）的计算结果定位 DMA 区域内的爆管位置（Bicik 等人 2010）。软件其他功能包括事故概率、水力、经济和客户影响模型以及 GIS 可视化环境。所描述的人工智能数据分析系统是 NEPTUNE 项目可交付成果的一个组成部分，警报功能为进一步的整合分析提供了有利条件。使用 ODBC 标准，在 NEPTUNE 警报数据库增加一个接口。这些源警报与附加信息合并，若被认为是重要事件，则由 DSS 进一步评估。使用影响模型组件（包括水力模型）评估受影响的用户，以及由于失效而导致水质变色风险增加的管道，使操作者更好地了解爆管的不利影响，以及这些影响随时间的变化（Bicik 等人 2009）。

应该强调的是，这项实验是用“直播”（在线）的数据进行的，而不是一个桌面（离线）研究案例——漏损小组经常被告知 DMA 中的问题，然后跟进并定位。此外，该系统也能够向扁平线系统提供反馈，并帮助调整阈值报警水平。警报系统自动发送电子邮件到控制室的专用电子邮件账户，并使用 ODBC 自动录入 NEPTUNE 警报数据库。图 9-5 显示的是 DSS 系统的一部分（Morley 等人 2009），即 H&D 研究案例区域的 NEPTUNE 实时警报浏览器，显示了 1 周的最新警报。

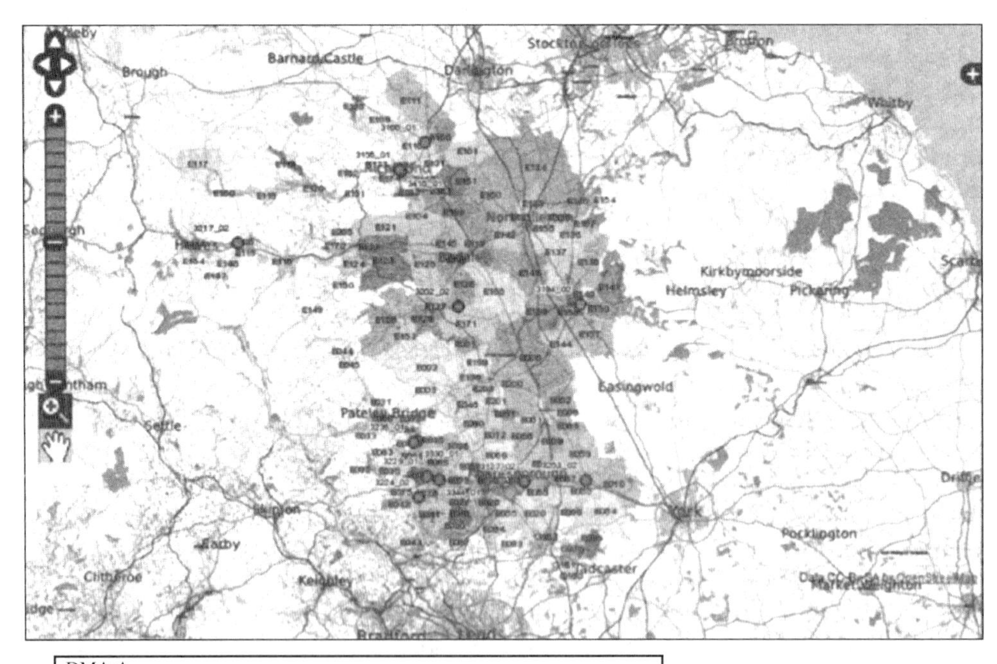

DMA:A
警报%置信度：80.00模糊输出：0.8日期：从2008/2/25的13:45:00到2008/2/26的1：45：00爆管尺寸估计：2.1

图 9-5　案例研究的区域

与警报相关的信息来源如下：

（1）与控制室的直接联络；

（2）主要事故的日常电子邮件简报；

（3）客户反映数据库（可见漏损的客户报道）；

（4）与扁平线警报的比较；

（5）工作管理系统（WMS）的维修数据库记录。

通过汇集来自这些信息源的信息，在许多情况下，通常能准确发现警报原因和随后的相关事件。然而，应当强调的是，试点的“实时”性，决定了信息的不完整性，因此在某些情况下，妨碍了对结果的严格评估。

图 9-6 显示了人工智能系统正确地产生了扁平线系统未检测到的主管爆管警报。编号为 A 的 DMA 拥有 3057 个居民用户和 474 个商业客户。警报在凌晨 3：11 收到，漏损流量估计约为 2 L/ s。

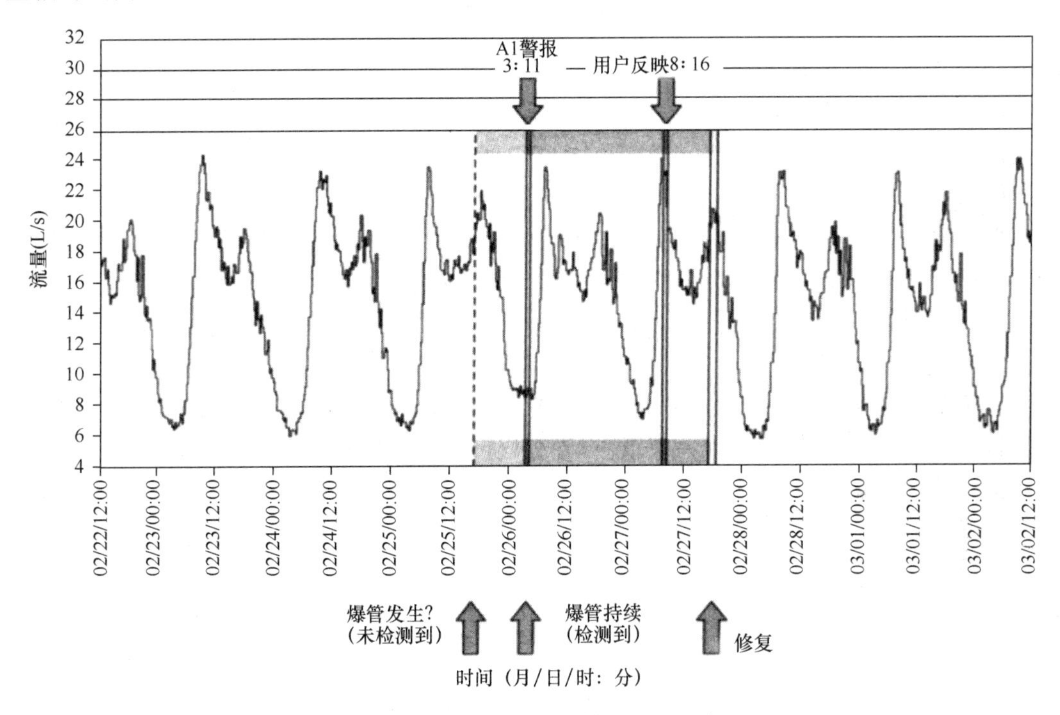

图 9-6　爆管事故的人工智能警报（2008 年 2 月）

扁平线法没有报警，是因为流量增加远低于扁平线的阈值。控制室在 8：16 根据用户热线得知爆管事故，如图 9-6 所示。修复记录证实修复是在 2 月 27 日进行的。在该事件中，人工智能系统在漏损检测时间上比用户热线报警的时间提前了 29h。应该注意的是，爆管发生时间是通过分析夜间流量估计的。

图 9-7 提供了系统中 144 个流量计运行一年的结果。

图 9-7 中呈琥珀色的分类是人工智能系统产生的警报，随后的人工数据调查证实确实发生了某种类型的事件。示例包括不寻常的用水需求（例如未知的工业活动），还有一些关系到已知的管网维护，或者目前无法解释但很重要的夜间流量的短期增长。这些异常事件中的一些异常事件的标识，例如大的工业用水量或关闭和打开阀门，不能在当前分析系

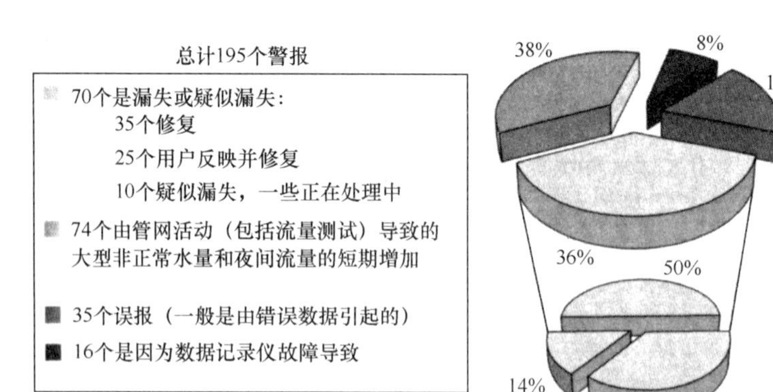

图 9-7　2008 全年在线警报综述（Mounce 和 Boxall2010）

统中与爆管事故区分开来。意外或未经许可的用水，例如填充私人消防水箱、新工业的突增工业用水、未经授权填充街道清洁设备或非法连接，都可能产生异常高流量，并因此导致人工智能系统发出警报。这些都是供水服务方应该注意的情况。例如，人工智能系统检测到在某个 DMA 中有未经同意的大约有 3L/s 流量的消火栓被打开，之后花费了数个小时进行定位和关阀。管网中的操作活动也可能产生意外事故，例如管网重分区或者阀门布置和水泵调度的改变。通过该报警系统对这些活动的探测，为公司对此类活动的时间和量级提供了额外的检查，尤其是当这些活动被外包给第三方承包商时，就会变得尤为重要。

案例研究结果表明，自动在线分析系统有可能成为实时识别中小型漏损的有用工具。它们将促进对漏损管理的主动性，使得在发生漏损事件之后和客户受到严重影响之前意识到漏损事件。该系统能够识别漏损，并因此找到和修复可能会成为背景漏损的漏损，从而有潜力降低“经济漏损水平”。否则，该“经济漏损水平”将会继续保持大约十多年。

9.7　小结

为了审核，人们通常会收集配水系统中的流量和压力数据，帮助识别管网中存在大量漏损的区域，并且也是为了保证满足监管部门要求的最低压力标准。供水公司目前正在对他们的配水管网区域进行试验，这些区域中的 DMA 流量、大用户流量（比如工业用水）和压力数据通过 GSM/GPRS 系统进行实时的收集，以对事故进行诊断和管理。来自在线监测仪器的数据，可以提供关于配水管网中发生的事件的大量信息，但是需要采用智能算法将数据转换为用于决策所需的信息。报警系统将流量和压力传感器数据转换成可及时报警（异常事件检测）形式的可用信息。从知识管理的角度，该方法是数据信息知识智慧（DIKW）金字塔的基石（Ackoff1989）。在试点中使用的智能报警原型系统，已经表现出了减少漏损的潜能。未来，随着仪器覆盖面的增加、低成本传感器的发展、点对点技术或本地集线器通信技术的发展，以及改进的数据管理都将有利于应用机器学习技术（特别是 ANN、小波、卡尔曼滤波器和贝叶斯网络），实时检测和诊断管网中的爆管/漏损。

参考文献

Ackoff, R. L. (1989). "From data to wisdom." *Journal of Applied Systems Analysis*, 16, 3-9.

Akselaa, K., Akselab, M. and Vahalaa, R. (2009). "Leakage detection in a real distribution network using a SOM." *Urban Water Journal*, 6(4), 279-289.

Andersen, J. H., Powell, R. S. & Marsh, J. F. (2001). "Constrained State Estimation with Applications in Water Distribution Network Monitoring." *International Journal of Systems Science*, 32(6), 807-816.

Bicik, J., Kapelan, Z. & Savic, D. A. (2009). "Operational Perspective of the Impact of Failures in Water Distribution Systems." *Proceedings of the World Environmental & Water Resources Congress* 2009 (*WDSA* 2009).

Bicik, J., Kapelan, Z., Makropoulos, C. and Savic, D. A. (2010). "Pipe burst diagnostics using evidence theory." *Journal of HydroInformatics*, In Press.

Boger, Z. (1992). "Application of Neural Networks to Water and Wastewater Treatment Plant Operation." *Instrument Society of America Transactions*, 31(1), 25-33.

Covas, D., Graham, N., Maksimovic, C., Kapelan, Z., Savic, D. A. & Walters G. A. (2003). "An assessment of the application of inverse transient analysis for leak detection: part Ⅱ—collection and application of experimental data." *Proceedings of Computer Control for Water Industry (CCWI) Conference*, London(UK), 79-87.

Covas, D., Jacob, A. and Ramos, H. (2008). "Water losses assessment in an urban water network." *Water Practice & Technology*, 3(3) doi: 10.2166/wpt.2008.061.

Elshorbagy, A. and El-Baroudy, I. (2009). "Investigating the capabilities of evolutionary data-driven techniques using the challenging estimation of soil moisture content." *Journal of HydroInformatics*, 11(3-4), 237-251.

Evora, N. D. and Coulibaly, P. (2009). "Recent advances in data-driven modeling of remote sensing applications in hydrology." *Journal of HydroInformatics*, 11(3-4), 194-201.

Farley, B., Boxall, J. B. and Mounce, S. R. (2008). "Optimal locations of pressure meter for burst detection." *Proceeding of the 10th Water Distribution System Analysis Symposium*, South Africa, 17-20 August, (ASCE online).

Giustolist, O. and Savic, D. A. (2009). "Advances in data-driven analysis and modelling using EPR-MOGA." *Journal of HydroInformatics*, 11(3-4), 225-236.

Hornick, K., Maxwell, S. &Halbert, W. (1989). "Multilayer feedforward networks are universal approximators." *Neural Networks*, 2, 359-366.

Jarrett, R., Robinson, G. and O'Halloran, R. (2006). "On-line monitoring of water distribution systems: data processing and anomaly detection." *Proceedings of the 8th Water Distribution System Analysis Symposium*, Cincinnati USA, August 27—30.

Kapelan, Z., Savic, D. A. and Walters, G. A. (2000). "Inverse Transient Analysis in Pipe Networks for Leakage Detection and Roughness Calibration." *Proceedings of Water Network Modelling for Optimal Design and Management* CWS 2000, 11-12 September 2000, Exeter, UK.

Kendall, M. & Ord, J. K. (1990). *Time Series* (Third Edition). Hodder and Stoughton Limited, Kent.

Li, E., Fan, Y. and Li, X. (2006). "Information fusion technology with application to the localisation of pipeline leakage based on negative pressure wave detection." *Journal of Applied Sciences*, 6(9), 2010-2013.

Loebis, D., Mounce, S. R., Boxall, J. and Fenner, R. (2010). "Approaches for detecting bursts and leaks in water distribution systems." Submitted to *ICE Water Management*.

McKenzie, R. and Seago, C. (2005). "Assessment of real losses in potable water distribution systems: some recent developments."*Water Supply*, 5(1), 33-40.

Misiunas, D., Vítkovsk , J., Olsson, G., Simpson, A. and Lambert, M. (2005). "Pipeline burst detection and location using a continuous monitoring of transients." *Journal of Water Resources Planning and Management*, 131(4), 316-325.

Misiunas, D., Lambert, M. F. and Simpson, A. R. (2006a). "Transient-Based Periodical Pipeline Leak Diagnosis." *Proceedings of the 8th Water Distribution System Analysis Sysmposium*, Cincinnati USA, August 27-30.

Misiunas, D., Vítkovsk , J., Olsson, G., Lambert, M. and Simpson, A. (2006b). "Failure monitoring in water distribution networks."*Water Science & Technology*, 53 (4-5), 503-511.

Morley, M. S, Bicik, J., Vamvakeridou-Lyroudia, L. S., Kapelan, Z. and Savic, D. A. (2009). "Neptune DSS: A decision support system for near-real time operations management of water distribution systems."*Integrating Water Systems*. Boxall and Maksimovic (eds), Taylor and Francis, pp. 249-355, ISBN: 978-0-415-54851-9.

Mounce, S. R., Day, A. J., Wood, A. S., Khan, A., Widdop, P. D. & Machell, J. (2002). "A neural network approach to burst detection."*Water Science and Technology (IWA)*. 45(4-5), 237-246.

Mounce, S. R., Khan, A, Wood A. S., Day A. J., Widdop P. D., and Machell J. (2003). "Sensor-fusion of hydraulic data for burst detection and location in a treated water distribution system."*International Journal of Information Fusion*, 4(3), 217-229.

Mounce, S. R. (2005). "A hybrid neural network fuzzy rule-based system applied to leak dectection in water pipeline distribution networks."*PhD thesis*, University of Bradford, UK.

Mounce, E. R., Machell, J. and Boxall, J. (2006). "Development of Artificial Intelligence Systems for Analysis of Water Supply System Data."*Proceedings of the 8th Water Distribution System Analysis Symposium*, Cincinnati USA, August 27-30.

Mounce, S. R., Boxall, J. B. and Machell, J. (2007). "An Artificial Neural Network/Fuzzy Logic system for DMA flow meter data analysis providing burst identification and size estimation."*Water Management Challenges in Global Change*. Ulanicki et al. (eds), Taylor and Francis, pp. 313-320, ISBN: 978-0-415-45415-5.

Mounce, S. R., Boxall, J. and Machell, J. (2008). "Online application of ANN and Fuzzy Logic system for burst dectection."*Proceedings of the 10th Water Distribution System Analysis Symposium*, Kruger National Park. August 17-20. (ASCE online)

Mounce, S. R., Boxall, J. B. and Machell, J. (2010). "Development and Verification of an Online Artificial Intelligence System for Burst Detection in Water Distribution Systems." *Water Resources Planning and Management*, 136(3), 309-318.

Mounce, S. R. and Boxall, J. (2010b). "Implementation of an on-line Artificial Intelligence District Meter Area flow meter data analysis system for abnormality detection: a case study."*Water Science and Technology*, 10(3), 437-444.

Nabney, I. (2001). *NETLAB: Algorithms for pattern recognition*, *Springer-Verlag*, *UK*.

Olsson, G. (2006). "Instrumentation, control and automation in the water industry-state-of-the-art and new challenges."*Water Science & Technology*, 53(4-5), 1-16.

Poulakis, Z., Valougeorgis, D. and Papadimitriou, C. (2003). " Leakage detection in water pipe networks using a Bayesian probabilistic framework. " *Probabilistic Engineering Mechanics*, 18 (4), 315-327.

Puust, R., Kapelan, Z., Savic, D. and Koppel, T. (2006). "Probabilistic Leak Detection in Pipe Networks Using the Scem-Ua Algorithm. " *Proceedings of the 8th Water Distribution System Analysis Symposium*, Cincinnati USA, August 27-30.

Romano, M., Kapelan, Z. and Savic, D. A. (2009). "Bayesian-based online burst detection in water distribution systems. " *Integrating Water Systems*. Boxall and Maksimovic(eds), Taylor and Francis, pp. 331-337, ISBN: 978-0-415-54851-9.

Savic, D. A., Boxall, J. B., Ulanicki, B. Kapelan, Z., Makropoulos, C., Fenner, R., Soga, K., Marshall, I. W., Maksimovic, C., Postlethwait, I, Ashley R., and Graham, N. (2008). "Project NEPTUNE: improved operation of water distribution networks. " *Proceeding of the 10th Annual Water Distribution Systems Analysis Conference WDSA2008*, Van Zyl, J. E., Ilemobade, A. A., Jacobs, H. E. (eds.), August 17-20, Kruger National Park, South Africa, pp. 543-558, CD-ROM.

Savic, D. A., Giustolisi, O. and Laucelli, D. (2009). "Asset deterioration analysis using multi-utility data and ulti-objective data mining. " *Journal of HydroInformatIcs*, 11(3-4), 211-224.

Shinozuka, M. & Liang, J. (2000). "Damage Detection and Location of Water Delivery by On-line Water Pressure Monitoring. " *SPIE's 7th Annual International Symposium on Smart Stuctures and Materials*, Newport Beach.

Shinozuka, M., and Liang, J. (2005). "Use of SCADA for Damage Dectetion of Water Delivery Systrems. " *Journal of Engineering Mechanics*, 131(3), 225-230.

Stoianov, I., Karney, B., Covas, D., Maksimovic', C. & Graham, N. (2002). "Wavelet Processing of Transient Signals for Pipeline Leak Location and Quantification. " *1st Annual Environmental and Water Resources Systems Analysis (EWRSA) Symposium*, A. S. C. E. EWRI Annual Conference, Roanoke, Virginia, US.

Stoianov, I., Lama Nachman, Andrew Whittle, Sam Madden, and Ralph Kling. (2006). "Sensor Networks for Monitoring Water Supply and Sensor Systems: Lessons from Boston. " *Proc. of the 8th Annual Water Distribution System Analysis Symposium*, Cincinnati, OH, August 27-30.

Stoianov, I., Graham, N., Madden, S., Odenwald, T. and Stein, M. (2007). "WaterSense: Integrating sensor nets with enterprise decision support. " *Water Management Challenges in Global Change*, Ulanicki et al. (eds), Taylor and Francis, 123-126, ISBN: 978-0-415-45415-5.

Tilak, S., Hubbard, P., Miller, M. and Fountain, T. (2007). "The Ring Buffer Network Bus (RBNB) Data Turbine Streaming Data Middleware for Environmental Observing Systems. " *Proceedings of the IEEE International Conference on e-Science and Grid Computing*, 125-133, ISBN: 978-0-7695-3064-2.

UKWIR (2006). "Integrated Network Management Roadmap. " *UK Water Industry Research*, *Report Ref. No. 07/WM/18/4*.

Walski, T. M., Chase, D. V. and Savic, D. A. (2001). *Water Distribution Modeling*, Haestad Press, ISBN, 0965758044, Haestad Methods, Inc., 37 Brookside Road, Waterbury, CT, USA.

WRc (1994). *Managing Leakage*, *Report A. U. K. Water Industry Research Ltd/Water Research Centre(WRc)*, WRc Bookshop, WRc Plc, Frankland Road, Blagrove, Swindon, Wiltshire, SN5 8YF, England.

Wu, Z. Y., Sage, P. and Turtle, D. (2010). "Pressure-Dependent Leak Detection Model and Its Application to a District Water System. " *Journal of Water Resources Planning and Management*, 136(1), 116-128.

Yamamoto, T. , Fujimoto, Y. , Ashiki, T. and Kurokawa, F. (2006). "Estimation of pipe break location in water distribution network. "*Proceedings of the IWA World Water Congress and Exhibition*, Beijing, China, September 10-14.

Ye, G. and Fenner, R. (2010). "Kalman Filtering of Hydraulic Measurements for Burst Detection in Water Distribution Systems. "*ASCE Journal of Pipeline Systems Engineering and Practice*, ISSN: 1949-1190(print), 1949-1204(online) (In Press).

第10章 压 力 管 理

10.1 简介

在发展中国家，漏损水量大约为生产水量的50%。物理漏损主要由管网中的漏损和阀门处的漏损组成。压力过大是引起漏损和爆管的主要原因。为了解决水量短缺问题，供水公司经常会致力于提升供水策略（增加自来水产量），而不是降低供水漏损。压力管理是优化系统和快速获得投资回报的最有效的途径。

压力管理是一种控制漏损的有效方法。经常会将它和计量分区DMA联系起来。DMA的流量通过永久安装在进水口和边界管上的流量计进行监测，压力通过减压阀（PRV）进行控制。水务公司和用户使用DMA方法实现漏损水量控制。为了清楚理解每一方的角色定位，很有必要了解漏损责任。

漏损责任：供水系统示意图（见图10-1）提供了从水源到用户的整个流程。处理后的水经过主干管输送至配水干管、引入管，最终到达用户。图10-1展示了各种输入（主干管、支管、供水设施、用户）以及水务公司和用户各自的责任。水务公司应该负责主干管和直至用户水表的配水系统的漏损控制，其外的范围应该是用户负责的范畴。

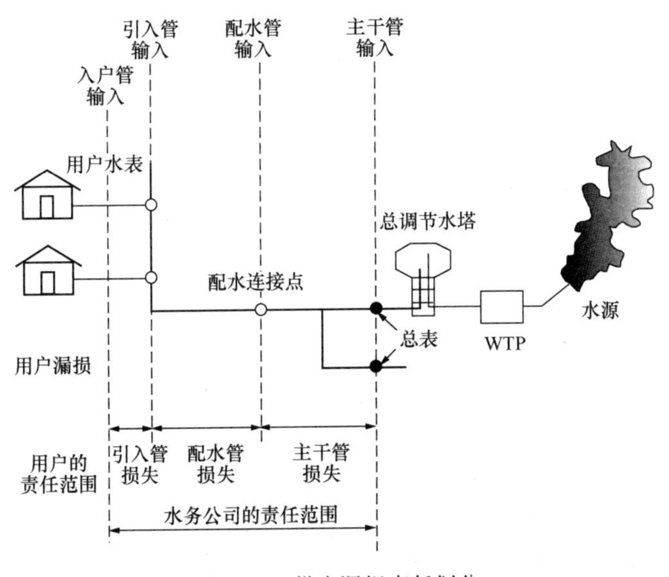

图10-1 供水漏损责任划分

10.2　独立计量区（DMA）

图 10-2 展示了一座城市的典型供水系统。从净水厂（WTP）出来的水通过总调节水塔（MBR）输送到城市的各个水库中。主水表安装在 MBR 的出口，负责测量供水系统的输水量。配水管网中的管道直径通常在 100～400 mm。输水干管将水分配到配水干管中。一个大型配水系统的管网分成许多区，每个区都有自己对应的水源水库。这些区又细分成小区，即 DMA。

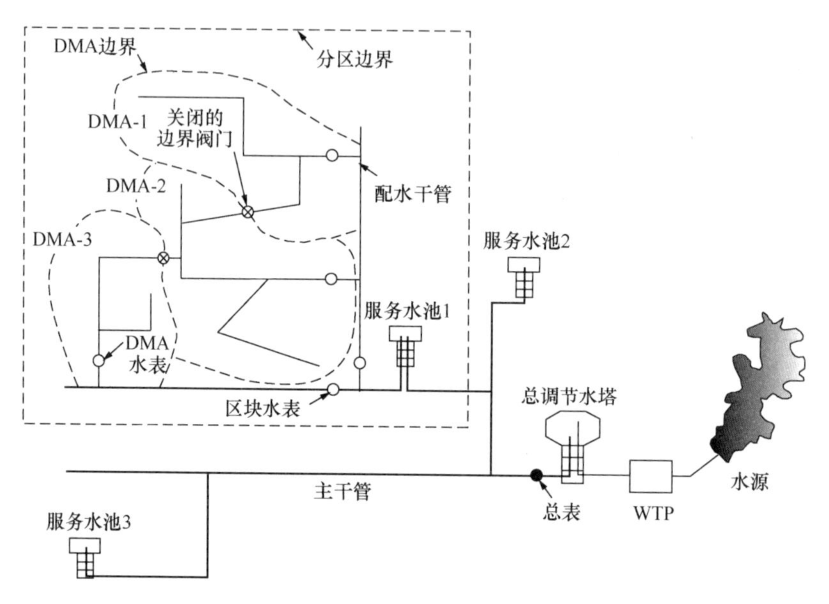

图 10-2　独立计量区（DMA）的典型结构

DMA 是配水管网中水力特性分离的（独立的）区域。在每个 DMA 的入口处安装流量计，测量进入 DMA 的水量。边界阀门安装在两个 DMA 之间的连接管道上。边界阀门常处于关闭状态，确保 DMA 的独立性。因此，一个 DMA 只有一个入水点。用水量借助于用户水表进行测量。无收益水量（NRW）是指配水系统中的总供水量与收费的合法用水量之差。因此，DMA 入口处流量计的总读数与用户水表读数所得的全部用水量之间的差值便是无收益水量值。

分区测量是减少配水管网中漏损的主要手段。DMA 概念在 20 世纪 80 年代首次提出，并在英国应用。国际水协（IWA）定义 DMA 管理模式为：配水系统中由关闭阀门而产生的独立分散的区域，并且计量进/出该区域的水量。

DMA 用来监测系统的流量和压力。DMA 主要用来优先处理漏损控制问题。在这种布置下，水务工程师能够通过分析夜间时段的流量和压力情况确定 DMA 的漏损水平。

级联 DMA：有些情况下，由于地理条件的原因，我们不能从输水主干管上分接配水管道，同一根主干管必须串联多个 DMA，如图 10-3 所示。在这种情况下，下游 DMA 称为级联 DMA（图中灰色区域）。安装在上游和下游的阀门分别用来测量进入上游 DMA 和下游级联 DMA 的进水量。

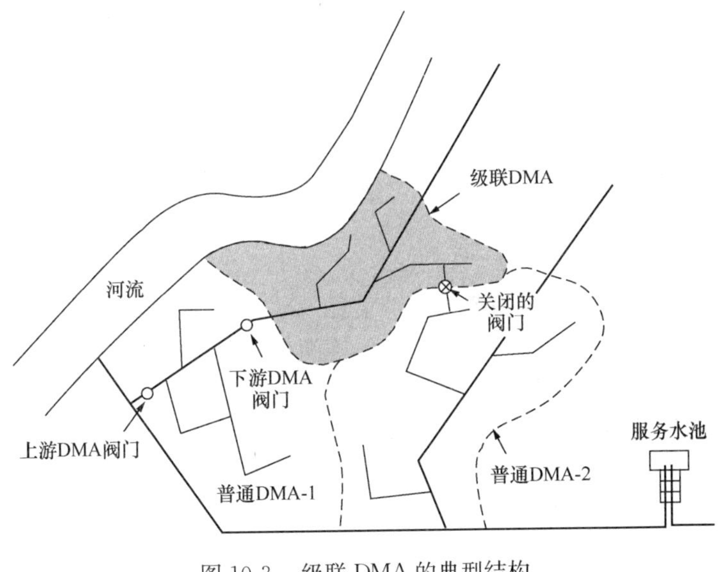

图 10-3　级联 DMA 的典型结构

10.2.1　DMA 目的

在大型配水管网系统中，常由多水源供水。这种类型的系统叫做开放式系统（Ranhill2008）。在该系统中，如果管网中的管段是互联的，那么这些从不同净水厂出来的水将会混合在一起，系统的压力和水质将会发生持续变化。因此，在这种类型的系统中，无收益水量只能反映整个系统的平均值。然而，减少无收益水量需要知道漏损发生的精确位置；但是在大型管网中很难找出其精确位置。表 10-1 中列出了 DMA 分区的必要性。

DMA 分区的必要性　　　　**表 10-1**

序号	划分 DMA 前	划分 DMA 后
1	仅能在水处理设施和区域分界线上测量水量	流量可以在 DMA 区域的所有流入点进行测量。流量和压力可以在 DMA 仪表上测量
2	对配水管网的认识不足	配水管网的水力学知识有了显著提高。由于 DMA 仪表的使用，系统的水头损失可以确定为固定连续的参考点。因此，管网模型的性能得到了提升
3	在漏损修复项目上能力有限	DMA 数据分析是可行的，这为漏损检测和修复项目提供了帮助
4	漏损控制是被动的，因为只能移除可见的漏损	漏损控制是主动的，即使是不可见的漏损和爆管也可以被及时地识别和修复
5	系统不能反馈结果，因此漏损管理员的士气低落	DMA 数据可以很好地反馈和帮助人员更新漏损修复的影响。因此，员工的士气很高
6	不能进行流量监测控制	DMA 仪表监测的数据允许工程师查找最小夜间流量，以帮助降低漏损

10.2.2 DMA 调查

应该实施现场测试调查以识别和绘制管道，包括管线、材质、尺寸和长度。该调查可以帮助找出没有纳入记录的管段和阀门，也可以用来确定用户数量、道路名称以及供水源。该调查的目的是检查闸阀的状态——究竟是完全关闭、完全开启还是部分开启状态。

10.2.3 DMA 规划

在规划阶段，应该掌握管网系统的全部信息。地图必须精准，临时边界也应该标识出来。所有的水力数据都应该可用。原则上，应该满足以下所有条件：

（1）理想状态下，每个 DMA 应该有一个水源。

（2）每个 DMA 的流入、流出水量都应该被计量。

（3）所有的边界阀门（除了 DMA 总的流入阀）都必须永久关闭。

（4）应该保持良好的管道记录。

DMA 的影响：如果现有的配水系统是环状系统，当把该系统转换为 DMA 系统时，最好是要评估这种改动对消防水量、可靠性以及用水安全的影响。Grayman 等（2009）提出，从环状系统转换成 DMA 系统仅会导致消防水量的微量变化，而两种系统的用水可靠性基本相同。

10.2.4 DMA 设计

DMA 设计的目的是合理安排区块大小、控制水力条件和选择区块监测仪表。

（1）DMA 大小：DMA 可大可小，这取决于区块内部的节点数量。通常情况下，典型 DMA 一般为 500～3000 个节点。较小 DMA 的优势是可以在漏损和爆管发生时快速及时得到识别。因此，事故反应时间（包括发现、定位和修复）得以提高，这样事故持续时间很短。

考虑到 DMA 是城镇或者农村供水系统的一部分，它的大小也会有变化。例如，农村区域的节点数据应该小于城市区域，因为城市区域的人口密度较大。DMA 的大小也取决于自然边界情况，比如道路、河流和主干管。

（2）DMA 水力条件：城市地形是起伏不定的，因此，肯定存在高水压和低水压地区。DMA 的大小取决于其中关键点的压力。

设计好 DMA 以后，收集计费数据，比如节点总数。计算 DMA 的平均用水量。应该标记大用户和敏感用户（例如国防工厂、警察局、学校、旅馆等）。如果有小用户存在，应该进行定期检查。

中间阀门必须完全开启，边界阀门必须永久关闭。因此把边界阀门标记成红色是一个很好的实践经验。

（3）DMA 仪表选择：仪表的选择取决于管道尺寸和类型以及上游的水压。也取决于流量范围、反向流要求、精度、数据传输要求以及仪表成本。

10.2.5 DMA 配置

在创建 DMA 时，有时候需要在主干管上增加一个新的节点。当建立 DMA 时，应该标记、发现并修复（如果需要）已经存在的阀门。为了把 DMA 和与其相邻的 DMA 分离开，阀门应该安装在需要边界阀门的位置。利用水力模型，可以对管道进行检查。如果需要，还可以对管段进行更新、移除或者修复。进气阀、边界阀或者阶段测试阀都要经过仔细核查以确定它们的状态。如果需要，也会对其进行维修。在 DMA 内外都应该安装数据记录仪。

DMA 仪表安装：仪表安装的要求包括：合适的接口、电缆和管道的铺设、砂石回填以及合适的管道井位置。管道井应该靠近仪表安装，以使附属设施成本降至最低。连接电话线必须靠近管道井。管道井应该安置在电线杆之类的物体后面以保证安全。

10.2.6 DMA 校正

很有必要确保所有的仪表都能正常工作，所有的边界阀门都处于完全关闭状态。同时也要注意确保所有的内部阀门都处于完全开启状态。对于每一个区块都必须通过零压测试。

零压测试：压力记录仪必须安装在合适的位置。在测试时，关闭 DMA 入口阀门，检查压力值。DMA 内部压力应该降到零，同时应保持 DMA 外部压力值。然后缓慢打开入口阀门（以防爆管），再次测试压力值。测试成功则表示边界阀门处于完全关闭状态。阀门应该密封起来并涂成红色。

10.3 DMA 管理

DMA 管理有两个阶段：基础数据收集和日常操作。

（1）基础数据收集：在设置记录和记录过程时需要基础数据。为此，很有必要建立数据捕获理论和技术。评估和审查漏损基础数据很重要，漏损基础数据包括：最小夜间流量、合法夜间用水量和大型夜间用水量。一旦掌握了这些数据，基本的漏损探测、定位以及维修工作都将得以顺利展开。

（2）日常操作：DMA 管理的日常操作需要明确其管理原则。

10.3.1 DMA 管理原则

建立 DMA 时，DMA 管理的主要任务是通过流量计测量 DMA 的进出流量以及用水量，估计其漏损水平。无收益水量（NRW）、最小夜间流量（MNF）和商业漏损都可以计算。DMA 管理原则见图 10-4。

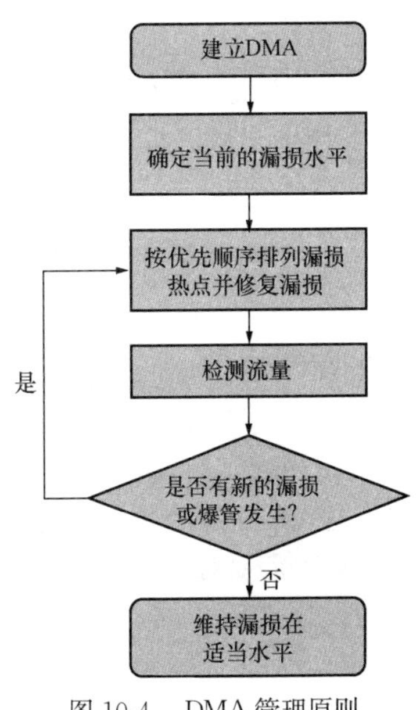

图 10-4　DMA 管理原则

通过了解初始漏损水平，可以找出发生漏损最严重的区域并进行漏损修复。为了减少 NRW，需要监测 DMA 的入口流量，发现并修复新发生的漏损和爆管。通过这种方式，漏损将保持在适宜水平。

动态漏损：随着时间的推移，漏损量将持续增加。了解了初始漏损水平，就可以找出漏损最严重的区域

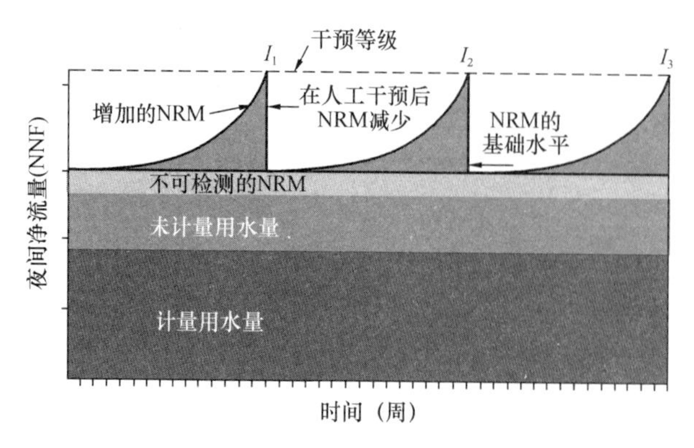

图 10-5　动态 NRW

（应给予最大关注的区域）。通过优先考虑这些漏损位置并对其进行修复，漏损将在最开始的阶段得到大幅度降低。然而，漏损也可能持续增加，直到采取进一步的漏损探测和修复措施。因此，在 DMA 管理中，日常的漏损监测是很重要的一个步骤。可以通过绘制日常的夜间净流量（NNF）变化图（见图 10-5）来完成这项工作。

数据记录仪用于记录详细的日常 NNF。若将商业漏损降到最低，那么长时间范围内的 NNF 可以代表 NRW。图 10-5 显示了 NRW 随着时间推移的增长情况。当 NRW 增长到某种程度时，比如说 I_1，就需要进行干预控制，这是因为水务公司不能承受这么大的损失。这个限制点也叫做干预等级。当 NRW 达到这个限制点时，漏损探测团队将开始识别和修复漏损。一旦解决了漏损问题，NRW 将大大降低，如图 10-5 的垂直部分。随着时间的推移，NRW 流量将再次趋于增加，I_2 和 I_3 是接下来的两个干预点。

何时修复管段？系统的 NRW 会因为物理漏损（如管网老化）、商业漏损（如偷水、非法连接、水池溢流）以及系统压力过高而持续增加。这些原因导致我们对系统 NRW 的监测变得很困难。因此，干预等级由漏损检测和修复团队确定。如图 10-5 所示，系统完成修复工作降低了 NRW 值，之后 NRW 值又会出现增长，这是一个循环过程。但一段时间后，这种管理方式将会变得很不经济。图 10-6 解释了这一现象的具体原因。

在 I_1 处的第一个干预点之后，NRW 从起始等级点 B_1（见图 10-6）开始有增长的趋势，直到到达 I_2 处的第二个干预点。明显可以观测到，未探测到的 NRW 值将从第二个点以及后续的干预点开始趋于增长状态。第三次干预从第二个等级点 B_2 处开始。水务公司的 NRW 管理者应该保持对后续干预点，如 I_3、I_4、I_5 等的记录。在很多情况下，我们可以发现，和前面的干预相比，后续的干预频率更高。这表明系统的漏损一直在增加，系统处于持续恶化状态。这时，漏损探测和修复的成本过高，需要对系统进行管网改造。改造可能以更换管道、阀门、仪表等形式进行。

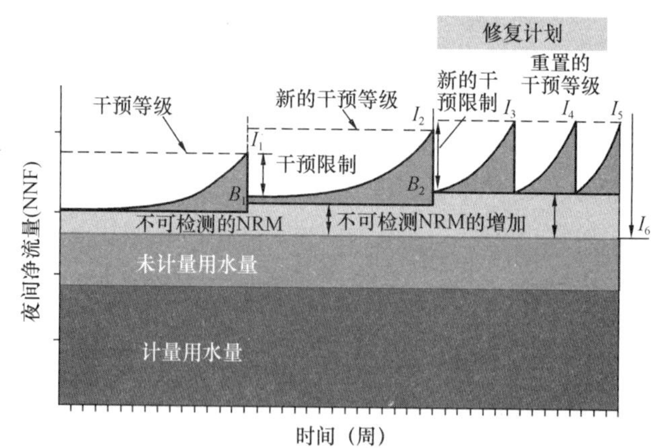

图 10-6　管道修复

管网改造后，干预等级将会显著降低。未探测到的 NRW 值甚至会降低到之前的等级。这样，各个干预等级都将会降低和重置，如图 10-6 中的 I_6 所示。

10.4 压力管理

全球很多发展中国家和发达国家的水务公司都面临着严峻的供水漏损问题。压力、漏损和爆管率之间有很明显的关联，压力越高，漏损越严重，爆管发生越频繁。因此，降低压力是一种成本效益很好的降低漏损的手段，更重要的是，同时也降低了爆管频率。所以说，压力管理延长了资产的使用寿命。

降低漏损可以推迟在资源发展方面的投资。过剩的压力是漏损和爆管的主要原因。降低压力对减少现有的漏损有立竿见影的作用。如图 10-7 所示，国际水协漏损控制小组发表了可持续发展的供水漏损控制策略，包括四个方面，其中提到了降低真实漏损的压力管理。

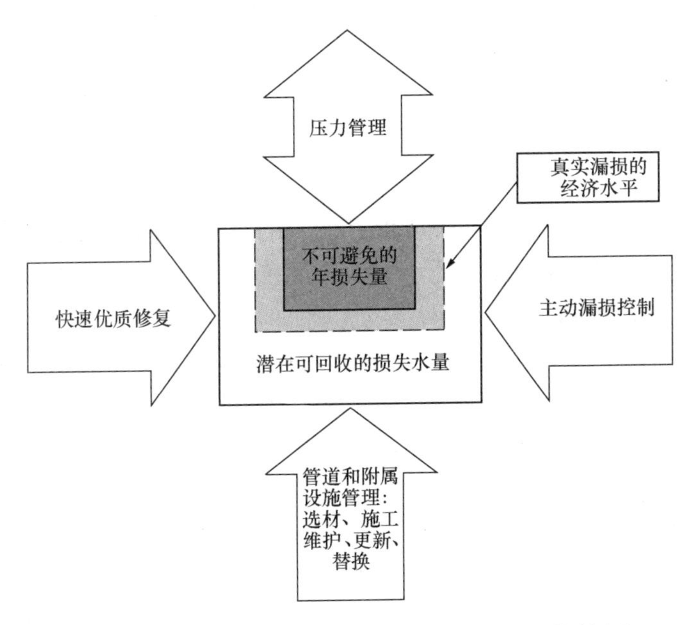

图 10-7 可持续漏损控制策略（来源：IWA 漏损控制小组）

压力升高：建立 DMA 并采取有效的管理措施后，管网的压力有了显著的改善，如图 10-8 所示。

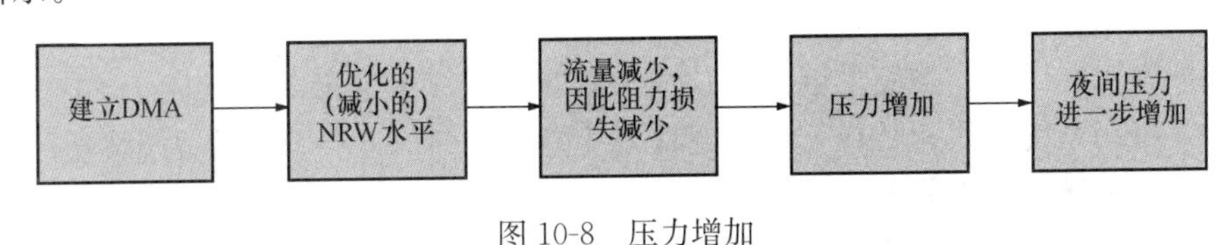

图 10-8 压力增加

修复漏损后，DMA 中的流量降低，同时摩阻损失降低，导致压力升高。夜间最小用水时段，压力进一步升高。因此，压力管理很重要。在降低物理漏损方面能否取得长效佳绩，取决于如何管理系统压力。

定义：美国给水工程协会（AWWA）的手册（M36，2009）将压力管理定义为：管理系统压力是保证达到适宜的服务水平，向用户提供充足有效的供水，同时消除所有引起管网系统不必要漏损的因素，如减少不必要或过剩的压力、消除瞬变流和错误控制。

10.4.1 压力管理的重要性

积极的压力管理有很多好处。下面是一些关于压力管理的实践性优势（见图 10-9）。

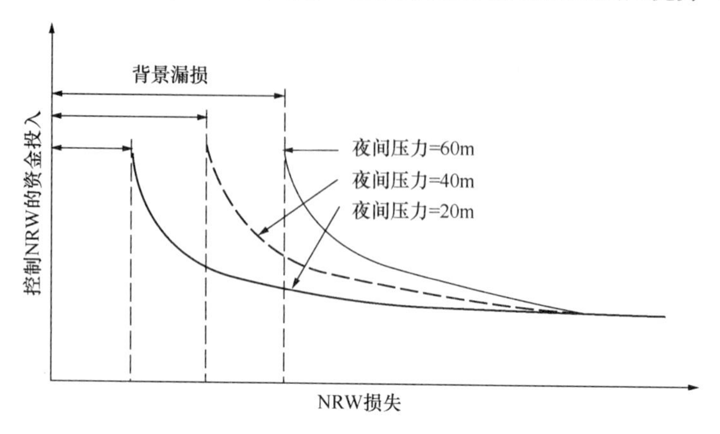

图 10-9 背景漏损控制

（1）减少漏损和爆管：过剩的压力造成了大量的漏损和爆管事故的发生。把压力管理和其他技术联合起来，可以降低漏损量。当配水系统的压力降低并稳定时，新的漏损发生频率会随之降低。有很多诸如此类的成功案例（McKenzie2009）。例如，在南美小镇 Khyeletsia，通过这种方式已经减少了 24×10^6 L/d（MLD）不必要的消耗和漏损。巴西的 Sao Paulo 也安装了数百个减压阀，从而减少了 260×10^6 L/d 的漏损量。

（2）水量的有效均匀分配：在许多配水系统中，经常发生不均匀配水问题。这是由设计不合理、基础设施老化、地理情况复杂多样等多种原因造成的。配水系统压力管理可以通过压力降低技术来确保水量均匀分配。

（3）无法得到的收益减少：水是人类赖以生存的条件。由于政治或者社会原因，有时候会出现消费者即使没有付款，供水公司也会继续供水的情况。在这样的情况下，压力管理是一种重要的工具，可以通过维持最低供水水平来减少水量损失。

（4）存储量最小化：应用压力管理措施，可以帮助将水库和水池的水位维持在可以保证需水量的最低水平。这是通过控制大量阀门的运行状态实现的。水位控制阀保证了当系统需水量小而压力很大的时候，尤其在夜间，不会发生溢流。

（5）抑制水锤压力：当突然断电或快速关阀时，系统中会形成瞬变流工况。水锤压力波形成后，将在系统中迅速传播，导致管段发生爆管，带来更严重的水力影响。此时，泄压阀和水锤控制阀可以有效防止破坏。

（6）供水管网稳定：压力管理限制了压力和流量变化。因此，延长了供水设备的使用寿命。稳定系统有助于管理供水管网，这样也可以降低一些物理性变化，从而延长系统的使用寿命。维持管网状态稳定，可以提高管道水质，降低沉淀物数量。

（7）提高用户服务水平：当进行管网修复工作导致配水量减少时，给用户持续稳定地提供生活用水，有助于提高用户的满意度，压力管理在这方面起到了重要的作用，因而可以满足用户服务的标准要求。

总之，压力控制不仅为用户提供了良好的供水服务，还有助于增加收益，同时降低管网漏损。

10.4.2 预测漏损变化

压力和漏损之间最常用的关系就是固定面积和可变面积漏损（FAVAD）公式：

$$L_1 = L_0 \left(\frac{P_1}{P_0}\right)^{N_1} \tag{10-1}$$

式中 P_0、L_0——分别为初始压力和漏损流量；

P_1、L_1——分别为改动后的压力和漏损流量；

N_1——指数，取决于管道材质。

图 10-10 表示不同 N_1 时压力和漏损流量的关系。

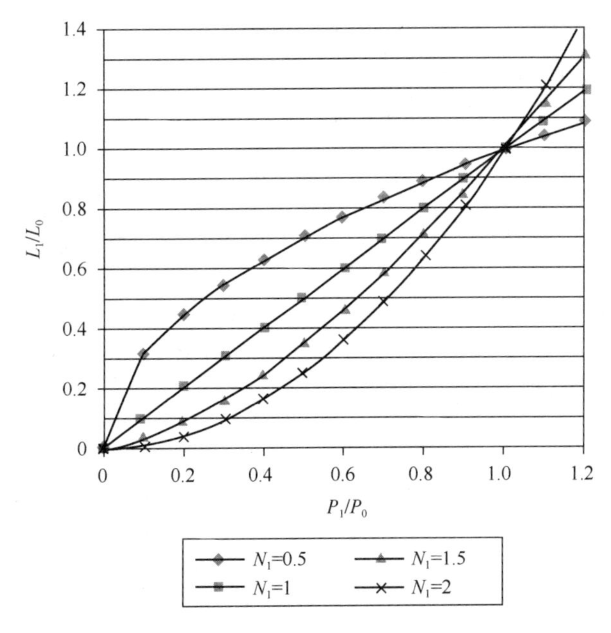

图 10-10 压力和漏损流量的关系

N_1 值越大，漏损流量对压力的变化越敏感。特定管段的 N_1 值是通过在夜间时段进行测试而确定的。在英国、巴西、马来西亚进行的测试结果显示 N_1 的取值范围在 0.5～1.5 之间。下面是一些 N_1 的推荐值（Thornton2003；Walski 等人 2006；Ranhill2008）：

$N_1=1$ 管材不详或者是具有混合管材的大型管网

$N_1=0.5$ 固定面积的漏损（例如在厚壁钢性管段钻孔）

$N_1=1.5$ 取决于压力的可变面积漏损

$N_1=2.5$ 特殊情况

指数 N_1 的取值较大时，漏损流量随压力变化更加明显。比如，根据公式（10-1），将压力降低 25%（即 $P_1/P_2=0.75$），漏损流量将会降低：

$N_1=1$　　$L_1/L_0=0.75$

$N_1=0.5$　　$L_1/L_0=0.87$

$N_1=1.5$　　$L_1/L_0=0.65$

$N_1=2$　　　　$L_1/L_0=0.56$

$N_1=2.5$　　　　$L_1/L_0=0.49$

10.4.3　压力管理方法

用于控制漏损和水量的压力管理方法如下（Thornton 等人 2002）：

（1）压力降低/维持；

（2）水锤预警/防护；

（3）水位/高程控制。

这些方法可以有效处理漏损和需水量管理问题，其中压力降低是经常使用的方法。配水管网中可以通过高程、节流闸阀、水泵控制、压力调节池和减压阀进行分区，从而实现压力降低。

高程分区：这种基本方法已经用于压力管理，其中压力分区取决于地形等高线。它需要维持高海拔地区关键位置的余压。子区是通过类似于河流、溪流等自然边界，或者像道路等人为边界进行划分的。系统结构见表 10-2。

系　统　结　构　　　　**表 10-2**

系　　统	系统结构基于
重力	地面高程
水泵输送	高位服务水塔的水位

节流闸阀：在很多水务机构中，压力是通过节流闸阀产生的水头损失降低的。然而，系统水量的改变也会改变水头损失。除此之外，阀门的频繁动作会造成阀体和阀瓣的磨损。因此，这种方法并不提倡。

水泵控制：向高海拔地区的配水系统供水时需要水泵加压。水泵根据系统需求进行启闭操作。必须保证小心缓慢地启闭水泵，防止出现水锤现象。

在变速泵控制的区域，压力可以通过调整水泵转速进行管理，以维持最小压力并有效控制系统压力。

其他情况：在有调节水塔的区域，很难进行压力控制。在这种情况下，可以在水塔出口管道上安装减压阀，在进口管道上安装止回阀，使其有效控制压力。

压力调节池：通过引入调节池，下游的主干管会变成重力流管段，这样可以将管道和不想要的瞬时压力波动隔离。

减压阀（PRV）：减压阀是一种自动控制阀，它可以降低入口处的高压，保证除了非恒定流和变化的入口压力之外的水流可以在出口处维持低压状态（Haestad2003）。减压阀通过自动调节进行压力控制，因此下游的水力坡度线（HGL）会始终保持在一个设定的数值。通过安装减压阀降低压力可以达到直接的效果。

（1）为什么使用减压阀？

如图 10-11 所示，一个高位水池向配水系统的高地势和低地势区域供水。在不使用减压阀的情况下，低地势区域的压力 P_L 总是比高地势区域的压力 P_H 高；这可能会使低地势地区产生漏损或爆管现象，同时也会使高地势地区的用户满意度降低。

因此，将减压阀安装在高地势和低地势地区之间的合适位置，用来把高压降低到设定

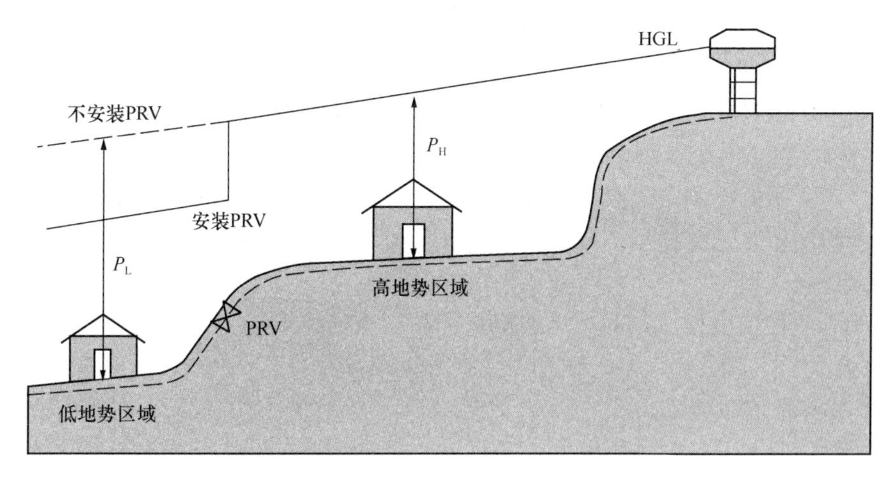

图 10-11　安装 PRV 将压力降低至设计值

的低压值。这种情况下的减压阀叫做“固定出口控制”。减压阀降低了漏损量以及爆管频率，同时延长了管道的使用寿命。

（2）减压阀如何工作？

减压阀由一个主阀和先导阀组成（见图 10-12）。主阀包含一个由柔性可变材料制成的氯丁橡胶隔膜。如果上行的压力变大，则膜片被向下推动，反之亦然。

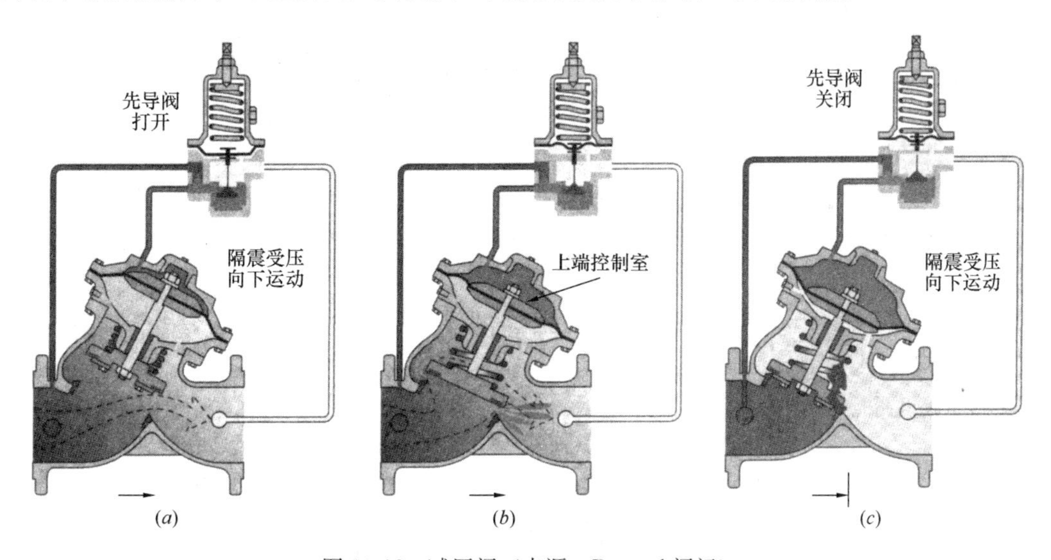

图 10-12　减压阀（来源：Bermad 阀门）

（a）PRV 处于开启位置；（b）PRV 处于调节位置；（c）PRV 处于关闭位置

先导阀：先导阀的功能是设置下游压力。它包含一个弹簧，是隔膜传动的，并且通常处于开启状态。内部阀门通过弹簧保持打开状态。当控制压力低于隔膜超出弹簧的作用力时，先导阀关闭。

主阀：减压阀在开启、调节和关闭状态下的操作如图 10-12 所示。

1）开启位置：正常情况下，减压阀保持开启状态，先导阀也是打开的。当先导阀开启时，从主阀的上端控制室释放压力；因此，上端控制室的压力不影响主阀的薄膜压力。

此外，同时作用于下端控制室和密闭碟片的压力移动阀门至开启位置。

2）调节位置：先导阀感受到管路压力变化，相应地执行打开或关闭动作。它控制阀门上端控制室中的累积压力，从而使主阀调整到中间位置并保持预设的压力值。

3）关闭位置：下游压力增加时，先导阀关闭；结果是，它反向控制了主阀上端控制室的压力。因为主阀控制室隔膜上的面积超过密闭碟片的面积，产生的作用力强制推动阀门至完全关闭的位置，并提供不漏水的密封。

（3）减压阀选型

减压阀有两种选型方法，即利用选型软件和利用传统图形方法。选择合适的 PRV 所需的信息为：

1）最大流量（如 50 L/s）；

2）上游入口压力（如 0.5MPa）；

3）要求的出口压力（如 0.3MPa）

（4）减压阀安装

减压阀安装类型有四种：

1）安装旁通管：这种安装方式见图 10-13。优势是：在维护期间，不必停止供水，而且在任何维护操作期间不会中断供水。该方式是 PRV 系统的最佳选择。劣势是：安装成本高，安装时间比其他类型要长，需要很大的空间安装 PRV。

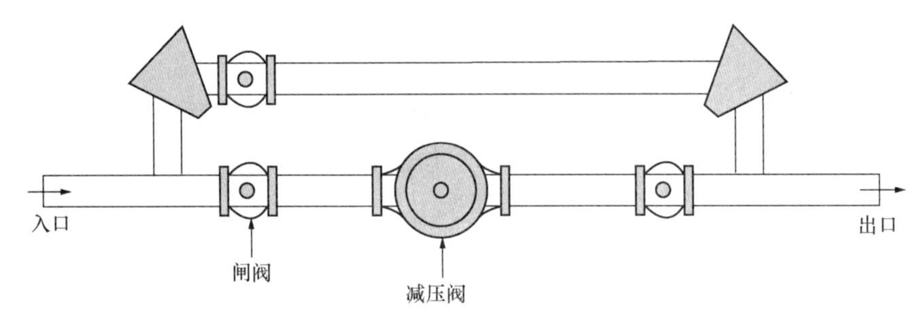

图 10-13　安装旁通管的方式

2）不安装旁通管：这种安装方式见图 10-14 和图 10-15。相较于安装旁通管的形式，这种方式的优点是造价低。缺点是：在维护期间，供水需要关闭，用户供水会中断。

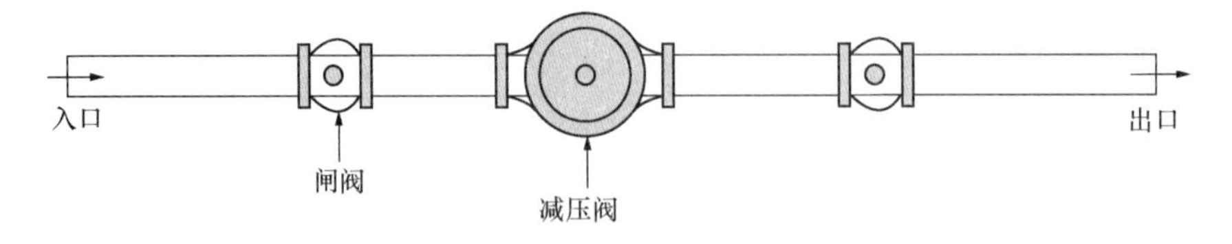

图 10-14　不安装旁通管的方式

3）管道内安装：安装方式见图 10-16。优点是：它是所有安装方式中造价最低的，安装耗时也很短；安装过程也比安装旁通管的方式更简单容易，而且安装只需要很小的空间。缺点是：维护操作很难进行，当供水中断的时候最邻近的闸阀需要关闭；而且当进行大型维护操作时，需要停止向用户供水。

4）双重安装：安装方式见图 10-17。优点是：相较于单个减压阀，双重更加高效，

图 10-15　无旁通阀的安装方式（来源：Badlapur 水务机构，印度）

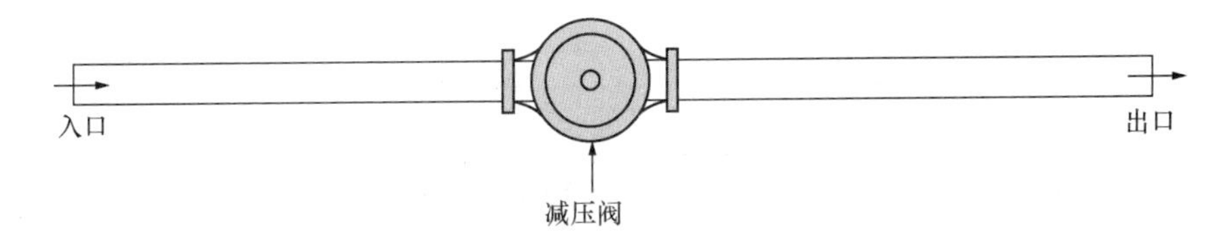

图 10-16　管道内安装方式

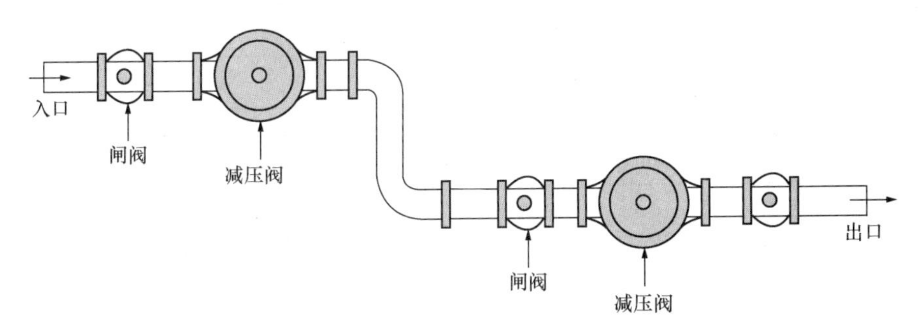

图 10-17　双重安装方式

可以降低过高的压力。缺点是：造价太高，当进行大型维修操作时需要中断供水。

（5）减压阀调试

具体操作如下：

1）加压阀门并排除空气。为此，需要从主阀盖排出空气。除非把空气全部排出，否则阀内存在的空气将会导致系统读数错误。

2）先导阀开始工作时先设置一个低于需求的压力值。然后，当系统和阀门稳定后再调整至更高的压力设定值。

3）缓慢调整先导阀以保证控制阀和系统能够适应变化。顺时针调整用于增加压力设定值。

10.5 压力管理建模

压力管理建模是一个漫长的过程，建模师要了解哪里需要降压和哪里需要提供额外压力以保证足够的水量。作为压力管理的第一步，应该先建立管网水力模型（间歇式供水或24/7）并识别压力盈余或不足的区域。基于这个模型，可以计划实施适当的压力管理措施。

在配水管网中可能出现两种情况：(1) 有明显压差；(2) 压力相关用水量。在第一种情况中，如果地形不均匀，那么可以根据节点高程建立高压区和低压区。在第二种情况中，用水量取决于节点压力尤其是当压力不足时。

10.5.1 压差

在 24/7 供水模式下，白天和夜间的用水量变化显著（见图 10-18）。高峰时段的用水量最大，节点压力最小，而在夜间时段的用水量最小，节点压力最大。

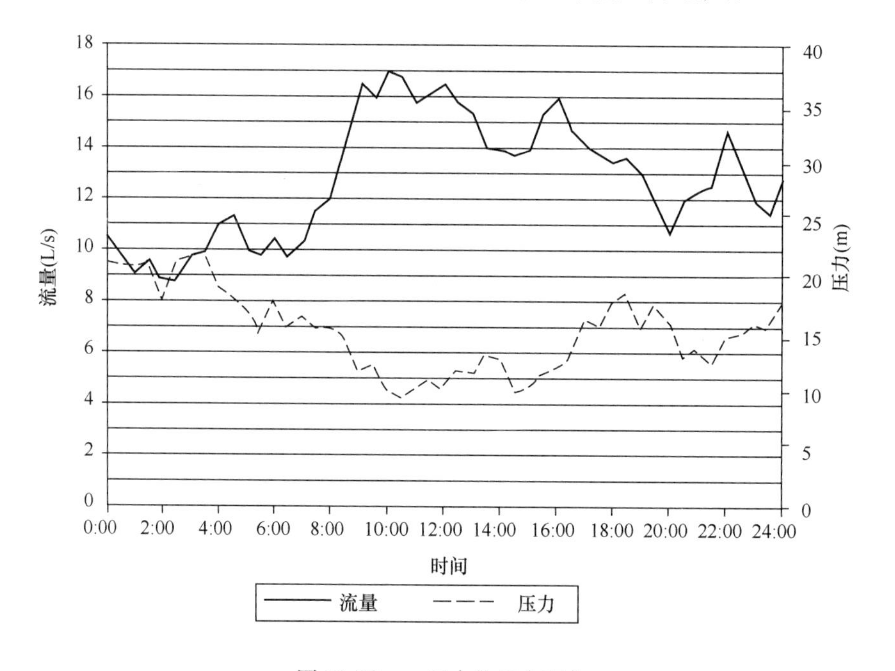

图 10-18 一天中的压力变化

压差问题可以通过延时时段模型并在适当的位置安装减压阀解决。图 10-19 显示了 Badlapur 地区的一个典型区域管网，很好地解释了这一概念。如图 10-19 所示，一座水池给管网供应 1.53×10^{6}L/d/（MLD）的水。有一个高压区的平均节点压力是 32 m。需要降低该高压区的压力值。

如图 10-19 所示，在标记“A”的位置安装减压阀解决了这一问题。图 10-20 和表 10-3 显示了减压阀安装前后的压力值。很明显，减压阀将高压区的节点压力降低并维持为恒定值。

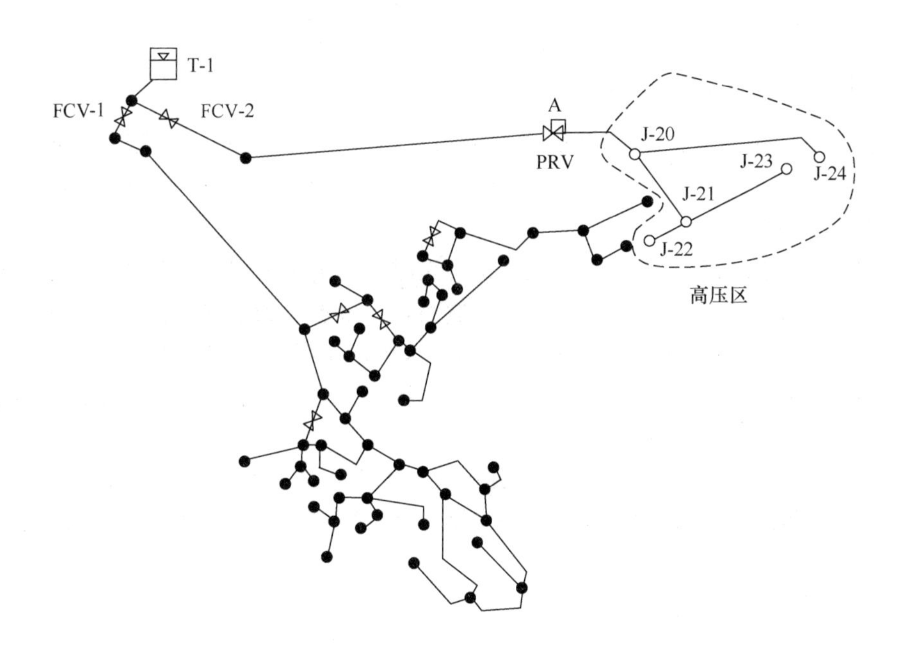

图 10-19　Badlapur 地区的管网

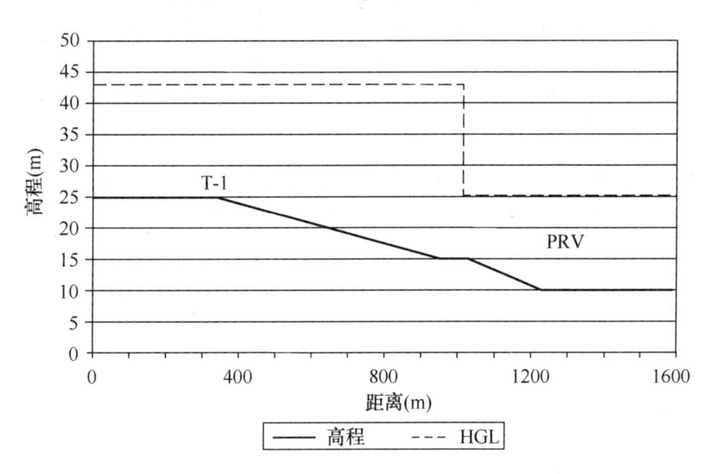

图 10-20　通过 PRV 降低的压力

节　点　压　力　　　　**表 10-3**

压力分区	节点	压力水头（m）	
		安装 PRV 前	安装 PRV 后
高压区	J-20	32.58	14.94
	J-21	32.56	14.92
	J-22	32.41	14.77
	J-23	32.45	14.80
	J-24	32.35	14.71

10.5.2 压力相关需水量（PDD）

在压力不足的区域，PDD 概念更为合理和有用。在传统的压力模型中节点需水量是固定的，这会导致产生不切实际的低压或负压。在这种情况下，可以使用 PDD 模型而不是水量驱动模型（Wu 等 2009）。

需水量和压力的关系：在配水管网的正常工况下，由于节点压力足够维持在一个很高的水平，节点需水量和压力是相互独立的。然而，当节点压力下降到低于特定的水平（称为“阈值”）时，节点需水量取决于压力大小。这种情况可能出现在系统维护期间，比如水泵故障或水源供水不足等。在这种情况下，系统的压力受到影响。这些情况下的需水量就称为压力相关需水量（PDD）。

参考水量的百分比和压力阈值的百分比关系如图 10-21 所示。从图中可以看出，当压力高于阈值和降低到阈值时，需水量保持不变。当压力变成零时，需水量也变为零。

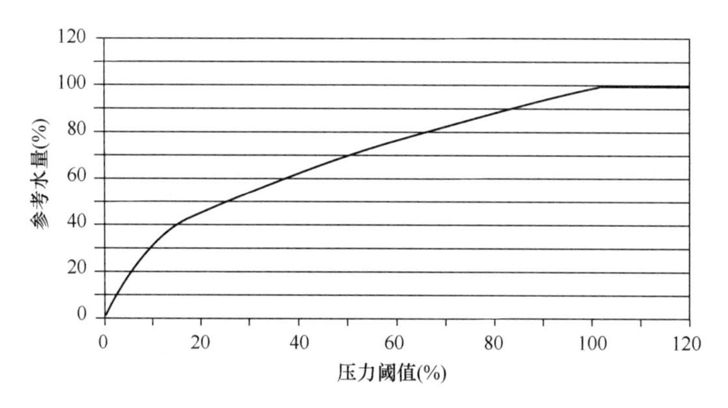

图 10-21 压力相关需水量（来源：Wu 和 Walski2006）

10.5.3 PDD 概念的实用性

考虑水库 R-1 向节点 J-1 和 J-2（供水量分别为 2×10^6L/d 和 5×10^6L/d）供水，如图 10-22 所示。管道 P-1 的直径和长度分别为 200mm 和 2000m，管道 P-2 的直径和长度分别是 150 mm 和 2500m。

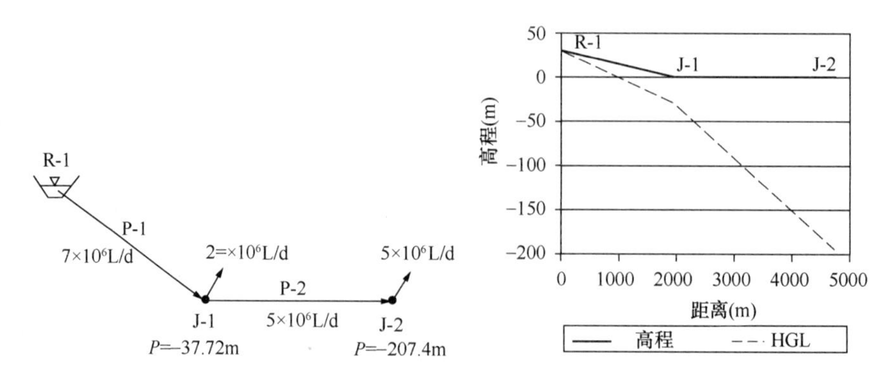

图 10-22 不考虑 PDD 时的模型

当这个小型模型没有考虑PDD时，节点J-1和J-2的压力都是负值，如表10-4所示。水力坡度线（HGL）低于高程线，这在实际中不可能出现。因此，这种情况并不实际。

节点压力 **表10-4**

节点	节点需水量（$\times10^6$L/d）		节点压力（m）	
	不考虑PDD	考虑PDD	不考虑PDD	考虑PDD
J-1	2	1.423	−37.72	3.54
J-2	5	2.5	−194.74	0

然后，模型考虑PDD，压力阈值为7m（图10-23）。节点J-1和J-2的压力现在分别为3.54m和0m，水力坡度线也高于高程线，这是十分符合实际的（见图10-24）。因此，在需水量管理中使用PDD模型，可以得到更好的计算结果，并且在压力不足时更接近实际结果。PDD模型节点流量随节点压力降低而减少（当压力为0时，流量减少至零）。如表10-4所示，节点J-1的可用水量从2×10^6L/d减少到1.423×10^6L/d，节点J-2的可用水量从5×10^6L/d减少至2.5×10^6L/d。因此，当压力降低到低于限制阈值时，消费者不得不节约用水。

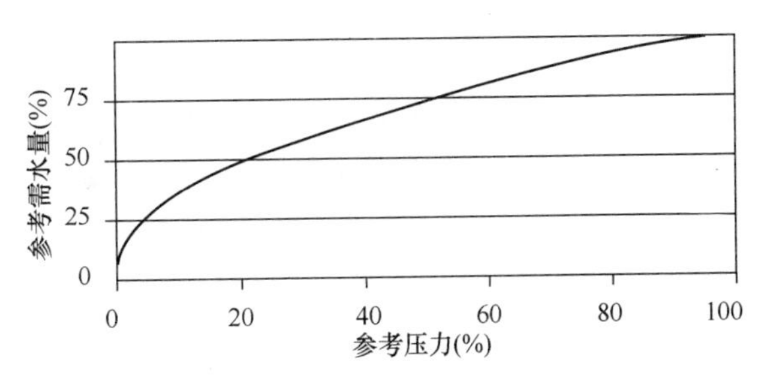

图10-23 压力相关需水量

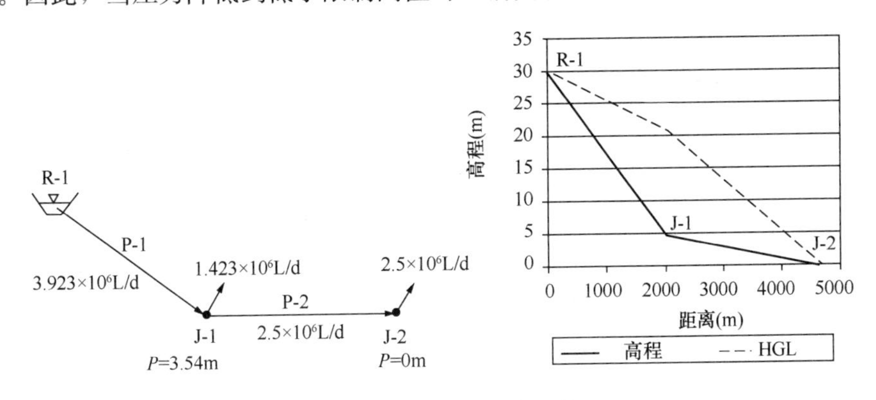

图10-24 考虑PDD时的模型

然而，当模拟间歇式供水系统或灾难事故发生时，应该明智地使用PDD模型。在这种情况下，消费者必须至少得到可以维持正常生活所必需的水量，即日常需水量的30%。

图10-25所示是印度塞恩河地区的典型管网。它有两个水源为城市供水，分别是Stem和Shahad。管网性能是在两种情况下得到的，分别是：正常运行时；Stem水源失效时。每种情况对应两种模型：常规方法；PDD模型。

（1）正常情况：管网模型用WaterGEMS（Bentley2009）建立后运行，正常条件下的管网节点压力在1.2～7.3kg/ cm^2之间。末端节点（J-34和J-35）的需水量和观测压力如表10-5所示。压力足以供应节点所要求的需水量。

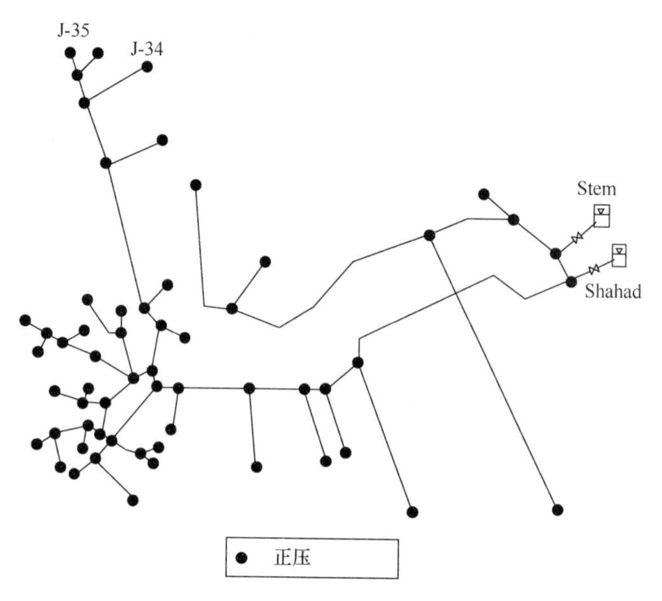

图 10-25　印度塞恩河地区的典型管网

（2）当 Stem 水源失效时的常规模型：当 Stem 水源失效时，城市管网状况如图 10-26 所示。运行模型后，可以看到所有节点压力均为负值。末端节点需水量和压力观测值如表 10-5 所示。

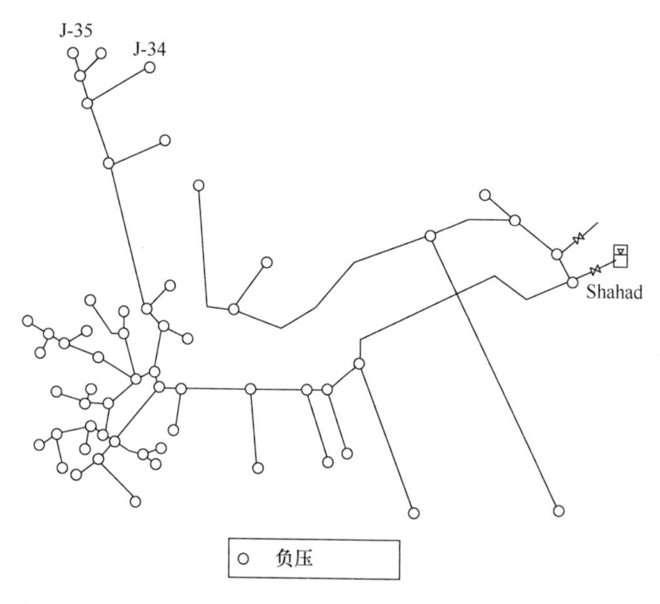

图 10-26　印度塞恩河地区的管网状态（当 Stem 水源失效时）

（3）当 Stem 水源失效时的 PDD 模型：由 WaterGEMS 准确建立了管网 PDD 模型，图 10-25 和图 10-26 的模型相同。运行模型后，发现节点的压力值更贴近实际，末端节点压力是正值，而不是负值，这和之前的情况一样。有趣的是，在之前的情况下，流量是 395×10^6 L/d，但应用 PDD 模型后，已经减少到 300×10^6 L/d。

末端节点处的压力变化　　表 10-5

<table>
<tr><th rowspan="2">节点</th><th colspan="2">正常情况</th><th colspan="2">Stem 水源失效</th><th colspan="2">PDD 模型</th></tr>
<tr><th>用水量
($\times10^6$L/d)</th><th>压力
(kg/cm^2)</th><th>用水量
($\times10^6$L/d)</th><th>压力
(kg/cm^2)</th><th>用水量
($\times10^6$L/d)</th><th>压力
(kg/cm^2)</th></tr>
<tr><td>J-34</td><td>3</td><td>5.9</td><td>3</td><td>负压</td><td>2.53</td><td>3.6</td></tr>
<tr><td>J-35</td><td>2</td><td>5.8</td><td>2</td><td>负压</td><td>1.68</td><td>3.6</td></tr>
</table>

10.6　间歇式供水特征

间歇式供水在东南亚的一些发展中国家很普遍。这种供水方式妨碍了发展中国家实现千年发展目标。例如，在印度没有城市为居民提供 24/7 连续供水。为实现这一具有挑战性的目标，当地相关部门做了很多努力。但是高人口密度，加上无规划的配水系统和松懈的漏损管理成了无法取得成果的重要因素。

间歇式供水可以定义为：每日向消费者供水的时间少于 24h。它可以每天有 18～20h 的供水时间，也可以每天只有几分钟的供水时间。间歇式供水有很多缺陷，它的主要特点如下：

(1) 健康风险：管网每天都会出现放空状态。如图 10-27 所示，间歇式供水系统中如果出现漏损，那么在没有供水的时段，受污染的水就会进入管道内。当受污染的水被饮用之后，疾病会随着一起传播。在连续供水系统中，水流在压力下持续流动，如图 10-28 所示，即使管段出现漏损，脏水或受污染水也不会进入管道。由于污染物容易进入管道，间歇式供水系统中的水被认为不适于饮用。

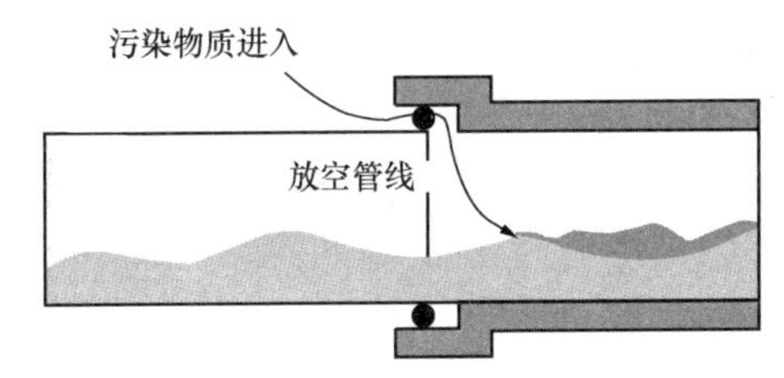

图 10-27　间歇式供水系统

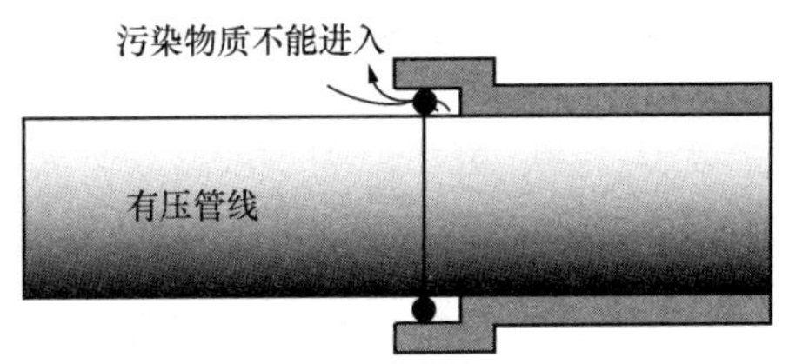

图 10-28　24/7 连续供水系统

用户必须将间歇式供水系统中的水过滤或者煮沸，才适宜饮用。故而用水成本很高。

(2) 存储：在间歇式供水系统中，消费者需要在室内存储水以满足一天的用水量。人们可以搭建地下水箱和屋顶水箱；从能源的角度来讲，水泵将水送至屋顶水箱的花费是很高的。而且如果系统的可靠性很低，人们就会一直开着水龙头，从而浪费了大量的水。此外，一旦人们得到新鲜的水便会抛弃之前长时间存储的水。因此，在间歇式供水系统中，有相当多的水被浪费。

(3) 不方便：在贫民窟地区建造了供水立管。在这些地方，人们奔向供水立管旁边排队，这样他们就可以等到水一来就能打水。通常不方便使用，导致居民与水务当局关系紧张。很多时候，不是水龙头一直打开，就是水龙头被偷，从而造成了水的大量浪费。

（4）仪表故障：在间歇式供水系统中，当管道排空时，仪表可能倒转提供错误的读数。水中的空气驱使仪表转得更快，产生错误读数。因此，在间歇式供水系统中，流量不能准确测量。仪表故障导致了用水纠纷。

（5）管道尺寸不经济：在间歇式供水系统中，人们在早上和晚上的时间段内会用更多的水。因此，需要大直径的管道以保证提供高峰时段短时间内所需的大量水量。由于管道直径大，需要大尺寸的阀门。储水池也没有得到充分利用。

（6）更多的人力消耗：在间歇式供水系统中，大量的阀门都需要每天至少操作两次。因此，需要很多操作人员连续不断进行操作，导致运行成本很高。

（7）使用寿命缩短：配水系统的管网每天都在加压满流和放空状态之间变化，这导致了管道磨损，从而缩短了系统的使用寿命。

（8）高浓度的氯：间歇式供水系统需要大剂量的消毒剂，例如氯，这导致了管道腐蚀。此外，高浓度的消毒剂也会带来健康问题。

（9）可用水缺乏：当发生火灾时，可能没有充足的水量救火。在这种情况下，需要从配水系统的其他区域迅速调水。

10.6.1 间歇式供水原因

（1）持续低于设计用水量和限制量：由于人口增多，配水管网中的节点用水量增加，超过设计水平。因此，以前的设计不再适合用水量需求。由于更换全部管道耗费太高，很不实际。如果这种情况下管网仍然持续运行，管网的水力状态将会被打破，这就产生了间歇式供水。

（2）随意的管道布置：糟糕的工程建设是导致漏损出现的一个重要原因。另外，在发展中城市很多新增管段都是随意布置的。这些管段的连接越来越多，而且由于压力不足，漏损变得不可探测。这种情况逐渐变得越来越糟糕，最终导致间歇式供水。

（3）需求大于供给：由于人口增多，城市的需水量将会增加，故而会出现水源短缺问题。由于水源水量并没有增加，供需关系变得不平衡，需水量大于供给量。这就限制了供水量，为了公平，供水系统转向间歇式供水模式。

（4）低收费和无计量供给：在没有仪表的情况下，消费者按统一的收费标准缴费。低收费阻碍了需求管理。因为用水收费起不到威慑性作用，水龙头可能会一直打开。因此，某些节点过度用水，使得其他节点的水量不足，从而浪费用水，最后导致转向间歇式供水模式。

（5）非法连接：如果新管段的连接成本很高，那么自然会导致非法连接。在发展中国家，如果供水能力已经被充分地利用，就不会授权新的连接。然而，由于那些需要连接新管段的用户离不开用水，所以他们不得不非法连接。

（6）漏损：由于基础设施老化或工程质量差，在管道连接处出现泄漏。在缺乏适当维护的情况下，连续供水模式转向间歇式供水模式。

（7）拓扑结构：很多时候在配水系统中，既有高海拔地区又有低海拔地区。低海拔地区的用户会在高压力的情况下得到更多的水，这会牺牲高海拔地区消费者用水。在配水系统中，这种差异也会导致间歇式供水。

10.7 间歇式供水转换为 24/7 全时供水

尽管供水系统最初设计为连续流系统，它们可能由于 10.6 节所阐述的原因而被迫切换成间歇式供水模式。正如热力学第二定律，即有序的系统会随着时间的变化而变得无序，由于城市规模的增长，配水系统也随之不断扩大。随着管道被腐蚀和连接处变薄弱，越来越多的水被浪费在漏损上，几年前还能满足需水量，现在必须定量供给。因此，供水管网实施了分区供水，满足不同区域的要求。

24/7 全时供水系统的任务是将无序的供水系统转换为安排有序和设计合理的系统（具有适宜压力的压力管道）。必须进行系统的工作，将陈旧的效果不好的间歇式供水系统转换为 24/7 全时供水系统。

10.7.1 24/7 全时供水系统实施路线

将一个间歇式供水系统变为 24/7 全时供水系统是一项艰巨的任务。该过程的路线图如图 10-29 所示。第一步是构建一个适当的政策框架，然后提供充足的预算。水价应该设计为，用水越多的用户，收费越多。必须保证有正规的操作和维护，以此来维持 24/7 全时供水系统的正常运转。其中，技术方面是最重要的。

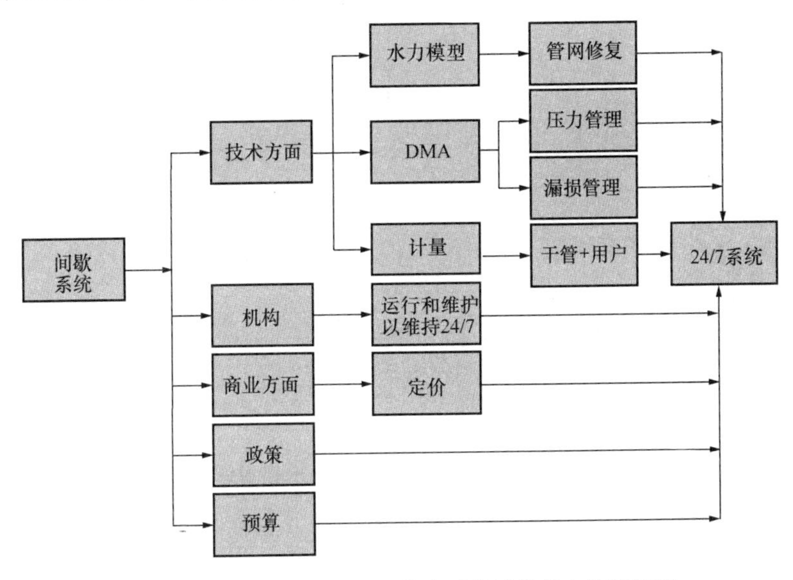

图 10-29 间歇式供水系统向 24/7 全时供水系统转换的实施路线图

（1）技术方面：当从间歇式供水模式转换为 24/7 全时供水模式时，水力模型、DMA 分区和仪表安装是几项重要的技术。

（2）模型：对现有的配水系统建模是设计的关键部分，它对 DMA 的成功操作起到至关重要的作用，因此配水系统可为社区提供可靠、安全、高效的全天候服务。建模是（Haestad Method2003）一个现实系统的近似数学描述。

建立水力模型时，必须模拟管网的各种组件，如水库、水池、管道、阀门等。术语“模拟”（Haestad Methods2003）是指通过一个系统的功能来模仿另一个系统行为的过程。在当前的研究中，模拟一词代表真实系统的数学模拟。

水力模型提供了关于水力基础设施完整的正确信息，可以帮助管理者做出决策。尤其是当它被用于DMA分离、管网设计、管道更新以及流量计安装位置选择时。

10.7.2 DMA多方案分析

在模拟研究中，需要创建和处理大量的数据集，需要进行大量的模型计算，必须记录并保存计算结果。不可能创建各种数据文件，编辑每个数据文件中的输入数据。不论是对大量的数据文件进行编辑还是经常只对一个单独的数据文件进行编辑（Haestad Method2003），这种工作都是混乱的、低效的，容易产生人为错误。因此，为了解决这个问题，将一个模型数据文件保存为多个可选数据集。

为了过渡到24/7全时供水系统，往往要对管网进行改造，特别是对于需要更换的管段。管网中的一些地区位于高海拔地区，因此，当地的压力很低。需要对管网进行调整(有些管道插入管网形成环，在这种情况下压力将会增加)。这里，系统需要进行很多改变。必须确保管网所有节点的压力都是正值。这些都是通过创建各种DMA方案实现的。

可选数据集分别代表了管网的独立信息。为了对24/7全时供水模式的转换进行研究，需要考虑三个可选数据集（见图10-30）：（1）有效拓扑结构——表示系统及其属性；（2）用水量——管网中各种类型的节点用水量；（3）操作——阀门的设置和操作。

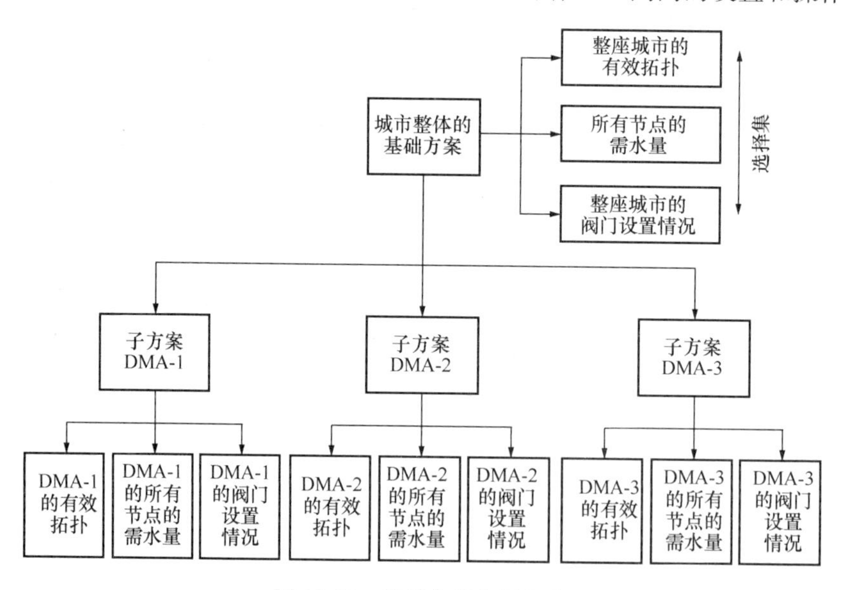

图10-30 基础方案和子方案

创建一个城市整体的基础方案。该方案总共有三个选择数据集（城市整体的有效拓扑结构、用水量和操作设置）。然后，创建所有DMA的子方案。每一个DMA的每一个子方案的选择数据集都是从基础选择数据集衍生生成的。然后，求解每一个DMA方案的水力模型，并检查结果是否为正压。

（1）区块和DMA的形成：图10-2显示了一个配水系统中的一个大型区段（称作操作区）的概略图。水源向净水厂供水。处理后的水通过总调节水库送到不同的服务水库。操作区由若干独立计量区（DMA）组成。DMA是转化为24/7全时供水系统的最关键策略。城市被分成若干个 DMA。每一个 DMA 与相邻的区域在水力上是独立的。尽量让水从一个入口流入。连续地监测关键位置处的流量和压力，能提供漏损程度以及高流速迹象。

(2) 计量：水表被安装在各个位置上，如图 10-2 所示。安装有总表和用户水表。

总表：一个主流量计记录进入配水系统的输入流量。一个区段流量计测量分配到特定区块的流量，并且每个 DMA 流量计记录每个 DMA 的入流量。

用户水表：用户水表用于测量 DMA 中的用水量。DMA 的入流量减去这部分用水量即可得到无收益水量。

10.7.3 转换到 24/7 全时供水阶段

从间歇式供水转换到 24/7 全时供水所需要的多个阶段如图 10-31 所示。这样的转变始于对基础地图的研究。采用 0.6m 分辨率的城市卫星图像，这样每个房屋都能在光栅图中看到。然后，把这张图像数字化使其适合作为水力模型的背景图。

把管网添加到 GIS 中有两种方法。一种是直接法，把卫星图像添加到 GIS 软件中，例如 Bentley Map 或 ArcGIS，它们可以和管网软件结合，比如 Bentley 公司的 WaterGEMS 软件。另一种方法是在 WaterGEMS 中结合背景图绘制管网图。通过已知的管网和 GIS 图的四个角点，管网可以通过空间调整设置地理坐标。

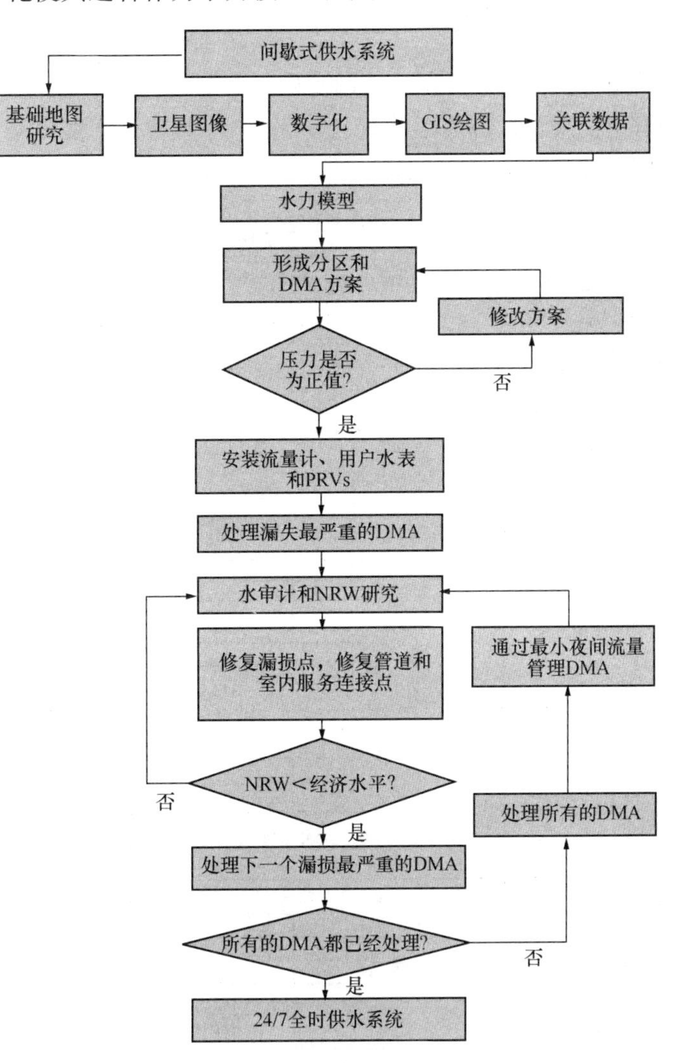

图 10-31 转换到 24/7 全时供水系统的有关阶段

创建城市整体的基础方案，然后是每个 DMA 的子方案。对每个方案的管网模型进行求解。求解管模型网意味着求解连续性和能量方程。软件能够自动求解这些方程并给出结果。获得节点压力。所有的压力必须是正值；否则，需要修改方案。

一旦准备好水力模型，则总表的位置就最终确定了。安装总表是为了测量非收益水量，然后解决漏损严重的 DMA。通过水量审计、漏损识别和修复工作后，仍渗漏的老旧管道会被替换。改善漏损严重的DMA后，下一个目标是减少DMA的非收益水量。对所有的DMA重复这个过程。并把监测DMA的最小夜间流量作为DMA管理的一部分。

改善的DMA能够减少非收益水量。节省下来的水增加了供水时间。以这种方法，间歇式供水系统最终被改进成24/7全时供水系统。

10.8 建立间歇式供水模型

间歇式供水管网的压力较低并且供水时间少于24h。这样系统中的管道不是完全有压的。该系统的特点是有大量的接水点以及地下和屋顶水箱连接点。对于这样的系统，把排气阀安装在高处，在系统重新加压时排气。由于供水时间受限，因此管道交替排空和充水。低压和空管道对于建模是个挑战。供水时段要作为模型的节点用水模式。

10.8.1 用水模式

由于供水时间受限，管网不得不承受更大的流量（相当于每日需水量）。因此，大口径管道需要依据峰值因子确定。峰值因子被定义为最大流量与平均流量的比值。不同的峰值因子和相应的供水时间如图10-32所示。

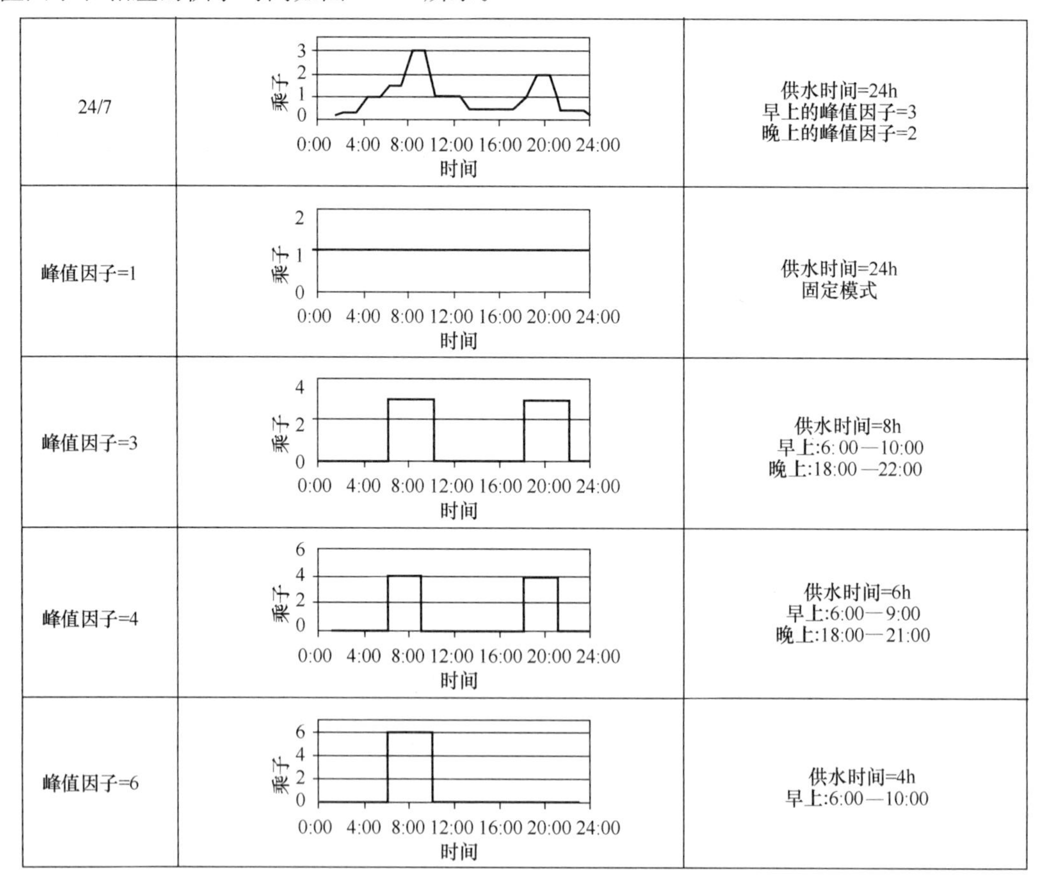

图10-32 间歇式和24/7全时供水系统的用水模式

10.8.2 建模过程

间歇式供水系统建模分为两步：（1）分区；（2）PDD 压力模型。

10.8.2.1 分区

第一步是确定高位服务水池（ESR）的位置。ESR 的能力应该满足其服务区域的水量需求。必须要创建 EPS 模型。

间歇式供水系统中的供水时段：考虑一个服务水塔向子区（称为 DMA）供水，如图 10-33 所示。在设计阶段，系统以 24/7 的形式供水。一段时间后，如 10 年，人口突然增多。水塔无法提供足够的水量，其容量不足以满足 DMA-1 的水量需求。因此，现在为了满足 2 个 DMA 的用水总量，连续供水系统必须改为间歇式供水系统。之前的 24/7 供水不得不限制到，比如说，8h 供水（DMA-1 早上 4 个小时，DMA-2 晚上 4 个小时），其峰值因子为 3，如图 10-33（*b*）所示。现阶段，人口进一步增多，需水量也进一步增加，为了满足供水需求需要进一步限制供水时间，达到 6h（DMA-1 是早上 6：00—8：00，DMA-2 是 12：00—14：00，DMA-3 是晚上 18：00—20：00）如图 10-33（*c*）所示。

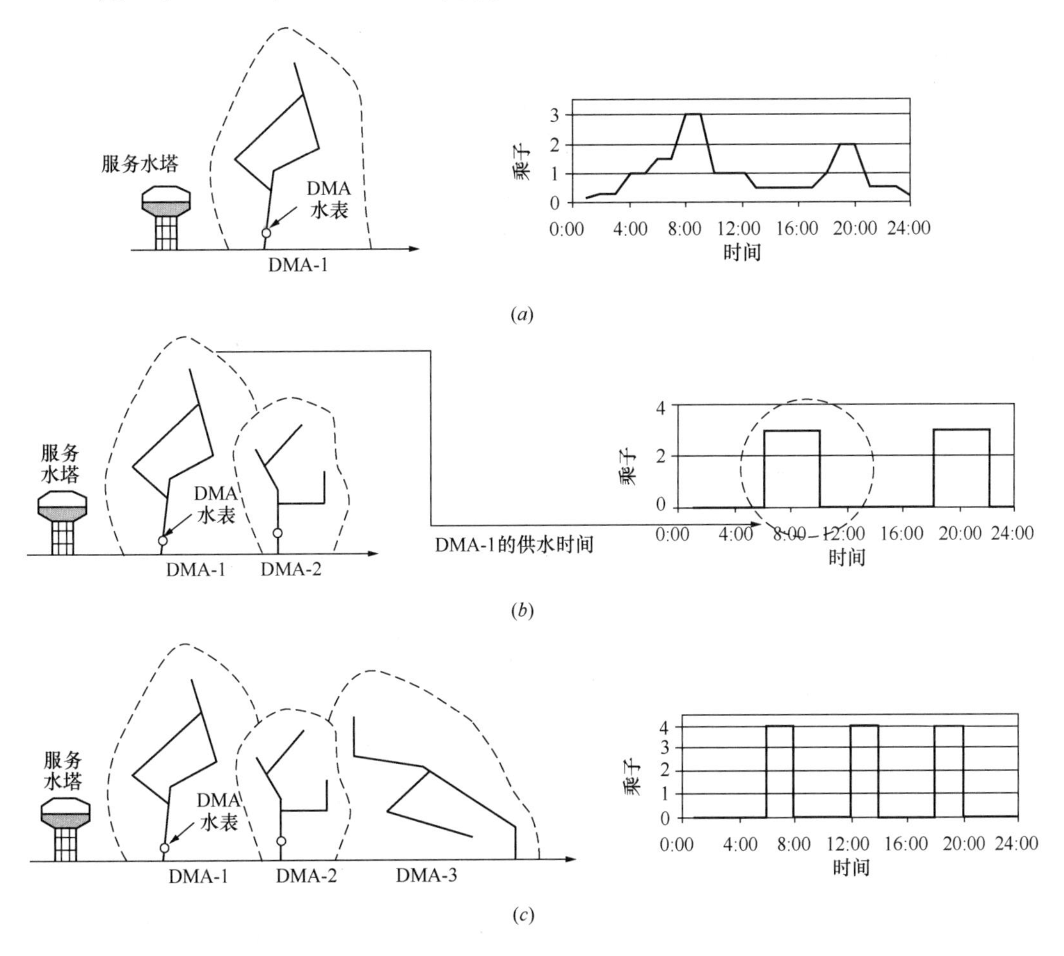

图 10-33 供水时间

（*a*）设计阶段用水模式；（*b*）10 年后用水模式；（*c*）当前阶段用水模式

图 10-34 和图 10-35 为印度甘地纳加尔地区的某个 DMA 管网。配水系统的设计总水量是 2.74×10^6 L/d/（MLD）。当前需水量是 4×10^6 L/d。服务水池的容量是 100 万 L。每日流入水箱的总量是 220 万 L。需要模拟设计阶段和目前阶段的方案。当总需水量为 2.74×10^6 L/d 时，峰值曲线如图 10-36 所示。

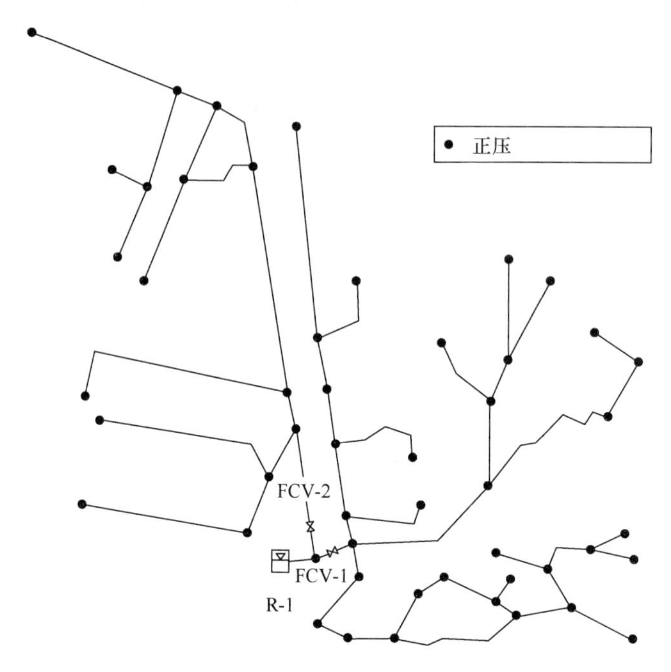

图 10-34　管网总水量为 2.74×10^6 L/d 时的节点压力

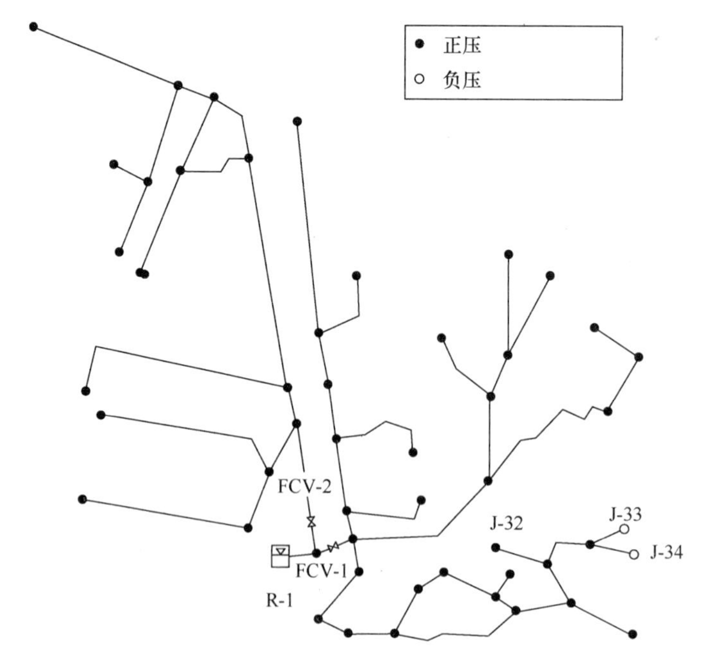

图 10-35　总水量为 4×10^6 L/d 时产生的低压情况

图 10-34 所示的 EPS 管网模型是基于 WaterGEMS 软件建立的，其总水量是 2.74×10^6 L/d。结果显示，所有的节点具有足够的压力。

在模型中（见图 10-35）创建了一个新的方案，总水量为 4×10^6 L/d。该方案的模型运行后，结果显示在节点 J-32、J-33 和 J-34 处产生负压，如图 10-35（空心的节点）和表 10-6 所示。

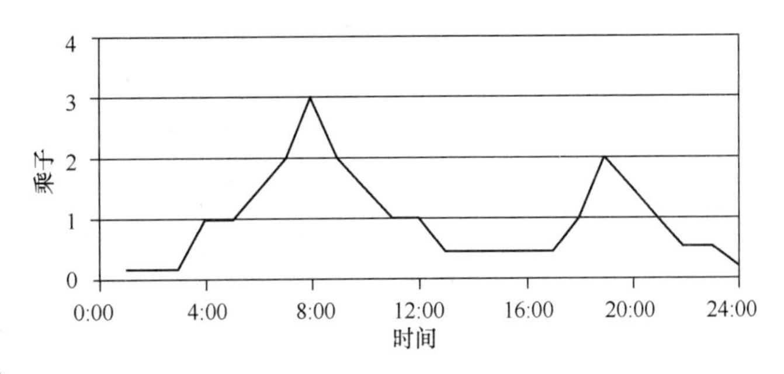

图 10-36　管网总水量为 2.74×10^6 L/d 时的用水模式曲线

节点压力变化　　　**表 10-6**

节　　点	节点压力（m）	
	总水量 ＝ 2.7×10^6 L/d	总水量＝4.0×10^6 L/d
J-32	8.2	−8.7
J-33	3.0	−22.0
J-34	6.5	−15.0

为了满足水量需求，管网被分成 2 个子区域：早上和晚上的分区是基于阀门操作的方便性。早上区域的需水量是 1×10^6 L/d，晚上区域的需水量是 3×10^6 L/d。早上区域如图 10-37 所示（左边）。供水时间（早上 6：00－10：00）如图 10-38 所示。右手边的管道（虚线所示）在这一时间段不供水，如图 10-37 所示。

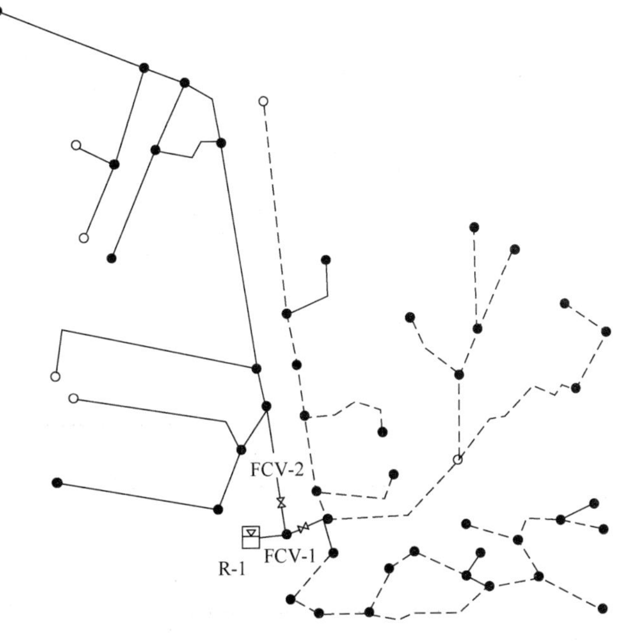

图 10-37　当总水量为 4×10^6 L/d 时子区域管网的压力情况（6：00－10：00）

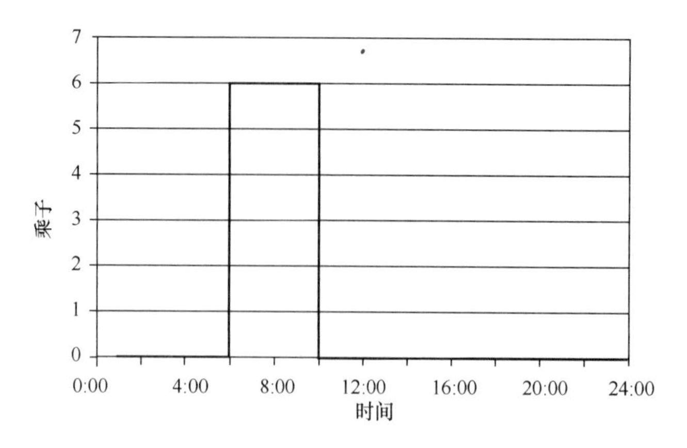

图 10-38　用水量模式曲线（供水时间：早上 6：00—10：00）

晚上区域如图 10-39 所示。供水时间（晚上 18：00—22：00）如图 10-40 所示。左手边的管道（虚线表示）在这一时间段不供水。

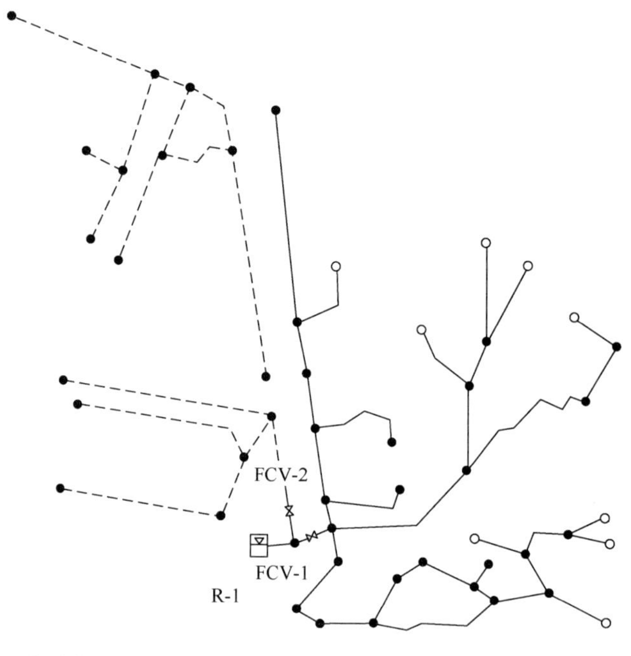

图 10-39　当总水量为 4×10^6 L/d 时子区域管网的压力情况（18：00—22：00）

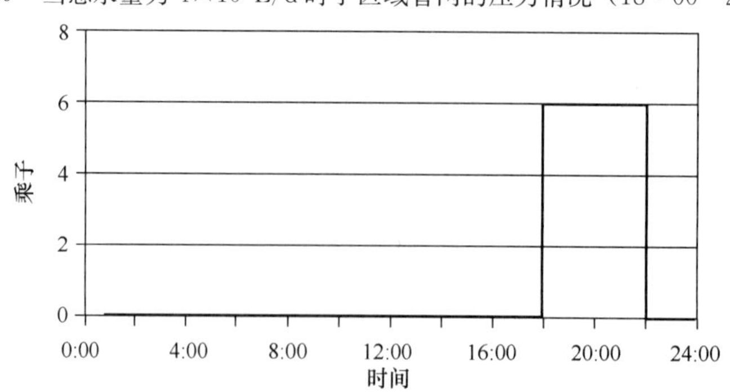

图 10-40　用水量模式曲线（供水时间：晚上 18：00—22：00）

当切换到间歇式供水模式时，即使供水时间减少到4个小时，依然可以通过增加峰值因子到6来保持相同的用水需求。这会导致一些节点（节点显示为空心，在图10-37的左侧和图10-39的右侧中）产生负压。但是现实中，这种情况是不存在的。现实中，由于供水时间减少和高流速产生的水头损失导致的低压，NRW减少。

为了正确地模拟系统的这种行为，应使用压力相关水量方法。

10.8.2.2 PDD压力模型

如图10-37所示的管网，使用PDD模型模拟供应50%水量的情况，PDD模型的阈值压力为22m。结果显示，在早上的几个小时里，所有节点都是正压（在没有使用PDD模型的研究中，一些节点是负压）。然而，晚上几个小时里，21：00时，水库放空（见图10-41）。即使采用PDD模型，节点还是出现了负压。这意味着增加的人口需要提供给水池额外的入流量。

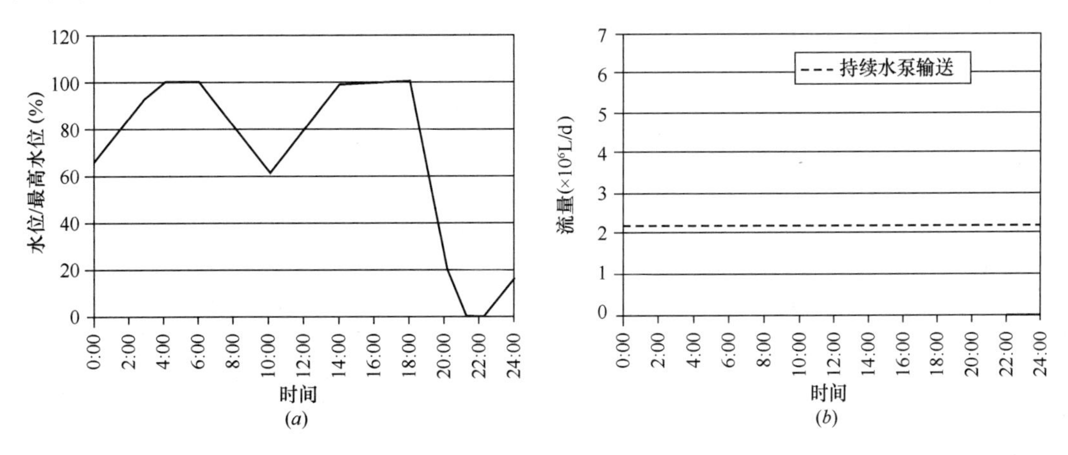

图10-41 水塔在21：00时放空

（a）水塔水位；（b）单泵输送

在晚上的4个小时增加水泵供应6×10^6L/d的情况下（见图10-42），模拟结果显示了充足的供水和压力。

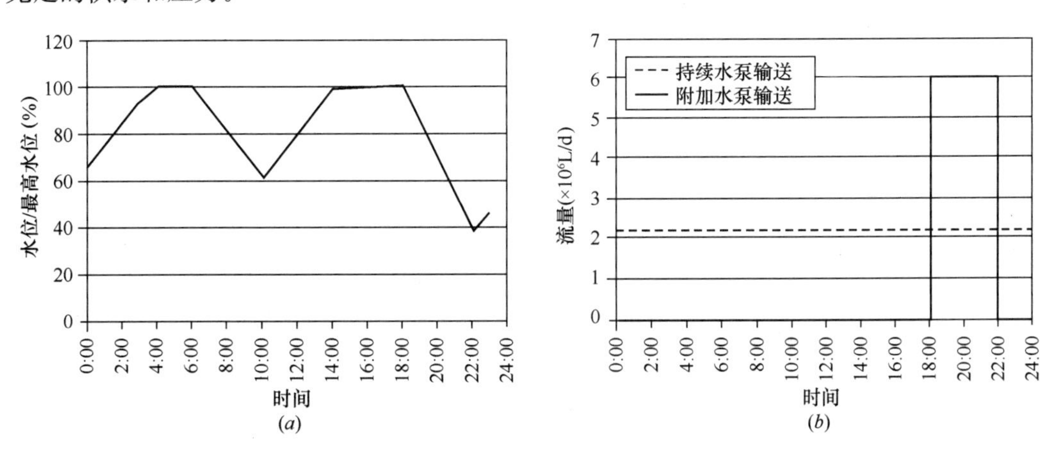

图10-42 附加水泵以维持水塔水位

（a）水塔水位；（b）附加水泵输送

这种方法适用于达到输水能力极限的管道；一旦违反，就必须进行管网修复。这在某种程度上反映了发展中国家许多城市的现状。

参考文献

AWWA(2009). *Water Audits and Loss Control Programs*, M36.

Bentley Systems(2009). *WaterGEMW v8i User Manual*. Haestad Solution Center, 27 Siemon Company Drive, Suite 200W, Watertown CT, USA.

Chary(2005). "24 Hour Water Supply: A Goal Achievable?" *Nagari*, A Publication of ASCI, Hyderabad, India.

Grayman, W. M., Murray, R. and Savic, D. A. (2009). "Effects of redesign of water systems for security and water quality factors." *World Environment and Wate Resources Congress*, May 17－21 2009, Kansas City, MO, USA.

Haestad, Walski, et al. (2003). Advanced Water Distribution Modeling and Management, Haested Methods, Inc., 37 Brookside Rd, Water bury, CT, USA.

McKenzie, R. and Wegelin, W. (2002). "Leakage reduction through pressure management in South Africa." *Proceedings of IWA conferernce on leakage management a practical approach*, Lemesos, Cyprus.

Ranhill(2008). *The Manager's Non-Revenue Water Handbook*. No 182 Jalan Tun Razak, 50400Kuala Lumpur, Malaysia.

Thornton J. (2003). "Managing leakage by managing pressure: A practical approach." Water21, October issue, P43－44.

Thornton, J., Sturm, R. and Kunkel, J. (2002). *Water Loss Control*. McGraw-Hill, Second Edition.

Walski, T., Bezts, W., Posluszny, E. T., Weir, M. and Whitman, B. (2006). "Modeling leakage reduction through pressure control." *Journal AWWA*, 94: 4, 147, Apirl.

Wu, Z. Y. and Walski, T. M. (2006). "Pressure Dependent Hydraulic Modelling for Water Distribution Systems under Abnormal Conditions." *Proc., the 5th IWE World Water Congress*, Sept. 10－14, 2006, Beijing, China.

Wu, Z. Y., Wang, R. H, Walski, T., Bowdler, D. and Yang, S. Y. (2009). "Extended Global Gradient Algorithm for Pressure Dependent Demand Analysis of Water Distribution Systems." ASCE *Journal of Water Resources Planning and Management.*, Vol. 135, No. 1, pp13-22.

第11章　管道状态评估和更新规划

11.1　简介

美国国家环境保护局（2007）定义管道状态评估为："通过直接和/或间接方法来收集管道数据和信息，然后对数据和信息进行分析，以确定当前和/或未来管道的结构、水质以及水力状态"。正如本章将会看到的，在过去的二三十年中，绝大多数的研究和建模工作都集中在管道结构方面。在管网老化和大量改扩建的背景下，管网问题已经受到学者的关注并做了大量研究，然而水力条件尚未很好地集成到综合决策支持系统中。至于管道的水质，它只是在过去10～15年内进行大量研究的主题，将水质问题纳入管道更新模型的尝试至今仍处于起步阶段。

管道周围的环境加速了管道的老化。就像美国国家环境保护局叙述的那样，这些外加压力导致管道的结构、水力性质、水质方面不断老化。

结构老化会减少管道的结构弹性，从而降低其承受各种荷载的能力并且管道破损率随之增加。较高的管道破损率造成很多不良影响，如增加了操作和维护成本，对交通、贸易、工业生产和植被景观均有不同程度的破坏，并且影响周围居民生活。另外，在爆管事件发生后，在维修过程中，污染物可能会侵入到给水管网系统，这就大大增加了水质污染的风险。

由于管道内壁的老化，管网的水力性能降低。从而增加了能源的消耗，破坏了公共服务的质量，包括饮水和消防灭火需求，当然也会造成水质的恶化。水质的恶化会导致供水出现异味、有颜色，甚至出现威胁健康的问题，比如为了保证供水安全需要加大氯投加量，生成的消毒副产物同样会威胁供水安全。

管网老化所造成的危害往往受到很多因素的影响。这些因素一部分是静态的，包括管材、直径、年份、土壤类型等，还有一部分是动态的，包括气候、阴极保护、压力变化等。导致管道破裂的物理机制往往是非常复杂的，现阶段还未能完全掌握。此外，大多数管道都埋在地下，使得与其故障模式相关的数据收集变得困难且十分昂贵，早年的供水企业没有意识到收集资料对完善管网信息的重要性，这都为我们详细掌握管网情况增加了难度。

现有的管道状态评估模型，大致可以分为物理/机理模型和统计/经验模型。物理模型具有普遍性和高效性，可以方便地得到所需数据，但是会有一些成本（例如，详细的土壤特性和详细的管道材料性能，通过检查管道的当前状态都可以获取）。为了避免输水干管出现严重事故，这些成本可能是合理的。相比之下，将各种不同的数据输入到按统计原理推断出来的经验模型中，对于小管径的管网十分有效，而且数据收集成本较低，这也证明了小管径管道发生事故时成本的廉价性。管道破裂模式的统计/经验分析是一种用于模拟管道老化的有效方法，特别是在基础数据缺失的情况下。当实效性降低到一定程度时，某些情况下，故障模型和老化模型能够适用于特殊管网，这些模型能够帮助水务公司高效管理资产。

供水管网状态评估需要对土壤中管道的行为以及故障模型有一个很好的理解。通过一些可观察到的或者可测量的指标（或者一些警报），能够帮助我们找到问题的影响因素。从这个理解层次上来讲，检查管道可以发现一些故障因素，可以用来评估管道状态，通过老化模型估计，结合目前管道状况，故障模型可以用来评估管道故障概率。故障率和故障的后果（直接、间接和社会成本）能够评估故障的风险。随后，可以进行管道更新的调度，以便在满足或超过供水分配目标（即数量、质量、可靠性等）的同时使生命周期成本最小化。

据美国给水工程协会（AWWA）估计，基于对337个供水公司的调查，在美国约有三分之二（66%）的管道为金属管（约40%铸铁管、22%球墨铸铁管、4%钢管），约有16%的石棉水泥管（AC）、13%的聚氯乙烯管和3%的混凝土管（Kirmeyer 等 2004）。一份包含21个加拿大城市的调查报告（约占加拿大人口的11%）显示出相似的管材分布特征（Rajani 和 McDonald1995）。报告所涉及的管道材料包括铸铁和球墨铸铁、预应力压力管（PCCP）、石棉水泥和聚氯乙烯（PVC）。

11.2 输水与配水管线

如引言中所阐述的那样，水管的老化可分为两类：(1) 结构老化，从而降低了管道的结构弹性和承受应力的各种能力；(2) 管道内表面老化，从而导致管道内体积减小、水质恶化，甚至降低结构弹性出现严重内腐蚀现象。由结构老化导致的给水干管故障概率可以使用物理（机械）模型和/或统计（经验）模型评估。统计模型是研究观测到的故障频率与管道及其暴露于外部运行环境之间的经验关系，而物理模型是用来模拟现实（虽然简化）领域的条件以及外部和运行环境的。统计模型通常简化复杂的现实，（希望）实现“用20%的努力来解决80%的问题”。相反，物理模型更普遍，但需要大量的数据表示特定的条件和环境。这些数据要么不可用，要么获取一小部分都十分昂贵（Rajani 和 Kleiner2001；Kleiner 和 Rajani2001）。

资产管理的本质是系统性能与成本之间的平衡。这种平衡在小直径配水干管和大直径输水干管中是不同的，这种差异导致了两类资产不同的管理形式。图11-1定性地说明了这些差异。当一个管道老化并恶化时，其发生故障的概率（或故障频率）增加且风险也增

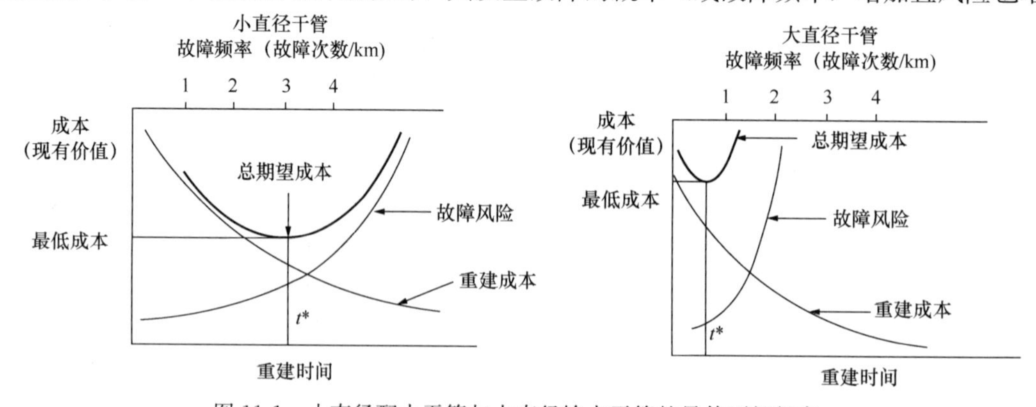

图11-1 小直径配水干管与大直径输水干管的最佳更新频率

加。其中风险指的是故障的预期成本（或后果）的现有价值（PV）。与此同时，因为管道更新延期导致的续期成本的折扣（或 PV）下降。全寿命周期成本通常呈凸形分布，最小点为最佳的重建更新时间（t^*）。对于故障成本相对较低的配水管道，其最佳的更新时间通常为故障频率相对较高时。相比之下，对于输水干管，发生故障的成本通常是非常高的，最佳的策略是避免故障，即采取故障预防措施，而不是频繁处理故障。

输水干管和配水干管除了造价方面的不同之外，输水干管发生故障十分罕见，配水干管发生故障却很频繁，这样也有利于我们利用统计学原理分析历史故障形式，得到故障率以及对故障的发生进行预测。事实上，这项统计工作是用来评估小型配水干管的。对于输水干管，由于故障十分罕见，因此这种类型的分析是不可行的。为了避免输水干管出现故障，必须了解管网的情况和故障率。遇险指标和推理指标能够反映出管道的状态信息。然而，为了评定管道老化程度和更新优先级，需要将遇险指标和推理指标转换成一个统一的包含各种管道类型的等级量表。

需要说明的是，图 11-1 代表了理想化的情况，其中最低成本点在凸曲线上很清楚。在有些情况下，不会出现这样的曲线。当老化率（即故障频率增加的速率）和折现系数相近时，该曲线的凸度可能变得相对平坦，并且最小成本点变得不那么明显。当故障成本与更新成本相比，故障成本相对较低并且折现系数相对较高时，曲线会成为 Herz（1999）所说的“吊床椅”型，这种曲线没有确切的最低点，表明更新可能会被无限期推迟。

目前，大多数无损测试（NDT）或无损评估（NDE）技术旨在识别遇险指标，对于大多数小型配水管道来说太昂贵了。一些技术可以用来识别推理指标（例如与土壤性质相关的指标），这些技术适用于小型和大型管道。然而，用于评估小管径配水干管状况的方法，主要基于对历史故障频率的统计（这在许多出版物中也被称为先前故障次数（NOPF））。严格来讲，历史故障频率既不是遇险指标也不是纯粹的推理指标，但可以被视为两者的一小部分，可以被解释为一种替代指标，这一问题将在下一节恶化模型中讨论。

就目前市场上可用的技术而言，这两种类型的数据均可以从无损评估（NDE）中获得。以视觉为基础的技术可直接观察到遇险指标（裂纹、分层等），而大多数其他非破坏检测技术（超声波、电磁波、雷达等）提供的信息需要转化成遇险指标信号模式。在后一种情况下，信号解释几乎依靠非常专业的知识，这不是本章的重点，本章旨在解释遇险/推理指标应用于管网状态评估的技术方法。

污水管状态评估最早受到关注是在 20 世纪 70 年代末 80 年代初，而大型输水干管状态评估是在 20 世纪 90 年代中期才开始。大直径输水管道是供水系统固有的昂贵部件，并且由于其成本高，系统通常不具有足够的冗余以在离线时用于检查。这些是遇险指标从污水管评价指标逐渐发展成大型输水干管评价指标的主要原因。应该注意的是，一些 NDT 服务的开发者和/或提供者开发了他们自己的方法，将遇险指标解释为评估等级，但是这些通常是专有的，并且通常适用于特定的 NDT 技术，因此在本章不涉及。

大型输水干管和小型配水干管的另一个区别，在于修复或改扩建时所用的材料和工序。对于小管径的输水管道，更新包括管道替换（结构不完整）和管道水泥内衬清理（管道内表面老化）；另外，如果水力条件不满足，可以增加并行管道。阴极保护对于小管径管道来说也是一个缓解措施。所有小管径管道的修复工序同样适用于大管径管道，另外，对于大管径管道而言，某些类型的内衬更经济（参见 Walski1982；Walski1985）。

11.3 遇险指标和失效模式

管道状态是多种因素累积的结果，可以用几种方法进行分类。以下是一种对这些因素进行分类的方法：

1. 管道性质

静态：管材、直径、壁厚、年份、连接类型、附件、衬里、涂层、制造商、安装方式、埋深。

动态：先前爆管和漏损次数。

2. 环境

静态：原土类型、土壤化学特性、回填材料属性、沟槽几何形状、压实情况、埋深。

动态：气候（温度、降水、严寒）、地下水、第三方干扰、离散电流、动态载荷（交通）、地震活动。

3. 操作

大多数操作因素是动态的，有些接近静态，例如正常工作压力范围、正常水流流动状态、正常水质参数等。

动态：瞬态压力、操作压力的变化、水化学变化、冲洗、漏损检测活动、阴极保护、腐蚀抑制剂的使用（例如正磷酸盐）。上述许多因素是不容易测量或量化的，这些因素和管道故障之间的定量关系往往不明确。因此，目前的管道状态评估使用两种类型的指标，即遇险指标和推理指标。Rajani 等（2006）定义了管道的遇险指标，是指可观测到的老化或劣化的物理现象。遇险指标是上述某些或所有因素共同作用的结果。每一个遇险指标为特定管道部件的状态提供部分依据。表 11-1～表 11-4 列出了预应力压力管（PCCP）、铸铁和球墨铸铁管、石棉水泥管、PVC 管的遇险指标。值得注意的是，表 11-1～表 11-4 由“实际遇险指标的…”开始，其中“实际”是为了用来区分直接指向管道中不足的遇险指标和表 11-5～表 11-8 中的“推理指标”。推理指标是指管道中存在的潜在恶化机制，而没有实质性地了解这种潜在机制。自然环境指标，如土壤类型、地下水波动等，都是自然推理。需要重点强调的是，推理指标不提供管道恶化的直接证据，只是表明潜在的管道恶化。这些指标通常容易去辨别，因为它们都是非破坏和非接触性的。因此，它们经常用来筛选管道，以便应用昂贵的直接检查或与遇险指标结合，获得补充信息。

铸铁和球墨铸铁管观测到的实际遇险指标（根据 Rajani 等 2006 修改）　　表 11-1

分　类	遇险指标	备　注
结构	剩余壁厚	可以通过对样本进行破坏性测试或无损评估得到。铸铁管的铸造缺陷（空隙或夹杂物）十分关键。由于内部或外部腐蚀，壁厚会变薄
	凹坑范围	凹坑常会在管道的外表面产生。凹坑也会产生一些例如黏滞力的结构阻力
	裂缝类型	环形应力表明存在弯曲应力或者纵向运动。纵向裂缝表明存在低箍应力
	裂缝宽度	裂缝越宽，结构缺陷越大，尤其是当还有一个深坑的时候

续表

分　类	遇险指标	备　注
内表面和内衬	水泥内衬剥落（环氧树脂内表面起泡）	内衬经常出现由于不溶于水或者受高流速冲刷和沉积物导致的内衬剥落现象
	腐蚀和腐蚀瘤*	在水力方面产生不良影响，并且会引起水质恶化
接口	管道移位	也称作旋转。表明可能缺少地基支撑或存在地表运动。大的变化会导致管段漏损甚至接口失效
	接口错位	无偏差的位移表明存在轴向作用力
额外的涂层（胶纸包/焦油/锌）	裂缝/破损	外部涂层往往会增加管道的腐蚀

* 具有高沉淀量的水体容易在管道中形成腐蚀瘤。

一些实际遇险指标在管内可见、可测量，如裂缝、接口错位等。这类指标可以用肉眼直接观察或用闭路电视（CCTV）、数字扫描仪插入管内观察。其他类型的指标，如腐蚀坑、金属管道的金属损失或PCCP内部预应力钢筋断裂，需要抽取管道样品并在实验室中对这些样品进行测试。实验室测试通常指的是所谓的破坏性测试。为了避免实验室样品遭受破坏，相关学者开发了无损检测（NDT）和无损评价（NDE）技术。正如前面所述，每个遇险指标都提供了管道恶化和目前状态的部分证据，可观察的遇险指标通常需要解释、聚集和/或用一些其他类型的技术（方法）从不同来源融合数据（数据融合），从而获得可靠的管道状态评级。该问题将在下一节中进一步讨论。

预应力压力管（PCCP）观测到的实际遇险指标（根据 Kleiner 等人 2006a 修改）表 11-2

分类	遇险指标	备　注
混凝土芯	分层	出现混凝土/金属线或钢/钢筒黏结不良的结果。由于金属丝断裂导致预应力损失时也会发生。锤头敲击若发出空洞的声音则表示有分层现象。 脉冲回声理论是一个分析声音特征的复杂理论。分层的区域范围大小可以表征问题的严重性
	裂缝类型	环向破裂表明存在弯曲应力或者纵向运动。纵向破裂只有当预应力由于钢筋断裂而消失时产生
	裂缝宽度	宽裂缝表示破裂即将发生
	裂缝密度	高密度裂缝通常由于管道压力过高产生
砂浆涂层	破裂	通常是腐蚀的第一表征现象
	裂纹类型	环向裂缝表示存在外界运动，纵向裂缝表示存在低箍应力
	裂纹宽度	宽裂缝表示破裂即将发生
	裂纹密度	高密度裂缝通常由于管道压力过高产生
	颜色	混凝土外表面的颜色或污渍类型表示了破裂发生的位置。通常污渍便是破裂的前兆
预应力钢筋	钢筋断裂	由于钢筋断裂次数越来越多，安全系数降低，最终导致管段失效
管段几何构造	非圆形	缺少钢筋或由于混凝土剥落或腐蚀产物引起的管道腐蚀

续表

分类	遇险指标	备注
接口	对齐方式改变	对齐方式改变表示存在地基运动，可能最终导致接口失效
	（外部）接口错位	无偏差的位移表明存在轴向作用力
	接口裂缝大小	外部的裂缝会对接口质量产生影响

石棉水泥管观测到的实际遇险指标（根据 Liu 等人 2010 修改） **表 11-3**

分类	遇险指标	备注
结构（在 AC 管道内外发生腐蚀，表明水泥纤维网受损，造成软化和结构损伤）	剩余壁厚	可以通过破坏性测试或者酚酞测试判断管壁是否发生腐蚀。可以使用一些 NDE 技术，例如雷达测试、声学技术等现场测试
	腐蚀区域扩展（内外表面）	腐蚀通常按管道外表面进行成比例腐蚀扩展
	裂缝类型	环状裂缝表明存在弯曲应力或者纵向运动。纵向裂缝表明存在高运行负荷导致的低箍应力
	裂缝宽度	裂缝越宽，结构缺陷越大
接口	管道移位	也称作旋转。表明可能缺少地基支撑或存在地表运动。大的变化会导致管段漏损甚至接口失效
	接口错位	无偏差的位移表明存在轴向作用力
外涂层（焦油或沥青）	裂缝/破损	外部涂层往往会增加管道的腐蚀

PVC 管观测到的实际遇险指标（根据 Liu 等人 2010 修改） **表 11-4**

分类	遇险指标	备注
管道外表面	孔隙率	PVC 管中的空腔或未填充的气泡
	划痕类型	纵向划痕可能由于搬运不当或加工过程粗糙导致。起吊过程使用粗糙的吊索，可能会形成环向划痕。锋利的划痕比钝的划痕有更多不利的影响。纵向划痕可能最终导致纵向断裂
	划痕深度	受到深度超过壁厚 10%的划痕的管道很容易产生破裂
	尖锐物体凸起	安装水平较差或者地基不合适都会导致管道和石头、岩石的接触，进而引起局部压力过高，最终导致管道破裂
用户接头	接头破损	也称为安装失败。是由于不合适的安装步骤或者 PVC 主干管管壁过薄（通常在管道内部）导致
接口	管道移位	也称作旋转。表明可能缺少地基支撑或存在地表运动。大的变化会导致管段漏损甚至接口失效
	接口错位	无偏差的位移表明存在轴向作用力

预应力压力管（PCCP）的推理指标（根据 Kleiner 等 2005 修改）　　表 11-5

分类	推理指标	备　注
土壤/回填属性	土壤类型/回填	流砂性土壤/回填导致水分无法流失，这会促进腐蚀。当土壤侧边支持力不满足设计要求时，压实性不好会导致非圆形情况
	土壤电导率	土壤电导率低会增加管道腐蚀的可能性
	土壤酸碱度	pH＜4 的酸性土壤会增加管道腐蚀的可能性，pH＞10 的碱性土壤也会增加管道腐蚀的可能性
	土壤氯化物含量	砂浆涂层导致土壤周围 pH＞12.4，据 Bianchetti（1993）文献中的论述，在碱度＞11.5 的环境里，土壤会增加管道腐蚀的可能性。通常，土壤氯化物含量超过 140mg/kg（140ppm）便会被视为有问题的土壤
	土壤硫酸盐含量	在厌氧条件下，管道疏松层是 MIC（微生物诱发腐蚀）和硫酸盐还原菌的食物来源
	土壤硫化物含量	硫细菌可以降低硫化物含量，这是一种很好的电解质
	易冻性	冻荷载会增加管道设计中没有涉及的额外压力，这会导致管道过早断裂。性能良好的土壤颗粒可以防止冰冻渗透，可以为管道提供一个充足、持久的热梯度环境
外部环境	管道填埋和水位深度	湿润的环境会增加腐蚀概率。湿润环境与地下水位有关
	表面荷载/交通类型	经常承受重荷载会增加管道的疲劳性，进而增加管道的恶化率
	除冰盐	在管道上面的道路使用除冰盐会增加腐蚀
	腐蚀/离散电流	除非采取其他措施，否则离散电流会加快腐蚀速率
	阴极保护	Ⅰ类和Ⅱ类预应力线的外加电流可能会导致氢脆现象产生
外加涂层	涂层类型	直到 20 世纪 60 年代中期，砂浆涂层都一直是涂在管道周围，这一方式很容易导致表皮脱落。自 1970 年之后，砂浆是喷上去的。喷射砂浆会产生裂缝，但不会剥落
	混凝土氯离子浓度	在混凝土中氯离子浓度超过 1000mg/L 就会增大腐蚀率
	吸收能力	砂浆吸收能力超过 8%，会直接导致腐蚀率增加
预应力钢筋	钢筋等级	在 1985—1988 年之前，预应力管道制造已经可以用Ⅳ级或Ⅲ级钢筋。这种高强度的钢筋更容易受到腐蚀的影响
水体化学	水的酸碱度	低 pH 值的水可以从水泥内部或者混凝土衬里中析出水泥
压力状态	运行压力	高压力值会增加管道的环向应力
	周期性压力变化	由运行压力变化或者瞬变引起，进而促进管道在长期运行过程中出现例如疲劳失效等现象。变化的振幅和频率起到关键作用

铸铁和球墨铸铁管的推理指标（根据 Kleiner 等人，2005 修改） 表 11-6

分类	推理指标	备注
土壤/回填属性	土壤类型/回填	流砂性土壤/回填导致水分无法流失，这会促进腐蚀
	土壤电阻率	低电阻率土壤的腐蚀可能性较大
	土壤酸碱度	pH<4 的酸性土壤会增加腐蚀的可能性，pH>10 的碱性土壤也会增加腐蚀的可能性
	土壤氯化物含量	高氯化物浓度通常会增加土壤腐蚀性。然而，根据 Bianchetti（1993）文献中的论述，在 pH>11.5 的情况下，低氯化物浓度也会造成土壤的严重腐蚀
	土壤硫酸盐含量	在厌氧条件下，管道疏松层是 MIC（微生物诱发腐蚀）和硫酸盐还原菌的食物来源
	土壤硫化物含量	硫细菌可以降低硫化物含量，这是一种很好的电解质
	氧化还原电位	产生的氧气促进了 MIC 在硫酸盐和硫化物中的繁殖
	易冻性（冻荷载）	冻荷载会增加管道设计中没有涉及的额外压力，这会导致管道过早断裂。性能良好的土壤颗粒可以防止冰冻渗透，可以为管道提供一个充足、持久的热梯度环境
管材	老旧管道	老旧管道有很高的失效率。这可以通过地理区域划分
外部环境	管道填埋和水位深度	湿润的环境会增加腐蚀概率。湿润环境由地下水位决定
	表面荷载/交通类型	经常承受重荷载会增加管道的疲劳性，进而增加管道的恶化率
	除冰盐	在管道上面的道路使用除冰盐会增加腐蚀
	腐蚀/离散电流	除非采取其他措施，否则离散电流会加快腐蚀速率
	阴极保护	无论是内部电流还是外加电流都会提供部分或者全部电流保护
水体化学	水的酸碱度	低 pH 值的水可以从水泥内部或者混凝土衬里中析出水泥
压力状态	运行压力	高压力值会增加管道的环向应力
	周期性压力变化	由运行压力变化或者瞬变引起，进而促进管道在长期运行过程中出现例如疲劳失效等现象。变化的振幅和频率起到关键作用

石棉水泥管的推理指标（根据 Liu 等人，2010 修改） 表 11-7

分类	推理指标	备注
管材	老旧管道	Ⅰ、Ⅱ类（游离态氧化钙含量<1%）的老旧管道，可能会有很高的破损率
水体化学	水的酸碱度	低 pH 值的水会浸出石棉水泥网中的水泥
	水的饱和指数（SI）	SI<0.25 的水会浸出石棉水泥网中的水泥
压力状态	运行压力	高压力值会增加管道的环向应力
	周期性压力变化	AC 管道没有记录其疲劳效应

续表

分类	推理指标	备　注
外部环境	表面荷载/交通类型	高频的表面荷载会使管道承受高压，增加了管道的损坏率
	湿润/干燥周期	改变湿润环境会促进石棉水泥网的扩张。Ⅱ类的AC管道具有更好的耐硫化物引起的膨胀的性能
	水位等级	水位决定了是否发生干湿循环。只有当溶液中存在硫化物时才会发生反应
土壤/回填属性	土壤类型/回填	流砂性土壤/回填导致水分无法流失，这会促进腐蚀
	土壤酸碱度	酸性土壤（pH<5）可能会促进腐蚀
	土壤硫化物含量	硫化物含量高（>1000mg/L）的土壤会破坏AC管道，对Ⅰ型的AC管道还伴有游离态氧化钙的影响
	易冻性（冻荷载）	冻荷载会增加管道设计中没有涉及的额外压力，这会导致管道过早断裂。性能良好的土壤颗粒可以防止冰冻渗透，这可以为管道提供一个充足、持久的热梯度环境

PVC管的推理指标（根据Liu等人，2010修改）　　表11-8

分类	推理指标	备注
管材	老旧管道	北美很多PVC管道都是uPVC类型。更新的M－PVC管道和O－PVC管道目前已经投入使用，为管道提供了更高的抗纵向分裂能力
压力状态	运行压力	高压增加了环向应力，PVC是一种黏弹性材料，延长高压时间会降低管道寿命
	周期性压力变化	由运行压力变化或者瞬变引起，进而促进管道在长期运行过程中出现例如疲劳失效等现象。变化的振幅和频率起到关键作用
外部环境	表面荷载/交通类型	高频的表面负荷会导致管网承受高压和高疲劳度。尤其是在有深划痕和深沟存在的情况下
土壤属性	碳水化合物	在碳水化合物里通常没有浓度扩散现象，但要注意甲苯、苯、三氯乙烯（TCE）以及一些高浓度溶剂
	易冻性（冻荷载）	冻荷载会增加管道设计中没有涉及的额外压力。细粒土壤（砂砾、泥沙）的抗冻渗透性更好，可以产生更高、更持久的热梯度

11.3.1　无损管道评估技术

有许多类型的NDT / NDE技术可以用于检测地下管道的实际遇险指标。目前，一些技术已经应用于供水管道，其他技术主要用于油气管道，还有一些技术具有应用潜力，但尚未完全应用。图11-2提供了一般的技术类型。本节不详细描述这些技术的细节。感兴趣的读者可以参考Marlow等人（2007）和Liu等人（2010）发表的两篇文章，文献非常全面地描述了给水和污水管道NDT / NDE技术细节。

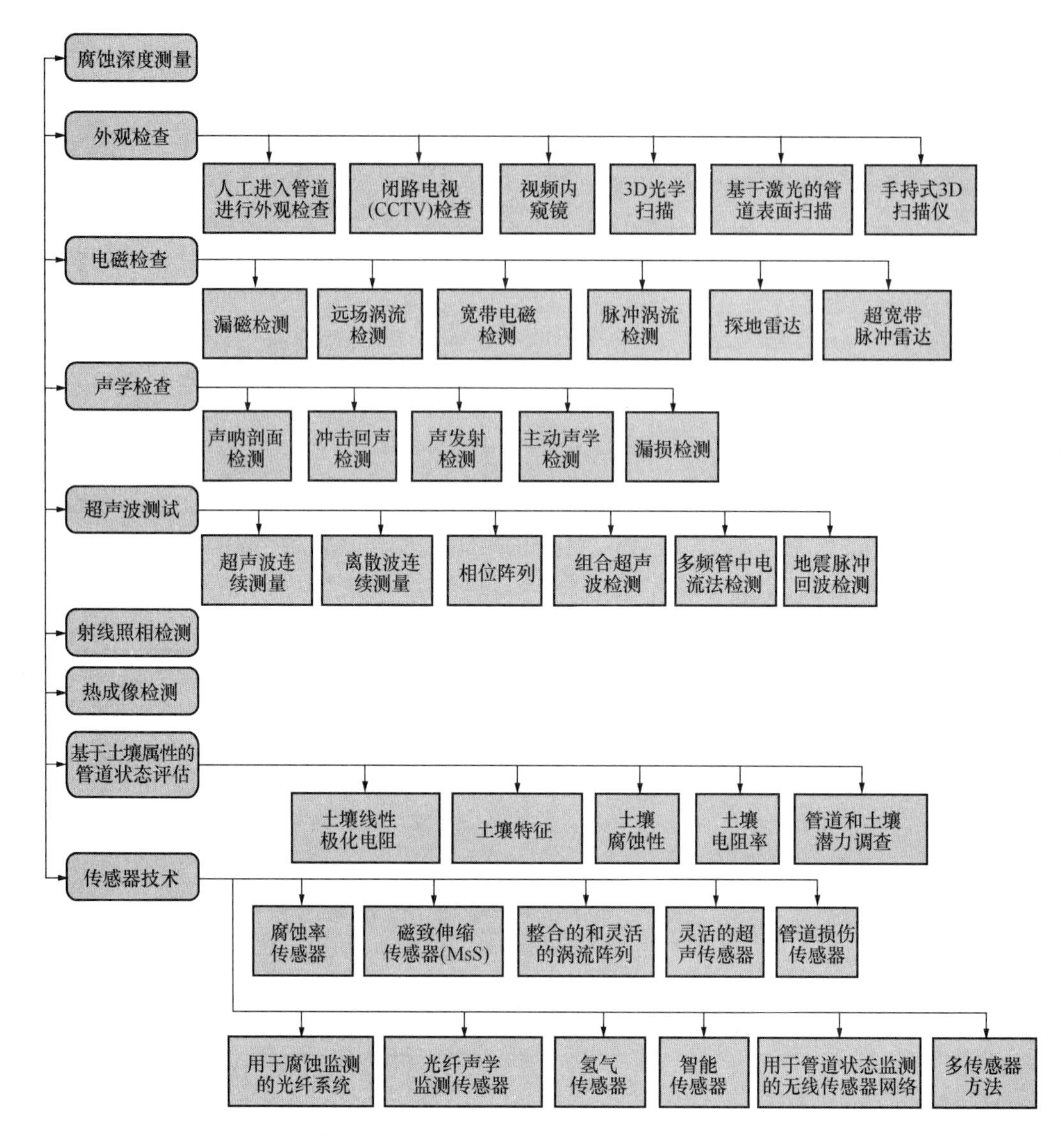

图 11-2　供水管道状态评估使用的无损检测技术（Liu 等 2010）

在北美，三分之二的埋地给水管道为金属材质（Kirmeyer 等 1994；Rajani 和 McDonald1995），这意味着腐蚀是引起故障最重要的原因。多年来，相关学者主要根据其周围土壤的属性，对埋地管道腐蚀进行研究。与土壤腐蚀性有关的属性包括电阻率、pH 值、氧化还原电位、土壤溶液中的硫酸盐浓度、氯离子浓度、水分条件和收缩/膨胀性能。然而，土壤腐蚀性不是可直接测量的参数，腐蚀大多数情况下是一个随机现象。因此，这些土壤的性质和土壤腐蚀性之间或土壤腐蚀性与管道损耗率之间没有明确的关系。在文献中仅提出了几种方法，经验性地将一些或所有上述土壤性质与土壤腐蚀性和潜在的管道老化相关联。应用最广泛的方法是 10 点评分法（AWWA1999），它将土壤腐蚀性/无腐蚀性基于 10 个属性进行加权聚合。其他的方法包括 20 点评分法（Spickelmire2002）、12 因素评价法（Metalogic2003）和两个基于模糊理论的方法（Sadiq 等人 2004；Najjaran 等人 2006）。其他用来量化土壤腐蚀电位的方法，包括线性极化阻抗（LPR）测量法和管道土壤电位测量法（Marlow 2007）。然而，这些方法跟所有的推理指标一样，只提供了一个衡量腐蚀可能性的方法，而不是衡量管道腐蚀的实际程度。

11.3.2 管道接口条件和失效

虽然管道接口是任何给水管道不可分割的一部分，但是接口在管道劣化和故障研究方面受到的关注却较少。这可能是由于管道接口故障几率低的原因。然而，这种看法是不恰当的，因为接口故障（或泄漏）如果很长一段时间未被发现，会成为后来灾难性故障的前兆。

管道接口的种类很多，因为每种管材都有几种不同的接口。本章不详细介绍每种类型接口的老化机理。感兴趣的读者可以参考供水研究基金会（WRF，原名美国给水工程协会研究基金会 AwwaRF）发表的一份名为"配水管线接口评估方法"的报告（Reed 等 2006）：

（1）在所有管材的接口中，接口故障的主要类型是密封垫圈/密封处漏水。

（2）螺栓故障在球墨铸铁、铸铁、AC 管道故障中约占 20%。

（3）约 18%的铸铁管接口故障是由钟型接口结构失效导致的。

（4）约有一半的 PVC 管接口故障是与密封垫圈/密封处相关，其中约有 40%是由钟型接口结构失效导致的。

（5）金属管道接口失效的主要原因是垫片的老化，非金属管道接口失效的主要原因是地面交通负荷。

目前，识别接口老化唯一的方法是通过漏损检测装置（如果接缝漏水）进行识别。通常与压力测试相结合，使用外观检查或其他无损检测技术（如超声波）对外露的接口进行检查或使用闭路电视（CCTV）对管内外观进行检查。除了使用闭路电视，无损检测技术也能够检测管道内接口的老化，该技术还未在供水行业得到广泛应用。

11.4 管道状态评估

进行管道状态评估时，将管道情况分为几个等级（好、一般、不好），这样就很容易将管道情况"量化"并且关联起来，也方便追踪某一管段随时间老化的情况。需要指出的是，状态评价指数无法通过测量得出，许多用来将遇险指标转化为状态评价指数的方法都是启发式的，包含主观因素。同样值得注意的是，管道条件也可以从功能性角度考虑。例如，一条管道一半堵塞，但如果剩余的压力足以满足其预期的功能（供给饮用水，不考虑灭火要求），那么它的功能状态是完好的。在下面几节中，管道状态不作为论述的重点。

11.4.1 评分协议

计分法是给实际遇险指标或推理遇险指标赋值，并将总和转换成状态评价指数。这是一个简单而直观的方法，可以用电子表格或其他类似的方法实现。然而，该方法也存在缺点。虽然分数分配给许多不相称的指标，但是相对重要的指标会决定最后的状态评价指数。例如，对于金属管道而言，管道历史故障频率和土壤腐蚀性都是影响管道腐蚀的重要因素，但是每个因素的权重是多少呢？有时候这两个指标相互矛盾，高土壤腐蚀性但低历史故障率，这就很难确定各自的权重，反之亦然。

在管网领域，权重分配受到各种指标影响，所以没有公认的规则。许多供水公司（例如，路易斯维尔市供水公司-Deb 等 1990；悉尼市供水公司、墨尔本供水公司-Marlow 等 2007）在使用计分法时，他们会制定一个专门的协议，权重是由他们自己的专家基于文献和当地情况确定的。在污水管网领域，情况则不同，有一些公认的将遇险指标转换成评价等级的规则（例如，英国的 WRc、加拿大的 NRC、澳大利亚的 WASSA、欧洲的 Cemagref)。使用最广泛的是 WRc（英国水研究中心）多次修改（WRc1986，WRc1993，WRc1994，WRc2001）过的协议，其中包括最新的与欧洲缺陷编码系统兼容的计算机评分系统。制定的协议被称为大管径污水管评价和修复指南（Zhao 等人 2001），这是与加拿大的几个直辖市和咨询工程师合作开发的，仅仅用于大口径管道（>900mm）。表 11-9 提供了一个小型的 WRc 和 NRC 的项目协议。表 11-10 显示了不同分数划分等级（WRc 有 5 个等级，NRC 有 6 个等级）。

遇险指标及相应评分 **表 11-9**

遇险指标[1]	遇险等级[2]	单位	NRC	WRc
纵向裂缝	轻微（≤3，无漏失）	m	3	10
	中等（>3，漏失）	m	5	40
环向裂缝	轻微（≤3，无漏失）	m	3	10
	中等（>3，漏失）	m	5	40
纵向断裂	轻微（<10mm）	m	5	40
	中等（10～25mm，或超过一个）	m	10	80
	严重（>25mm）	m	15	n/a
环向断裂	轻微（<10mm）	m	5	40
	中等（10～25mm，或超过一个）	m	10	80
	严重（>25mm）	m	15	n/a
表面破坏	轻微	m	3	5
	中等	m	10	20
	严重	m	15	120
接口位置	轻微（<¼管厚）	每个	3	n/a
	中等（¼～½管厚）	每个	10	1
	严重（>½管厚）	每个	15	2
失效		每个	20	165

1 这是列表的一个部分，基于引用的参考文献。

2 定义有时在两种协议之间变化。

11.4.2 模糊理论为基础的技术

如前文所述，管道老化的原因与结果之间的关系尚不清楚，更不用说量化，但从业者似乎对恶化过程有了一个直观的了解。在解释管道遇险指标（经检查发现）转化成评价等级方面，模糊集和隶属函数都非常适合融合它原本的直观了解和主观判断。

两种评分标准的比较 **表 11-10**

标准	条件状态					
	0 (E)	1 (G)	2 (F)	3 (P)	4 (B)	5 (IC)
WRc 值	n/a	<10	10～39	40～79	80～164	>165
NRc 值	0	1～4	5～9	10～14	15～19	20

注：E=极好，G=好，F=中，P=差，B=很差，IC=即将崩溃。

11.4.2.1 模糊综合评价（FSE）（Kleiner 等人 2005；Rajani 等人 2006）

模糊综合评价包括三个基本步骤：原始数据的模糊化、对各种观测到的遇险指标进行聚类分组和去模糊化，其中去模糊化是将模糊评价等级转换为实用格式。例如，一段埋管条件的模糊分级，包括四个等级：良好、中等、严重和临界。基于该等级，管壁厚度的50%可以模糊化至严重和临界之间，“严重”和“临界”隶属度分别为0.7和0.3。其他遇险指标也进行类似的模糊化，定义适用于不同条件状态的隶属度。接着，各种遇险指标选取适当的权重组成了条件模糊评级。最后，模糊状态等级去模糊化后，成为一个代表（相当于平均）值，以便于在资源之间进行比较。

该方法的提出，是为了建立基于模糊马尔科夫过程的老化模型，这些会在下一节讲述。

11.4.2.2 模糊综合规划（Vairavamoorthy 等人 2006）

模糊综合规划（FCP）是对目标集的属性进行排序的一种数学规划技术，根据目标集的性质，将一组离散的多属性项的集合排序为一组。这种管道状态评级的方式类似于上述的 FSE 技术，当然它们之间也是有区别的，在遇险指标分类汇总方面（例如管道指标类别、负载指标类别等），FCP 应用于多层次框架。这些指标聚合成不同的类（物理类、环境类、营销类），再将这些类别汇总成一个管道状态等级，因此，该方法在每个类中需要多组权重。

11.4.2.3 其他管道状态评级方法

2008 年 Bai 等人提出基于证据的分级推理（HER）法，不同等级采用不同遇险指标生成证据推理组合规则。

2006 年，Mandayam 等人提出了应用于输气管道的方法，该方法利用监督学习算法将几种无损检测技术（漏磁、热成像、超声）得到的数据融合在一起。

2002 年，Babovic 等人提出用遗传算法（GA）计算权重，并得到一个能够解释历史故障数据变化的得分方案。

11.4.3 基于数据驱动的方法

获得遇险指标的高成本促使研究人员试图在减少一组指标或者只用推理指标的基础上建立模型来预测管道状况。这些模型本质上是推导推理指标和状态评级之间的经验公式，一般包括以下四个步骤：

（1）对一个足够大且多样化的管道数据库进行全面检查，包括实际遇险指标和推理遇险指标。

（2）使用实际遇险指标获得管道状态评级。

（3）推导出推理指标与管道状态评级之间的数学关系。通过改变不同系数进行模型校正，最终确定使模型预测结果最接近实际情况的系数。

（4）模型验证：用一组在模型校正阶段没有用过的管道数据验证模型的计算结果。

需要指出的是，截至目前，这些成果主要应用于排水管道。例如，2001 年 Ariaratnam 等将逻辑回归方法运用于加拿大埃德蒙顿的排水管道系统（遇险指标使用闭路电视监控系统观测）；Najafi 和 Kulandaivel（2005）、Tran（2007）、Moselhi 和 Fahmy（2008）、Albarqawi 和 Zayed（2006）、Achim 等人（2007）运用神经网络方法研究推理指标和管道实际状态评级之间的数学关系式；1999 年 Fenner 和 Sweeting 首次运用了贝叶斯统计方法；2006 年 Wright 等人首次使用了启发式线性分类模型；2009 年 Zhou 等引入了模糊偏好等级组织浓缩评价（PROMETHEE）方法；Sadiq 等人（2004）和 Najjaran 等（2006）提出的土壤腐蚀性研究方法，同样适用于基于推理指标的管道状态评级预测。

11.5 给水干管老化模型

给水干管老化模型大致可以分为 2 个主要类别，即物理/机理模型和统计/经验模型。虽然物理/机理模型可能更科学、合理、普遍一些，但现有的知识和数据是有限的。要获取物理/机理模型解决单独管道所需要的大量数据是非常昂贵的。物理/机理模型只适用于主要的供水干管，因为这样的干管故障成本高，需要防止故障。相比之下，依靠经验推导出的统计经验模型适用于各种级别的输入数据。因此，它们对于小管径供水管道是有用的，故障成本低，便于故障频率管理（不是预防）。

11.5.1 物理/机理模型

导致管道破裂的物理机制涉及以下几个方面：（1）管道特征（例如材料类型、管道几何形状、接口类型、安装质量）；（2）负荷，包括内部由于操作压力和外部由于土壤负荷过重、交通、冰冻和第三方干扰造成的荷载；（3）由于外部和内部的化学、生化、电化学环境导致的材料恶化。虽然埋地管道的结构变化在大多数情况下很容易理解，但是，诸如冰冻荷载和由于化学或电化学过程和老化造成的结构老化问题，尽管在最近几年取得了实质性的进展，但作用机制尚不清楚。

管道失效一般有四大类，即环向断裂，由纵向应力引起；纵向断裂，由横向（环状）应力引起；腐蚀孔，由管道腐蚀引起；裂缝，由管道接口横向（环状）应力引起或在运输和/或安装过程中产生。这些管道常年经受周期性的负载，直到疲劳失效（Rajani2010）。环向断裂通常是由于管道热收缩、弯曲应力（由土壤微运动引起的梁破坏或长期漏损造成基底产生大空隙）、沟槽或垫层不合适、第三方干扰或以上各种因素组合造成的。运行压力对纵向应力的作用虽然小，但当与一个或多个其他应力源同时发生时，可能增加环向断裂的风险。由于横向应力引起的纵向断裂通常是由于管道中的压力引起的环向应力、土壤覆盖荷载引起的环向应力、交通动荷载引起的环向应力、穿透性霜冻使地面的冻土膨胀引起的环向负荷增加或以上各种因素组合造成的。

在美国北部，20 世纪 90 年代初，大约三分之二的供水管道是铸铁管和球墨铸铁管，大约 15%的供水管道是石棉水泥管，其余的是塑料管、混凝土管或其他金属管（Kirmeyer 等 1994；Rajani 和 McDonald1995）。在过去的十多年中，这些比例可能发生了一定程度的变化（例如，PVC 管和混凝土管的份额随着金属管和石棉水泥管的减少而增加）；然而，绝大多数现有的管道仍然是铸铁管和球墨铸铁管。

铸铁管和球墨铸铁管外部的主要老化机制是电化学腐蚀引起的腐蚀坑。对灰铸铁管的破坏往往是变相的“石墨化”。石墨化是指管道中的铁因腐蚀流失而剩下的片状石墨。随着时间的推移，无论是哪种形式腐蚀造成的金属流失形成的腐蚀坑，最终都会导致管道的破裂。这种破裂可能是一个漏损点，如果没有及时发现和修复，可能会侵蚀垫层，随后发展为环向断裂。腐蚀坑如果足够大、足够深，那么可能会严重削弱管道的结构阻力，导致纵向或环向断裂。管道周围的物理环境对老化率有显著影响。表 11-6 列出了加速金属管道腐蚀的因素（铸铁管和球墨铸铁管的推荐指标）。其中包括离散电流和土壤特性，如水分含量、化学和微生物含量、电阻率、气体、氧化还原电位等。金属管内部可能发生结瘤、侵蚀和缝隙腐蚀，从而造成管道有效内径减少，并且演变成细菌的滋生地。严重的内部腐蚀也可能造成管道的结构老化。给水的化学性质，包括 pH 值、溶解氧、余氯、碱度，以及温度和微生物的活性等，都影响着管道的内部腐蚀。

PVC 管的长期老化机制并没有记录在册，这主要是因为这些机制通常比金属管道慢，也因为 PVC 管在过去 40～45 年中才在商业中使用。碳氢化合物如苯、甲苯、三氯乙烯（TCE），以及其他腐蚀性强的溶剂，可以渗透到 PVC 管；然而，这种渗透需要非常高的浓度，供水管道通常遇不到这种情况（Ong 等人 2008）。

石棉水泥管和混凝土管易受化学腐蚀而老化，或是侵蚀水泥材料，或是渗入水泥中侵蚀水泥基础。土壤中存在的有机或无机酸、碱、硫酸盐会直接腐蚀混凝土管道。表 11-5 和表 11.7 分别列出了影响混凝土管和石棉水泥管老化的详细信息。直到 20 世纪 90 年代末，Rajani 和 Kleiner 对能查到的所有物理模型进行了全面的综述。表 11-11 列出了几篇主要的文献，也包括近几年提出的物理模型。

如表 11-11 所示，各种物理模型都涉及包括管道-土壤相互作用在内的不同问题，但是每个模型都有其局限性。例如，Spangler（1941）、Watkins 和 Spangler（1958）只考虑了面内荷载和应力对管道轴向的排斥作用。这只适用于管内作用占主导的大管径管道，并不适用于小管径管道。类似的因素有热应力和土壤收缩效应，它们对管道的轴向运动影响很大，在对大管径管道进行分析时不应作为主要因素考虑。Spangler（1941）、Watkins 和 Spangler（1958）没有考虑腐蚀作用对管道的影响。

随着研究的不断深入，人们逐渐意识到管道腐蚀是造成管道老化的主要原因，基于管道腐蚀进行建模的研究人员也越来越多。然而，土壤固有的不均匀性和相关数据的缺乏都为这项研究带来了巨大挑战。Rossum（1969）、Doleac 等人（1979；1980）提出一种模型来预测铸铁管的剩余管壁厚度。Randall-Smith 等人（1992）、Ahammed 和 Melchers（1994）引入概率模型来预测剩余管壁厚度，这与前人提出的确定性模型有所不同。Rajani 和 Makar（1999）也提出一个模型用于预测剩余管壁厚度，然而，所有这些模型都没有足够的历史数据进行严格的验证。

Rajani 等人（1996）在 Watkins 和 Spangler 的模型基础上，考虑了纵向作用（包括热膨胀应力和弯曲应力），这在小管径管道上是十分重要的。Kiefner 和 Vieth（1989）、Hong（1997）、Pandey（1998）开发出一种适用于高韧性钢管的模型。在某些寒冷地区，寒冷条件会透过覆土给管道添加附加荷载，Rajani 和 Zhan（1996；1997）提出一种针对这种寒冷条件的模型。

Rajani 和 Tesfamariam（2004）、Tesfamariam 等人（2006）、Rajani 和 Tesfamariam（2007）扩展了早期的模型，所考虑的因素除了弯曲应力、内部压力、土荷载、热应力轴向荷载、管道腐蚀之外，还包括交通动态负荷、由于水土流失造成的阻力损失、基础强度损失。

Davis 等人（2007）、Moglia 等人（2007）、Davis 等人（2008）分别提出了适用于 PVC 管、铸铁管、石棉水泥管的管道事故概率预测模型。在这三个模型中，提出一个数学关系，用来确定模型中各种输入和参数的概率分布。蒙特卡罗模拟通常被用来确定故障次数的概率分布。

管道老化物理/机理模型（根据 Liu 等 2010 修改） **表 11-11**

参考文献	主要问题	需要的数据	结　论
Spangler（1941），Watkins 和 Spangler（1958）	管道-土壤交互分析	管道弹性模量、内部压力、管道几何结构、沟槽几何结构、土壤/回填属性、车辆影响因素、车轮荷载	只适用于大直径的管道，不适用于小直径的管道。热应力问题没有解决，材料老化和土壤收缩效应同样没有解决
Rossum（1969），Doleac（1979），Doleac 等人（1980）	预测腐蚀后剩余管壁厚度	土壤特性，例如 pH 值、电阻率、氧化还原电位	故障时间的估计使用幂律作为土壤性质和时间的函数
Kumar 等人（1984）	腐蚀状况指数	管龄、管道类型、管壁厚度、管径、接头、土壤电阻率、氯化物、硫化物、pH 值、湿度、首次破损年份	幂律模型用于估计腐蚀速率。经验/统计公式用于预测破损
Kiefner 和 Vieth（1989）	剩余结构阻力	管道材料性能、管道腐蚀坑 3D 特性	受石油和燃气管道启发，适用于韧性材料，例如球墨铸铁管和钢管，而不是铸铁管
Randall-Smith 等人（1992）	剩余管道使用寿命	管龄、最大坑深	假定腐蚀是时间的线性函数，预测管道失效时间
Ahammed 和 Melchers（1994）	钢管失效概率估计	铸铁管属性、腐蚀模型的幂律系数	失效概率是腐蚀模型最敏感的常数
Rajani 等人（1996）	连接管管道-土壤交互分析	同 Watkins 和 Spangler，外加管道热应力特性和土壤性能	纵向弯曲被认为是主要作用，适应于小直径管道。不考虑材料老化或土壤收缩的影响
Rajani 和 Zhan（1996），Zhan 和 Rajani（1997）	严寒荷载	连续冻结指数、回填土孔隙率、解冻水含量、冰冻前热梯度、冻结深度	冰冻荷载是时间的函数
Pandey（1998），Hong（1997）	钢管失效概率估计	铸铁管力学性质、腐蚀模型的幂律系数	管道可靠性估计与概率分析框架，包括检查和修复活动的影响

续表

参考文献	主要问题	需要的数据	结　论
Rajani 和 Makar（1999）	剩余结构阻力	同 Kiefner 和 Vieth	解决韧性断裂问题，适用于脆性材料，例如铸铁管，但需要大量的验证
Rajani 和 Makar（1999）	灰口铸铁管使用寿命预测	管道几何结构、铸铁管力学性能、Rossum 模型中土壤性能或适用于二相腐蚀模型的经验参数	假定腐蚀坑按照 Rossum 模型或二相腐蚀模型所预测的那样增长，估计失效时间
Hadzilacos 等人（2000）	管道剩余寿命预测的可靠性	管道弹性模量、内部压力、管道几何结构、沟槽几何结构、回填土性能、车辆影响因素、车轮荷载、地基损伤信息	针对不同失效模式确定失效概率
Rajani 和 Tesfamariam（2004），Tesfamariam 等人（2006）	部分连接管管道-土壤交互分析	管道弹性模量、内部压力、管道几何结构、沟槽几何结构、回填土性能、车辆影响因素、车轮荷载、管道热应力特性和土壤性能	纵向弯曲被认为是主要作用，适应于小直径管道。不考虑材料老化或土壤收缩的影响
Davis 等人（2007）	PVC 管道事故预测	管道几何结构、管道材料性能（杨氏模量、屈服强度、其他系数）、土壤性质、内部压力、埋深、裂纹扩展参数	应用断裂力学模拟不同应力事故，包括内部压力、工作荷载、残留应力、管道的裂纹形状等。假定裂纹的增长符合 Paris 规律，用概率处理在材料性能和老化速率方面的多样性
Moglia 等人（2007）	铸铁管事故预测	管道几何结构、管龄、工作压力、腐蚀速率、管道材料性能（以确定拉伸强度）、土壤性能（以确定恒荷载）、动态外部荷载	基于断裂力学，运用概率输入确定极限状态。假定腐蚀速度和时间成线性关系，用蒙特卡罗算法计算失效时间
Rajani 和 Tesfamariam（2007）	考虑连接管的情况下灰口铸铁管剩余使用寿命的估计	管道弹性模量、内部压力、管道几何结构　沟槽几何结构、回填土性能、车辆影响因素、车轮荷载、管道热应力特性和土壤性能、地基损伤信息、腐蚀模型参数	纵向弯曲被认为是主要作用，适应于小口径管道。腐蚀、地基损伤、温差和管材的韧性被认为是影响管道寿命的最重要的参数
Davis 等人（2008）	石棉水泥管事故预测	管道几何结构、管道材料性能、土壤/地基性能、埋深、工作压力	假定强度损失率是线性函数，在材料性能和老化速率方面概率计算具有多样性

11.5.2 统计/经验模型

统计/经验模型通过分析历史工况特征数据对管道结构老化进行量化。如上所述，在小型配水干管中，历史工况特征数据指的是管道破损频率；在大型输水干管中，它通常以状态评定等级表来衡量。Kleiner 和 Rajani 在 20 世纪 90 年代末对所有文献中的统计/经验模型进行了全面综述。Marlow 等人（2009）和 Liu 等人（2010）论述了一些经典模型及其近十年来的发展状况。这些统计/经验老化模型的分类方法有很多种。表 11-12 列出了小型配水干管基于事故频率的统计/经验老化模型相关信息；表 11-13 列出了小型配水干管基于破损频率的统计/经验老化模型相关信息；表 11-14 列出了大型输水干管基于状态评价的统计/经验老化模型相关信息。

基于事故频率的统计/经验老化模型　　表 11-12

参考文献	需要的数据	结　论
Shamir 和 Howard (1979)	管长、安装日期、破损历史数据	时间指数模型，分析同类管网十分有效，因此，管径、管材、土壤类型、破损类型等信息十分有用
Walski 和 Pelliccia (1982)	同 Shamir 和 Howard（1979），另外加上管件和管径信息	时间指数模型，分析同类管网十分有效，首次将时间指数模型应用于一个大型管网
Clark 等人(1982)	安装日期、破损历史数据、管道种类和直径、工作压力、土壤腐蚀性、区域管道覆盖情况	时间线性和时间指数混合模型。需要管道破损类型和管道铺设年份等数据优化模型
McMullen (1982)	土壤饱和度、电阻率、土壤酸碱度、氧化还原电位	采用模型预测首次破损时间
Kettler 和 Goulter (1985)	同 Shamir 和 Howard（1979）	时间线性模型
Jacobs 和 Karney (1994)	管长、管龄、破损历史数据	时间指数模型，分析同类管网十分有效
Dandy 和 Engelhardt (2001a)	破损历史数据、管网创建数据	基于幂律增加的事故频率模型，纯粹的系数回归提取
Park 和 Loganathan (2002)	破损历史数据、管网创建数据	时间指数和时间线性混合模型
Kleiner 和 Rajani (2004)	破损历史数据、管网创建数据、阴极保护历史数据、气候历史数据	D-WARP 时间指数模型，可以考虑动态的协变量（如气候、阴极保护）
Giustolisi 和 Berardi (2007)，Berardi 等人 (2008)	破损历史数据、管网创建数据	基于进化多项式回归（EPR）的模型：使用遗传算法拟合简约多项式以观察历史破损率

需要注意的是，表中只是对每一个模型及其性质进行了非常简短的描述。想要获取每个模型的详细信息，请读者自行查阅相关文献。

表 11-12 中最具代表性的是时间指数模型，其中老化率被假定为指数，即单位长度的爆管次数作为管道的管龄指数（在所有模型的讨论中，“老化率”指的是管道破裂频率随着时间的推移而增加）。1979 年，Shamir 和 Howard 第一次用该方法模拟了管道的破损率，Walski、Pelliccia 和 Kleiner、Rajani 分别在 1982 年和 2004 年也使用了同样的方法。与此不同的是，Kettler、Goulter（1985）和 Jacobs、Karney（1994）假设单位管长的破损次数与时间呈线性关系。Clark 等人（1982）和 Park、Loganathan（2002）综合了两种方法，提出了一种指数/线性混合模型。Dandy 和 Engelhardt（2001a）提出幂律老化率，即单位管长破损次数的增加为时间的函数，并总结成一个常数，通常取值范围在 0.5～2 之间。在文献中已经详细讨论过指数与幂律老化率的区别。从 Constantine 和 Darroch（1993、1996，见表 11-13）提出的概率模型中可以看出，管道的平均损耗率也服从幂律老化的规律。Mavin（1996）通过把从三个澳大利亚水务公司得到的数据分别应用到时间指数模型和时间幂律模型，发现两个模型预测供水管道断裂的性能类似。由此可知，在某些情况下，幂律老化模型数据拟合更好，而对于其他情况，指数老化模型更合适，没有方法事先判断哪个模型最合适。鉴于这一结论，Kleiner 和 Rajani（2004）表示，他们的时间指数模型可以考虑动态的协变量，可以很容易地适应幂律老化模型。

基于破损频率的统计/经验老化模型 **表 11-13**

参考文献	需要的数据	结　论
Kulkarni 等人（1986）	管长、破损历史数据、管网创建数据（数据越多，分析越精细）	不同管网中基于贝叶斯的相对破损频率分析
Andreou 等人（1987a，1987b），Marks 等人（1987），Brémond（1997），Eisenbeis（1994），Røstum（2000）	管长、安装日期、工作压力、土地开发率、破损历史数据、土壤腐蚀性	间歇时间的比例风险模型，并非所有数据都是必需的，一些数据可以合并
Constantine 和 Darroch（1993），Miller（1993），Constantine 等人（1996），Røstum（2000），Economou 等人（2008）	平均管网压力、交通状况、管径、管材、管长、土壤类型	基于时间的泊松模型，并非所有数据都是必需的，一些数据可以合并
Herz（1996），Kropp 和 Baur（2005）	管网创建数据、安装日期、管道更新时间、专家对管道寿命的建议	基于 Herz 概率分布的群体生存模型
Lei（1997），Eisenbeis 等人（1999）	管龄、管径、管长、管材、交通荷载、土壤酸碱度、土壤湿度、破损历史数据	基于寿命的加速模型，并非所有数据都是必需的，一些数据可以合并
Gustafson 和 Clancy（1999a）	详细的破损历史数据、管网创建数据	基于半马尔科夫过程的破损历史数据模型，在马尔科夫过程中，每次破损视为一个状态（如第一次破损、第二次破损），在状态（$i-1$）和状态 i 之间的间隔视为“保持时间”

续表

参考文献	需要的数据	结　论
Mailhot 等人（2003），Dridi 等人（2005）	破损历史数据、管网创建数据	区分低阶破损（威布尔或伽马分布）和高阶破损（指数分布）的间断时间，在高阶破损中，假定平均持续时间和管龄之间成线性或幂律关系
Watson 等人（2004）	破损历史数据、管网创建数据	基于非齐次泊松过程的老化模型，没有明确的时间依赖性假设，这是基于贝叶斯理论的优化
LeGat（2008a）	破损历史数据、管道数据（管材、管径等会影响破损率的因素）	带有线性扩展的基于 Yule 过程的模型
Kleiner 和 Rajani（2009）	破损历史数据、管网创建数据、阴极保护历史数据、气候历史数据	基于非齐次泊松过程的 I-WARP 模型，考虑了能够解决动态问题的协变量

基于状态评价的统计/经验老化模型　　表 11-14

参考文献	需要的数据	结　论
Li 等人（1995），Li 等人（1996），Li 等人（1997）	资产等级评估和管龄	基于马尔科夫的非齐次概率转移模型，应用于路面
Madanat 等人（1995），Mauch 和 Madanat（2001）	资产等级评估	马尔科夫老化过程是一个潜在持续的老化过程，这种模型不仅适用于管道，而且更多地适用于基础设施资产
Hong（1998）	管网工作压力和剩余强度	马尔科夫模型，条件等级定义为压力和强度之间的比率
Rostum 等人（1999）	管道等级评估、管龄	老化持续时间是一个服从 Herz 概率分布的随机变量
Abraham 和 Wirahadikusumah（1999），Wirahadikusumah 等人（2001）	管道等级评估	马尔科夫链过程应用于排水管道，管道寿命分为四个阶段，在每个阶段的转移概率恒定
Kathula 和 McKim（1999），McKim 等人（2002）	管道等级评估	马尔科夫链过程应用于排水管道，专家意见用于转移概率，后来引入了风险比率
Ariaratnam 等人（1999），Ariaratnam 等人（2001），Davies 等人（2001），Cooper 等人（2000）	不同的推理指标	基于多变量的 logistic 回归模型，其中一个变量是管龄
Kleiner（2001a）	管道等级评估，最好基于连续的调查数据或者专家建议	半马尔科夫模型，用生存分析法计算某条件下管道的预期持续时间
Micevski 等人（2002）	管道等级评估	马尔科夫模型应用于暴雨下排水管老化，假设转移概率随时间均匀分布

续表

参考文献	需要的数据	结　论
Kleiner 等人（2006a）	遇险指标，至少需要一次检查才能转换为状态等级	运用模糊马尔科夫老化过程模拟大型输水管的 T-WARP 老化
LeGat（2008b）	资产状态等级、管龄，如果协变量已知可以予以考虑	基于非齐次马尔科夫链的排水管道模型，转移概率来自 Gompertz 生存概率

在概率老化模型（见表 11-13）中，可以观察到几个类别。许多研究者都提出了比例风险模型（PHM），包括 Andreou 等人（1987a；1987 b）、Marks 等人（1987）、Brémond（1997）、Eisenbeis（1994）、Rostum（2000）。比例风险模型需要基于一个前提——人口基线风险函数，即事故的瞬时事故率（在 t 和 $t+\Delta t$ 之间发生事故的概率）。因为这一人口基线会受到不同条件的限制（例如管道直径、管材等），所以这个基线危险率可以根据每个项目的具体情况进行调整。基线风险函数可以理解为一个随时间变化的老化因子，而协变量代表环境和操作压力因素，增加或降低管道发生事故的风险。在基线风险函数中，“协变量”以乘法的方式参与函数计算。

许多研究者提出了非齐次泊松模型，包括 Constantine 和 Darroch（1993）、Miller（1993）、Constantine 等人（1996）、Røstum（2000）、Watson 等人（2004）、Economou 等人（2008）、Kleiner 和 Rajani（2009）等人。泊松分布是一个单参数的概率分布，通常用于在给定时间内或单位长度内的计数过程。例如，在给定的时间内，假设管道的破损过程为“泊松到达”（泊松过程），只要知道该时间段内管道破损的平均次数，那么就可以推算出任意管段在该时间内破损的次数。泊松过程中，每个事件持续的时间服从指数分布（指数分布也是单参数的概率分布，平均时长即单位时间内每个过程的平均数的倒数）。非齐次泊松过程（NHPP）是单位时间内，事件平均发生次数不恒定的一种泊松过程。例如，如上所述，泊松过程可以理解为，在给定时间内给定管道发生破裂事件，而这一过程仅取决于该段时间内的平均破损率。然而，随着管道的老化，平均破损率会不断增加，从而导致不同的泊松过程，或者是不同参数的同一泊松过程。非齐次泊松过程定义了平均破损率随时间的变化。

比例风险模型（PHM）和非齐次泊松过程（NHPP）的主要区别是：第一，PHM 是处理破损时段期间的离散事件，而 NHPP 是一种计数过程，模拟事件随时间发生，而事件发生的频率（或者强度）随时间不断变化。第二，PHM 一开始是时间驱动的，直到发生第一个破损，之后为事件驱动，而 NHPP 始终都是时间驱动的。这就意味着 PHM 能够考虑历史破损率对预测破损率的影响，但是不能直接考虑管龄的影响；NHPP 能够考虑管龄的影响但是不能反映历史事故（在多变量 NHPP 模型中，可以将历史事故数据作为协变量考虑进去）。由此看来，PHM 方法对于左截断数据更加敏感（即在事件驱动的老化模型中，并不能确定哪一次事故是第一次，哪一次事故是第二次，这可能会对结果的精准度造成不良影响），而 NHPP 对于左截断数据就没有那么敏感。

Lei（1997）和 Eisenbeis 等人（1999）提出了加速失效时间模型。加速失效时间模型（AFTM）是一种基于生存数据的常见模型，在模型中，假设在时间尺度上，变量在模型中以乘积形式计算，从而影响每个因子沿着时间轴的变化率。PHM 和 AFTM 的本质区别是：前者的协变量作用于风险函数，而后者是直接影响时间尺度。值得一提的是，当Weibull概率分布作为基线风险函数时，PHM和AFTM几乎完全一样，它们的协变量系数是一个变化的常数。一些研究人员在PHM模型中使用Weibull分布作为基线风险函数时，有时会将这些模型描述成AFTM，包括Eisenbeis（1994）、Brémond（1997）和Rostum（2000）。

关于一些基于事件之间持续时间来解决管道老化的模型，请参见Gustafson和Clancy（1999a）、Mailhot等人（2003）、Dridi等人的文献。1996年，Herz提出一种基于Herz概率分布适用于管网材料类型和环境运行压力等级的模型，这个模型在2005年由Kropp和Baur对其进行改进。关于Herz分布的参数估计是在分析实际数据的基础上完成的，从历史上来看，当替换一条管道时，认为是管道寿命的终结，如果该管道没有被替换，那么通常是由专业人士评估这条管道的可使用寿命期。

表11-14中所有状态评价模型中最为突出的是包括所有变量在内的基于马尔科夫验证的模型。在管道不断老化的背景下，马尔科夫过程是一个随机过程，管道从一个条件状态随机地转换为另一个条件状态，下一个状态仅仅依赖于上一个状态（也称为记忆随机过程）。这种状态上的过渡可以看作是一个可识别的概率框架。马尔科夫老化模型在基础设施老化方面有着广泛的应用，表11-14仅提供了一小部分，例如路面（Li等1995；1996；1997）、桥梁（Madanat等人1995；Mauch和Madanat2001）、污水管（Abraham和Wirahadikusumah1999；Wirahadikusumah等人2001；Kathula和McKim 1999；McKim等人2002；Micevski等人2002；LeGat 2008b）以及地下基础设施（Kleiner 2001）。上述模型各有不同，主要区别在于采用的概率框架（均匀或不均匀的转移概率，全马尔科夫或半马尔科夫过程）和定义条件状态的方式不同，或者转移概率识别的方法不同。Kleiner等人（2006a）将软计算方法的灵活性和马尔科夫过程的鲁棒性相结合，提出了一个模糊马尔科夫老化过程，其中的状态转换遵循模糊规则而不是概率。

另一个典型模型是logistic回归模型（Ariaratnam等人，1999；Ariaratnam等人2001；Davies等人2001；Cooper等人2000），该模型考虑了一些独立变量，因变量都是二进制（0或1），逻辑表达式总是在区间［0，1］之间，因此，输出结果是一个很容易识别的二进制概率。

上述模型很多都已经应用到了实际工程中，在工程报告中，详细描述了模型应用案例。然而，这些报告通常是不公开的，写成文章并收录到期刊或者会议论文集中的仅是很少一部分。

（1）20世纪80年代初，美国费城供水公司进行了一项大型研究项目（O'Day等人1986），该项研究由费城供水公司工作人员担任，PEER咨询公司提供Peer系统以及咨询服务，由美国供水研究基金会（WRF）和美国国家环境保护局（USEPA）提供资金支持。

（2）20世纪70年代末，美国陆军工程兵部队对纽约市供水管网开展了一项综合研究（Male等人1990a）。该项目是在20世纪80年代中期完成的，主要进行了纽约市供水管网的分区管理。介绍并且描述了多种管道破损方式。最好的方法是基于组群的统计分析。Male等人（1990b）和Walski等人（1990）在一个同行评审的期刊论文和会议论文中总结了这项研究。在这项研究的早期，这个项目的主要负责人O'Day(1982)出版了关于输水干管破损数据分析的指导方针。

(3) 20 世纪 90 年代末，对蒙特利尔市（加拿大魁北克省）的城市供水管网进行了调查。虽然整个项目是不公开的，但是 Kleiner 和 Rajani（1999）对管网老化模型数据不全等问题进行了总结。

11.5.3 水力性能老化模型

如上所述，管道水力性能的老化是由于其内表面的恶化。其中管道粗糙度的增加，导致流动阻力增加，同时管道内的腐蚀也降低了管道的有效直径。漏损管道会损害管网的水力性能，这是因为管网必须输送这部分额外流量。

关于管道粗糙系数对管道老化的影响的研究很少。老化速度取决于管道的类型、供水质量、操作和维护的方式。Colebrook 和 White（1937）最早开始研究管道粗糙系数随时间变化的问题。他们发现随着时间的推移，管道粗糙系数呈线性增长。Hudson（1966）对美国 7 个配水管网进行了海曾-威廉水力系数（C_{HW}）随时间变化的研究（见图 11-3)。

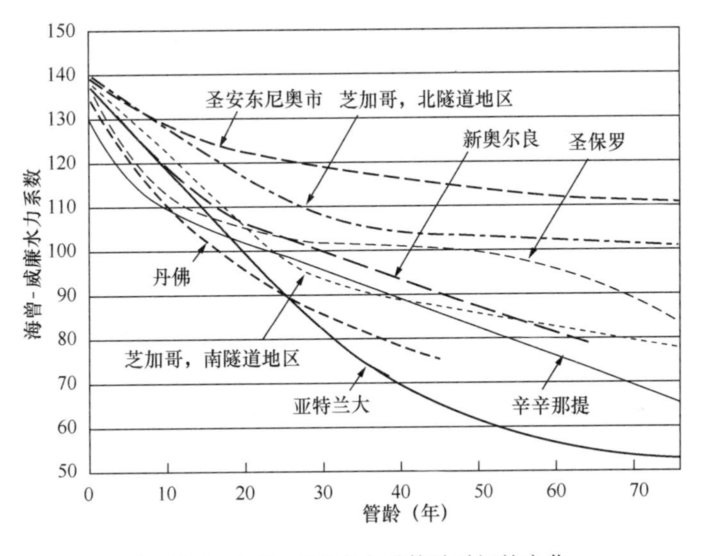

图 11-3　海曾-威廉水力系数随时间的变化

1981 年，Lamont 将粗糙系数的增长同水中碳酸钙饱和度关联起来。1988 年 Sharp 和 Walski 在 Colebrook 和 White 研究成果的基础上提出一种新方法，将粗糙系数转化为等效的海曾-威廉水力系数 C_{HW}。假定 C_{HW} 随时间呈对数下降，下降速率在管道中进行校正。对数下降规律也应用到随后的决策支持模型中（例如，Kleiner 等人（1998a；1998b）将结构和水力性能老化结合到决策支持模型中，详见下一节），但是在该域还需要投入更多的努力，毋庸置疑的是，水力性能在管网更新方面是一个十分重要的因素。

11.6 决策支持模型和方法

在文献中可以找到大量关于供水干管更新优先排序、管道更新优化调度、最优管道更新方案的模型。这些模型有很多种分类方法。例如：基于成本最小化的决策支持模型（见

表 11-15），多目标决策支持模型（见表 11-16），其他模型（见表 11-17）。这些模型已经转化为实际的决策支持工具，并以软件产品的形式（作为商业产品、研究工具或者计算机程序源代码）被工程师们使用。下面的小节将对这些模型进行详细描述。注意，下面三张表中的很多条目对应于老化模型表中的条目，这是因为所提出的决策支持方法是老化模型的扩展。在表 11-17 之后，我们附上一个相关书籍和章节的列表，供读者查阅。

决策支持方法——基于成本最小化　　表 11-15

参考文献	约束条件	优化方法	要　点
Shamir 和 Howard (1979)	无	微积分	最佳管道更新时间是使管道更新和破损折贴现费用最小化的时间。简化的方法为许多模型的扩展和改进奠定了基础
Clark 等人 (1982)	无	微积分	同 Shamir 和 Howard (1979)
Walski (1987), Walski 和 Pelliccia (1982)	无	微积分	最佳管道更新时间是使管道和阀门更新、漏损和漏点检测、管道和阀门损坏贴现费用最小化的时间。另外，可以计算相应的临界破损率
Lansey 等人 (1992)	水力约束（最小压力、连续性、质量守恒）	水力计算软件 (KYPIPE) 和广义简约梯度法 (GRG2)	定义规划周期，包括每根管道的相关破损频率、供水流量和管道摩擦系数。对于每个管段，找到更新/换衬/加固的时间；对于每台水泵，找到更新/加固的时间，以最小化更新、维修和输送能量的总贴现费用
Kim 和 Mays (1994)	水力约束（最小压力、连续性、质量守恒）	启发式算法和微积分	当最小化更换、修复、涂衬、修理和输送能量时，找出需要更换/换衬/修复/继续修理的管道。不考虑时间维度
Kleiner 等人 (1998a, 1998b)	水力约束（最小压力、连续性、质量守恒）	结合水力计算软件 EPANET 的动态规划和部分枚举	假定管网中每条管道的破损频率呈指数增加而水力能力呈对数下降。制定管道更新/涂衬计划以最小化总生命周期贴现成本。生命周期成本考虑终身的老化/更新周期
Gustafson 和 Clancy (1999b)	无	启发式算法	基于管道老化模型，利用蒙特卡罗模拟产生破损记录。最佳更新时间是使管道更新和破损总贴现费用最小化的时间
Dandy 和 Engelhardt (2001b)	水力约束（最小压力、连续性、质量守恒）和预算成本	结合水力计算软件 EPANET 的遗传算法	假设破损频率服从幂次定律；通过规划管道更新（包括合适管径的选取），最小化更新、维修、损坏总贴现费用
Loganathan 等人 (2002), Park 和 Loganathan (2002)	无	微积分	管道在第 n 次破损后被更换，它的总成本包括从安装到维修 n 次破损所花费的费用。如果管道总贴现成本比第 $n+1$ 次维修费用低，那么 n 便是一个临界破损阈值

续表

参考文献	约束条件	优化方法	要　点
Kleiner 和 Rajani (2004)	无	微积分	D-WARP。寻找最佳管道更新时间。还检验了管道更新和阴极保护相结合的混合策略方案
Watson 等人(2004)	无	微积分和蒙特卡罗模拟	幂律退化模型（衍生自非齐次泊松过程）。最佳管道更新时间是使管道更新和破损的成本（无折扣）最小化的时间。采用蒙特卡罗模拟，以考虑模型参数的不确定性
Hong 等人（2006）	无	微积分	假设管道破损频率的增加服从非齐次泊松过程。最小化生命周期成本，包括终身的老化/更新周期
Cabrera 等人(2007)	无	微积分	与 Shamir 和 Howard（1979）相似，还考虑了在维修过程中的数量损失和对应的能量损耗，以及与破损事故相关联的社会或其他偶然的费用成本
Dridi 等人（2008）	水力约束（最小压力、连续性、质量守恒）	结合水力计算软件 EPANET 的遗传算法	基于 Mailhot 等（2000）的破损频率退化模型，同时考虑水力能力的退化，对于一个给定的规划周期，规划更新那些折旧成本最小的管道
Nafi 和 Kleiner (2009)	预算	启发式算法和遗传算法	当考虑经济规模和相邻基础设施时，利用 I-WARP 法，考虑中期更新规划

决策支持方法——基于多目标优化　　**表 11-16**

参考文献	目标	优化方法	要　点
Halhal 等人(1997)	多目标（成本和服务水平）	结构混乱遗传算法	在成本和服务水平之间权衡得出 Pareto 非支配解，从 4 个维度进行定义，包括压力改进、维修改进、操作改进和供水质量提高。使用权重将 4 个变量结合在一起
Kleiner 等人(2006b)，Kleiner (2005)	在可接受风险范围内使成本最小化	模糊数学和微积分	T-WARP。结合模糊马尔科夫老化过程和模糊事故后果定义管道寿命的模糊风险。如果风险超出承受范围，则更换管道；否则安排下次检查。另外，考虑风险和成本之间的权衡，从 Pareto 最优解集中选择合适的解
Alvisi 和 Franchini (2006a)，Alvisi 和 Franchini (2006b)	最小化成本、漏损、未服务水量，受最低压力约束	多目标遗传算法	假定破损率增加服从幂律定律。在事故时，考虑多个用水量模式来计算短缺的供水量。假设未报告（未修复）破损（漏点）与总报告（和修复）破损的比例已知，可以计算出漏损率

续表

参考文献	目标	优化方法	要　点
Dandy 和 Engelhardt（2006）	多目标（成本和供水可靠性），约束条件为预算和最低压力	多目标遗传算法	假定破损频率服从幂律定律，可靠性包括受事故影响的客户总数。客户总数包括供水中断的用户（局部干扰）和压力过低的用户（整体干扰）
Berardi 等人（2007）	多目标（成本和供水可靠性），受最低压力约束	结合 EPANET 的多目标遗传算法	成本包括管道破损和更新。可靠性定义为受管道破损影响的用户数量。用进化多项式回归计算破损频率
LeGauffre 等人（2007）	管道更新的多目标优先排序	遵循 Electre-Tri 方法的优先级排序	基于 Care-WARP，制定一份评价标准清单，每一个都有一个定量或定性的评价方案。利用这些标准，可以定义（$n+1$）个评价等级（差、一般、好）（n 通常为 2）。利用 Electre-Tri 方法，将管道分类到（$n+1$）个等级中，选择最差的管道进行更换，阈值可以根据预算进行调整
Nafi 等人（2008）	多目标（成本和水力可靠性），受供水需求最低压力约束	多目标改进遗传算法	在计划周期内，所有具有至少三次破损记录的管道，其中事故概率大于 0.5 的，作为管道更新的候选。两个水力可靠性标准：管道失效时，管网可以供应的最高流量的比例，管网中能够保证最小服务压力的节点的比例

决策支持方法——多种研究　　**表 11-17**

参考文献	目标	优化方法	要　点
Li 和 Haims（1992a，1992b）	最大化干管输水有效性；分配资金以最大化整体系统有效性。两个目标均受资金约束	微积分	基于 Andreou 等提出的 PHM 退化模型的两阶段决策过程。A：当最大化干管输水有效性时，将半马尔科夫模型应用于单独的供水干管来制定优化的维修/更新方案。B：利用多层次分解方法在一定资金下制定管网组件的最优分配，以最大限度地提高整体系统的有效性
Cooper 等人（2000）	基于故障风险评分，优先考虑管道更新顺序	基于风险排序	通过逻辑回归分析，使用多个协变量（土壤、交通荷载、峰值压力等）确定故障概率。故障后果由多方面因素决定（受影响的设施、维修费用等），这都能从 GIS 系统中分辨出
Kleiner（2001b）	最小化风险	微积分	最佳干预时间是预期失效成本最小的时候。失效的预期成本是失效概率和后果的乘积
Hahn 等人（2002）	专家系统		建立基于“SCRAPS”的意见库来确定管网检查的优先次序

续表

参考文献	目标	优化方法	要　点
Burn 等人（2003），Moglia 等人（2008）	管道更新的优先级排序		PARMS。管道老化模型为非齐次泊松过程。另外，在一些情况下，使用物理模型。失效概率和事故后果相结合得到风险指数。可以考虑全生命周期成本。基于对方案的分析制定相应的决策
Kleiner 等人（2006b），Kleiner（2005）	在可接受的风险水平下最小化成本	模糊数学和微积分	T-WARP。结合模糊马尔科夫老化过程和模糊事故后果定义管道寿命的模糊风险。如果风险超出承受范围，则更换管道；否则安排下次检查。另外，考虑风险和成本之间的权衡，从 Pareto 最优解集中选择合适的解
Renaud 等人（2007）	管道更新的优先次序，受水力条件约束	比分（权重）	SIROCO 的一部分。使用 PHM 对故障进行预测。利用管道失效导致的水量短缺计算管道水力临界值。基于水力临界值、故障对交通的影响、故障对服务水平的影响、预期损坏、维修/更新成本，给每条管道分配权重
Davis 等人（2008）	最大化成本效益	微积分	基于石棉水泥管老化模型的管道失效概率。收益包括未更换管道的成本。成本包括更换共用以及更换前的检查费用

早在 20 世纪 60 年代末，对于老化管道更新的决策支持问题就备受关注（AWWA1969）。在 Walski（1984）的文章中可以看到一些早期的见解，特别是有关管道更新的水力学问题和破损率方面的章节。关于实际工程案例研究，可以参见 Male 和 Walski（1990）编写的故障排除手册。相关信息也可参考《Water Distribution Systems Handbook》（《供水管网指南》，2000 年 5 月），特别是 Walski 和 Male 所著的题为“Maintenance and Rehabilitation/Replacement”的章节。1989 年 5 月出版的《Reliability Analysis of Water Distribution Systems》（《供水管网系统可靠性分析》）也包含了很多关于管网可靠性方面的内容，包括管道结构以及管道和管网的可靠性。

更多相关优质资源包括：ASCE 工作委员会发布的关于供水系统修复的报告（Walski1987），美国住房和城市发展部，《城市基础设施改造》（Brown 和 Caldwell 1984）和 USEPA 的出版物，包括《新的和现有的配水管网系统的创新方法：问题评估》（USEPA1998）；《改善饮用水干管结构完整性监测的白皮书》（Royer 2005）；《水务部门的调查结果和建议，管理战略》（USEPA 2007a）；《预测配水管网系统和废水收集系统的决策支持工具》（Stone 等人 2002）。

在加拿大，备受好评的是一本名为《地下基础设施的位置和评价》的书籍（Sipos 和 Mirza 2008）。还建议参阅美国水工程协会研究基金会（AwwaRF）的研究报告：《现有和发展的供水干管修复实践的评估》（Deb 等 1990）；《配水系统性能评估》（Deb 等 1995）；《调查灰口铸铁水管以制定估计使用寿命的方法》（Rajani 等人 2000）；《供水干管更换项目的财政和经济优化》(Cromwell 等人 2001);《地下管道的无损无入侵评估》(Dingus 等人 2002);《供水干管更新和修复的优先级排序》(Deb 等人 2002);《干管破损预测、预防和控制》(Grigg 2007);《检查水质对配水设施完整性的影响》(Sadiq 等人 2007)。

11.7 小结

随着供水干管管龄的增加，它们承受的压力也越来越大，水力结构不断恶化，导致水质不断恶化。要想对这些管道资产进行有效的管理，就需要对其进行状态评估，其中包括收集、分析相关信息，并最终将这些信息转化为知识，从而高效地做出更新方案。

在输水干管状态评估方面，研究人员投入了大量的精力，研究各种方法和开发各种工具。虽然投入了大量精力，但是这些工具普及速度很慢。主要原因是教育工作者、工程师和从业者没有意识到管网状态等级评价的重要性，特别是在小型管网方面。收集管道性能和故障历史数据，将大数据挖掘技术与管道老化模型相结合，可以提供有价值的管网状态评估信息。

目前，由于无损检测技术的成本较高，因此只能应用于发生事故后造成较大影响的大型输水干管。可以预见，随着新技术的发展和竞争的加剧，无损检测技术的成本终将降低，无损检测技术也会应用到一些普通管道。这将导致更高的使用率，反过来又会推动价格的进一步下降。

对于老化模型（物理/机理和统计/经验），模型的预测精度有限。如果模型与无损评估（NDE）检查提供的关于管道当前状态的可靠数据相结合，则可以克服这个局限。因此，急切需要开发出一种能够将多传感数据和历史数据结合起来的工具。所产生的多源数据将增强任何预测工作的可靠性。然而，许多可用的 NDE 技术对于埋地给水管道的可靠性是未知的。需要建立标准测试和评级协议，来解决诸如检测概率、假阳性率、假否定等问题。它能够帮助技术人员根据各种技术在不同条件下的优势和局限性选择合适的技术。

现阶段已经有足够的历史数据来验证和改进现有的大口径管道的老化模型，研究工作者应更多地把工作重点放在使用真实的现场数据来验证、校准和完善现有的模型，而不是开发新的模型。

决策的长远目标是考虑结构条件、水力可靠性以及管道对水质的影响。在成本方面，决策时应考虑规模经济和与之相邻的基础设施的相互作用。

参考文献

Abraham, D. M. and Wirahadikusumah, R. (1999). "Development of Prediction Model for Sewer Deterioration." 8th Conference Durability of Building Materials and Components, M. A. Lacasse and D. J. Vanier, eds., Vancouver, BC, Canada.

Achim, D., Ghotb, D. and McManus, K. J. (2007). "Prediction of Water Pipe Asset Life using Neural Networks." *Journal of Infrastructure Systems*, 13(1), 20-30.

Ahammed, M. and Melchers, R. E. (1994). "Reliability of Underground Pipelines Subjected to Corrosion." *ASCE Journal of Transportation Engineering*, 120(6), 989-1003.

Al-Barqawi, H. and Zayed, T. (2006). "Condition Rating Model for Underground Infrastructure Sustainable Water Mains." *Journal of Performance of Constructed Facilities*, 20(2), 126-135.

Alvisi, S. and Franchini, M. (2006a). "Near-optimal Rehabilitation Scheduling of Water Distribution Systems based on a Multi-objective Genetic Algorithm. "*Civil Engineering and Environmental Systems*, 23 (3), 143-160.

Alvisi, S. and Franchini, M. (2006b). "Rehabilitation, repairing and leakage detection optimization in water distribution systems. " *The 8th Annual Water Distribution Systems Analysis Symposium*, Cincinnati, Ohio, USA.

Andreou, S. A., Marks, D. H. and Clark, R. M. (1987a). "A New Methodology for Modeling Break Failure Patterns in Deteriorating Water Distribution Systems: Theory. " *Advance in Water Resources*, 10, 2-10.

Andreou, S. A., Marks, D. H. and Clark, R. M. (1987b). "A New Methodology for Modelling Break Failure Patterns in Deteriorating Water Distribution Systems: Applications. " *Advance in Water Resources*, 10, 11-20.

Ariaratnam, S. T., El-Assaly, A. and Yang, Y. (1999). "Sewer Infrastructure Assessment Using Logit Statistical Models. "*Annual Conference of the Canadian Society for Civil Engineering*, Regina, Canada, 330-338.

Ariaratnam, S. T., El-Assaly, A. and Yang, Y. (2001). "Assessment of Infrastructure Needs Using Logistic Models. " *ASCE Journal of Infrastructure Systems*, 7(4), 160-165.

AWWA Task Group 2850-D. (1969). "Replacement of Water Distribution Mains. "*Journal* AWWA, 61(9).

AWWA. (1999). *American National Standard for Polyethylene Encasement for Ductile-Iron Pipe Systems*. American Water Works Association.

Babovic, V., Drécourt, J., Keijzer, M. and Hansen, P. F. (2002). "A Data Mining Approach to Modelling of Water Supply Assets. " *Urban Water*, 4, 401-414.

Bai, H., Sadiq, R., Najjaran, H. and Rajani, B. (2008). "Condition Assessment of Buried Pipes Using Hierarchical Evidential Reasoning Model. " *Journal of Computing in Civil Engineering*, 22(2), 114-122.

Batista, J. and Alegre, H. (2002). "CARE-W WP1 D2-Validation of the Rehabilitation Performance Indicators System. " National Civil Engineering Laboratory, Lisbon, Portugal.

Berardi, L., Giustolisi, O., Kapelan, Z. and Savic, D. A. (2008). "Development of Pipe Deterioration Models for Water Distribution Systems Using EPR. " *Journal of Hydroinformatics*, 10(2), 113-126.

Berardi, L., Giustolisi, O. and Primativo, F. (2007). "Exploiting Multi-objective Strategies for Optimal Rehabilitation Planning. " *Water Management Challenges in Global Change*, B. Ulanicki, K.

Brémond, B. (1997). "Statistical Modeling as Help in Network Renewal Decision. " European commission co-operation on science and technology (COST), Committee C3—diagnostics of urban infrastructure, Paris, France.

Brown and Coldwell(1984). "Utility infrastructure rehabilitation," prepared for the U. S. Department of Housing and Urban Deve lopment, office of policy Development and Research, Building Technology Division, November.

Burn, L. S., Tucker, S. N., Rahilly, M., Davis, P. Jarrett, R. and Po, M. (2003). "Asset Planning for Water Reticulation Systems—the PARMS Model. " *Water Science and Technology*: *Water Supply*, 3, 55-62.

Cabrera, E., Pardo, M. A. E., Carbrera, J. and Cobacho, R. (2007). "Optimal Scheduling of Pipe Replacement, Including Opportunity, Social, and Environmental Costs. " *ASCE International Conference on Pipeline Engineering and Construction*, Boston, Massachusetts, USA.

Clark, R. M., Stafford, C. L. and Goodrich, J. A. (1982). "Water Distribution Systems: *A Spatial and Cost Evaluation.*"*ASCE Journal of Water Resources Plannind and Management Division*, 108 (3), 243-256.

Constantine, A. G. and Darroch, J. N. (1993). *Pipeline Reliability: Stochastic Models in Engineering Technology and Management*. Osaki, S., and. Murthy, D. N. P. eds., World Scientific Publishing Co..

Constantine, A. G., Darroch, J. N. and Miller, R. (1996). "Predicting Underground Pipe Failure." Australian Water Works Association.

Cooper, N. R., Blakey, G., Sherwin, C., Ta, T. Whiter, J. T. and Woodward, C. A. (2000). "The Use of GIS to Develop a Probability-based Trunk Mains Burst Risk Model." *Urban Water*, 2, 97-103.

Colebrook, C. F. and White, C. M. (1937). "The Reduction of Carrying Capacity of Pipe With Age." *Journal Inst. Civil Engrs.*, London, 10: 99.

Cromwell, J., Nestel, G., Albani, R., Paralez, L., Deb, A., Grabultz, F. (2001). "Financial and economic optimization of water main replacement programs." American Water Works Association Research Foundation (AwwaRF) report, Denver, CO. USA.

Dandy, G. C. and Engelhardt, M. (2001a). "Optimal Scheduling of Water Pipe Replacement Using Genetic Algorithm." *Journal of Water Resources Planning and Management*, 127(4), 214-223.

Dandy, G. C. and Engelhardt, M. (2001b). "Optimal Scheduling of Water Pipe Replacement Using Genetic Algorithms."*Journal of Water Resources Planning and Management*, 127(4), pp. 214-223.

Dandy, G. C. and Engelhardt, M. O. (2006). "Multi-Objective Trade-Offs between Cost and Reliability in the Replacement of Water Mains." *Journal of Water Resources Planning and Management*, 132 (2), 79-88.

Davies, J. P., Clarke, B. A., Whiter, J. T.. Cuningham, R. J. and Leidi, A. (2001). "The Structural Condition of Rigid Sewer Pipes: A Statistical Investigation." *Urban Water*, 3, 277-286.

Davis, P., Burn, S., Moglia, M. and Gould, S. (2007). "A Physical Probabilistic Model to Predict Failure Rates in Buried PVC Pipelines." *Reliability Engineering & System Safety*, 92, 1258-1266.

Davis, P., Silva, D. D., Marlow, D., Moglia, M., Gould, S. and Burn, S. (2008). "Failure Prediction and Optimal Scheduling of Replacements in Asbestos Cement Water Pipes." *Journal of Water Supply Research and Technology*, 57(4), 237-252.

Deb, A., Snyder, J. K., Chelius, J. J. Urie, J. and O'Day D. K. (1990). "Assessment of existing and developing water main rehabilitation practices." American Water Works Association Research Foundation (AwwaRF) report, Denver, CO. USA.

Deb, A., Hasit, Y. J. and Grabultz, F. M. (1995). "Assessment of existing and developing water main rehabilitation practices." American Water Works Association Research Foundation (AwwaRF) report, Denver, CO. USA.

Deb, A., Grablutz, F., Hasit, Y. J. Snyder, J., Loganathan, G. V. and Agbenowsi, N. (2002). "Prioritizing Water Main Replacement and Rehabilitation." American Water Works Association Research Foundation (AwwaRF) report, Denver, CO. USA.

Dingus, M., Haven, J. and Austin, R. (2002). "Nondestructive, Noninvasive assessment of underground pipelines." American Water Works Association Research Foundation (AwwaRF) report, Denver, CO. USA.

Doleac, M. L. (1979). "Time-to Failure Analysis of Cast Iron Water Mains." CH2M HILL, Vancoucer, BC, Canada.

Doleac, M. L., Lackey, S. L. and Bratton, G. N. (1980). "Prediction of Time-to Failure for Buried Cast Iron Pipe." *AWWA Annual Conference*, Denver, USA, 28-31.

Dridi, L., Mailhot, A., Parizeau, M. and Villeneuve, J. P. (2005). "A Strategy for Optimal Replacement of Water Pipes Integrating Structural and Hydraulic Indicators based on a Statistical Water Pipe Break Model." 8th International Conference on Computing and Control for the Water Industry, University of Exeter, UK, 65-70.

Dridi, L., Parizeau, M., Mailhot, A. and Villeneuve, J. P. (2008). "Using Evolutionary Optimization Techniques for Scheduling Water Pipe Renewal Considering a Short Planning Horizon." *Computer-Aided Civil and Infrastructure Engineering*, 23, 625-635.

Economou, T., Kapelan, Z. and Bailey, T. (2008). "A Zero-Inflated Bayesian Model for the Prediction of Water Pipe Bursts." 10th *International Water Distribution System Analysis Conference*, Kruger National Park, South Africa.

Eisenbeis, P. (1994). "Modélisation statistique de la prévision des défaillances sur les conduites d'eau potable." University Louis Pasteur of Strasbourg.

Eisenbeis, P., Gat, Y. L., Laffrechine, K., Gauffre, P. L., Konig, A., Rostum, J., Tuhovcak, L. and Valkovic, P. (2002). "CARE-W WP2 D2—Description and Validation of Technical Tools." National Civil Engineering Laboratory, Lisbon, Portugal.

Eisenbeis, P., Rostum, J. and Gat, Y. L. (1999). "Statistical Models for Assessing the Technical State of Water Networks—Some European Experiences." *AWWA Annual Conference*, Chicago, USA.

Engelhardt, M. O. and Skipworth, P. J. (2005). "WiLCO—State of the Art Decision Support." 8th International Conference on Computing and Control for the Water Industry, Exeter, UK, 27-32.

Fenner, R. A. and Sweeting, L. (1999). "A Decision Support Model for the Rehabilitation of 'Non-critical' Sewers." *Water Science and Technology*, 39(9), 193-200.

Giustolisi, O. and Berardi, L. (2007). "Pipe Level Burst Prediction Using EPR and MCS-EPR." *The Combined International Conference of Computing and Control for the Water Industry and Sustainable Urban Water Management on Water Management Challenges in Global Change*, Leicester, UK, 39-46.

Grigg, N. S. (2007). "Main break Prediction, Prevention and Control." American Water Works Association Research Foundation (AwwaRF) report, Denver, CO. USA.

Gustafson, J. M. and Clancy, D. V. (1999a). "Modeling the Occurence of Breaks in Cast Iron Water Mains Using Methods of Survival Analysis." *AWWA Annual Conference*, Chicago, USA.

Gustafson, J. M. and Clancy, D. V. (1999b). "Using Monte Carlo Simulation to Develop Economic Decision Criteria for the Replacement of Cast Iron Water Mains." *AWWA Annual Conference*, Chicago, USA.

Hadzilacos, T., Kalles, D., Preston, N., Melbourne, P., Camarinopoulos, L., Eimermacher, M., Kallidromitis, V., Frondistou-Yannas, S. and Saegrov, S. (2000). "UTILNETS: A Water Mains Rehabilitation Decision Support System." *Computers, Environment and Urban Systems*, 24(3), 215-232.

Hahn, M., Palmer, R. N., Merrill, S. M. and Lukas, A. B. (2002). "Expert System for Prioritizing the Inspection of Sewers: Knowledge Base Formulation and Evaluation." *Journal of Water Resources Planning and Management*, 128(2), 121-129.

Halhal, D., Walters, G. A., Ouazar, D. and Savic, D. A. (1997). "Water Network Rehabilitation with a Structured Messy Genetic Algorithm." *Journal of Water Resources Planning and Management*, 123

(3), 137-146.

Herz, R. K. (1996). "Ageing Process and Rehabilitation Needs of Drinking Water Distribution Networks." *Journal of Water SRT-Aqua*, 45(5), 221-231.

Herz, R. K. (1999). "Bath-tubs and Hammock-Chairs in Service Life Modelling." 13th *European Junior Scientist Workshop: Service Life Management of Water Mains and Sewers*. Baur, R., and Herz, R. eds., Rathen, Germany, 11-18.

Hong, H. P. (1997). "Reliability Based Optimal Inspection and Maintenance for Pipeline Under Corrosion." *Civil Engineering Systems*, 14, 313-334.

Hong, H. P. (1998). "Reliability Based Optimal Inspection Schedule for Corroded Pipeline." *Annual Conference of the Canadian Society for Civil Engineering*, Halifax, NS, Canada, 743-752.

Hong, H. P., Allouche, E. N. and Trivedi, M. (2006). "Optimal Scheduling of Replacement and Rehabilitation of Water Distribution Systems." *ASCE Journal of Infrastructure Systems*, 12(3), 184-191.

Hudson, W. D. (1996). "Studies of Distribution System Capacity In Seven Cities." *Journal of AWWA*, Vol 58, No. 2, pp. 157.

Jacobs, P. and Karney, B. (1994). "GIS Development with Application to Cast Iron Water Main Breakage Rate." *2nd International Conference on Water Pipeline Systems*, Edinburgh, Scotland.

Jarrett, R., Hussain, O. and Touw, J. V. D. (2003). "Reliability Assessment of Water Pipelines Using Limited Data." *19th AWA Convention*, Perth, 1-14.

Kathula, V. S. and McKim, R. (1999). "Sewer Deterioration Prediction." Infra99 International Concention, CERIU, Montreal, QC, Canada.

Kettler, A. J. and Goulter, I. C. (1985). "An Analysis of Pipe Breakage in Urban Water Distribution Networks." *Canadian Journal of Civil Engineering*, 12, 286-293.

Kiefner, J. F. and Vieth, P. H. (1989). "Project PR-3-805: A Modified Criterion for Evaluating the Remaining Strength of Corroded Pipe." Pipeline Corrosion Supervisory Committee of the Pipeline Research Committee of the American Gas Association.

Kim, J. H. and Mays, L. W. (1994). "Optimal Rehabilitation Model for Water-Distribution Systems." *Journal of Water Resources Planning and Management*, 120(5), 674-692.

Kirchner, F. and Hertzberg, J. (1997). "A Prototype Study of An Autonomous Robot Platform for Sewerage System Maintenance." *Autonomous Robots*, 4, 319-331.

Kirham, R., Kearney, P. D., Rogers, K. J. and Mashford, J. (2000). "PIRAT—A System for Quantitative Sewer Pipe Assessment." *The International Journal of Robotics Research*, 19(11), 1033-1053.

Kirmeyer, G. J., Richards, W. and Smith, C. D. (1994). "An Assessment of Water Distribution Systems and Associated Research Needs." AWWA Research Foundation, Denver, USA.

Kleiner Y. and Rajani, B. (1999). "Using Limited Data to Assess Future Needs." *Journal AWWA*, 91(7), pp. 47-61.

Kleiner Y. (2001a). "Scheduling Inspection and Renewal of Large Infrastructure Assets." *ASCE Journal of Infrastructure Systems*, 7(4), 136-143.

Kleiner Y. (2001b). "Scheduling Inspection and Renewal of Large Infrastructure Assets." *Journal of Infrastructure Systems*, 7(4), 136-143.

Kleiner Y. (2005). "Risk Approach to Examine Strategies for Extending the Residual Life of Large Pipes." *Middle East Water* 2005, Manama, Bahrain.

Kleiner Y. , Adams, B. J. and Rogers, J. S. (1998a). "Long-Term Planning Methodology for Water Distribution System Rehabilitation." *Water Resources Research*, 34(8), 2039-2051.

Kleiner Y. , Adams, B. J. and Rogers, J. S. (1998b). "Selection and Scheduling of Rehabilitation Alternatives for Water Distribution Systems." *Water Resources Research*, 34(8), 2053-2061.

Kleiner Y. and Rajani, B. (2001). "Comprehensive Review of Structural Deterioration of Water Mains: Statistical Models." *Urban Water*, 3(3), 131-151.

Kleiner Y. and Rajani, B. (2004). "Quantifying Effectiveness of Cathodic Protection in Watermains: Theory." *ASCE Journal of Infrastructure Systems*, 10(2), 43-51.

Kleiner Y. and Rajani, B. (2009). "I-WARP: Individual Water Main Renewal Planner." *Computing and Control in the Water Industry* 2009: *Intergrating Water Systems*, Sheffield, UK.

Kleiner Y. , Rajani, B. and Sadiq, R. (2005). "Risk Management of Large-Diameter Water Transmission Mains." 2883, American Water Works Association Research Foundation, Denver, USA.

Kleiner Y. , Rajani, B. and Sadiq, R. (2006a). "Modeling Deterioration and Managing Failure Risk of Buried Critical Infrastructure." *Building Science Insight* 2006 *Sustainable Infrastructure*: *Techniques, Tools and Guidelines*, 1-13.

Kleiner Y. , Sadiq, R. and Rajani, B. B. (2006b). "Modelling the Deterioration of Buried Infrastructure as a Fuzzy Markov Process." *Journal of Water Supply Research and Technology*, 55(2), 67-80.

Kropp, I. and Baur, R. (2005). "Integrated Failure Forecasting Model for the Strategic Rehabilitation Planning Process." *Water Science and Technology*: *Water Supply*, 5(2), 1-8.

Kulkarni, R. B. , Golabi, K. and Chuang, J. (1986). "Analytical Techniques for Selection of Repair-or-Replace Options for Cast Iron Gas Piping Systems-Phase I." Gas Research Instititute, PB87—114112, Chicago, USA.

Kumar, A. , Meronyk, E. and Segan, E. (1984). "Development of Concepts for Corrosion Assessment and Evaluation of Underground Pipelines." CERL-TR-M-337, US Army Corps of Engineers, Construction Engineering Research Laboratory.

Lamont, P. A. (1981). "Common Pipe Flow Formulas Compared With the Theory of Roughness." *Journal of AWWA*, Vol. 73, No. 5, pp. 274.

Lansey, K. E. , Basnet, C. , Mays, L. W. and Woodburn, J. (1992). "Optimal Maintenance Scheduling for Water Distribution Systems." *Civil Engineering Systems*, 9, 211-226.

LeGat, Y. (2008a). "Extending the Yule Process to Model Recurrent Failures of Pressure Pipes." *Private communication*.

LeGat, Y. (2008b). "Modelling the Deterioration Process of Drainage Pipelines." *Urban Water*, 5 (2), 97-106.

LeGauffre, P. , Haidar, H. Baur, R. , and Poinard, D. (2007). "A Multi- criterial Decision Support Methodology for Annual Rehabilitation Programs of Water Networks. "Computer Aided Civil and Infrastructure Engineerzng, 22, 478-488.

Lei, J. (1997). "Statistical Approach for Describing Lifetimes of Water Mains—Case Trondheim Municipality." 22F007. 28, SINTEF Civil and Environmental Engineering, Trondheim, Norway.

Li, D. and Haims, Y. Y. (1992a). "Optimal Maintenance-related Decision Making for Deteriorating Water Distribution Systems 1. Semi-Markovian Model for a Water Main." *Water Resources Research*, 28 (4), 1053-1061.

Li, D. and Haims, Y. Y. (1992b). "Optimal Maintenance-related Decision Making for Deteriorating Water Distribution Systems 2: Multilevel Decomposition Approach. "*Water Resources Research*, 28(4),

1063-1070.

Li, N., Haas, L. R. and Xie, W. C. (1997). "Development of A New Asphalt Pavement Performance Prediction Model." *Canadian Journal of Civil Engineering*, 24, 547-559.

Li, N., Xie, W. C. and Haas, L. R. (1996). "Reliability-based Processing of Markov Chains for Modelling Pavement Network Deterioration." *Transportation Research Record*, 1524, 203-213.

Li, N., Xie, W. C. and Hass, L. R. (1995). "A New Application of Markov Modelling and Dynamic Programming in Pavement Management." 2nd*International Conference on Road and Airfield Pavement Technology*, Singapore.

Liu, Z., Kleiner, Y. and Rajani, B. (2010). "Evaluation of Condition Assessment Technologies for Water Transmission and Distribution Systems" Task 2. 2 in USEPA Task Order 62 "Condition Assessment of Water Transmission and Distribution Systems," to be published.

Loganathan, G. V., Park, S. and Sherali, H. D. (2002). "Threshold Break Rate for Pipeline Replacement in Water Distribution Systems." *Journal of Water Resources Planning and Management*, 128 (4), 271-279.

Madanat, S. M., Mishalani, R. and Ibrahim, W. H. W. (1995). "Estimation of Infrastructure Transition Probabilities from Condition Rating Data." *ASCE Journal of Infrastructure Systems*, 1(2), 120-125.

Male, J., Walski, T. and Slutsky, A. (1990a). "New York Water Supply Infrastructure Study-Volume V: Analysis of Replacement Policy." US Army Corps of Engineers Waterways Experiment Station, *Technical Report* EL-87-9.

Male, J., Walski, T. and Slutsky, A. (1990b). "Analyzing Water Main Replacement Policies." *Journal of Water Resources Planning and Management*, Vol. 116, No. 3, pp. 362.

Male, J. and Walski, T. (1990). *Water Distribution Systems—A Troubleshooting Manual*. Lewis Publishers, Michigan.

Mailhot, A., Paulin, A. and Villeneuve, J. P. (2003). "Optimal Replacement of Water Pipe." *Water Resources Research*, 39(5), HWC2. 1-HWC2. 14.

Mandayam, S., Polikar, R. and Chen, J. C. (2006). "A Data Fusion System for the Nondestructive Evaluation of Non-Piggable Pipes." Rowan University, Glassboro, NJ, USA.

Mavin, K. (1996). "Predicting the failure performance of individual water mains." Urban Water Research Association of Australia, *Research Report* No, 114, Melbourne, Australia.

Marks, H. D., Andreous, S., Jeffrey, L., Park, C. and Zaslavski, A. (1987). "Statistical Models for Water Main Failures." US Environment Protection Agency (Co-operative Agreement CR810558) M. I. T Office of Sponsored Projects No. 94211, Boston, Mass, USA.

Marlow, D., Heart, S., Burn, S., Urquhart, A., Gould, S., Anderson, M., Cook, S., Ambrose, M., Madin, B. and Fitzgerald, A. (2007). "Condition Assessment Strategies and Protocols for Water and Wastewater Utility Assets." Research report by Water *Environment Research Foundation* (*WERF*) VA, USA. Co-published by the *International Water Association* (*IWA*), London, UK.

Marlow, D., Davis, P., Trans, D., Beale, D., Burn, S. and Urquhart, A. (2009). "Remaining asset life: a state of the art review." Published by the Water Environment Research Foundation (WERF) and the International Water Association (IWA) in collaboration with the US Environmental Protection Agency (USEPA), Alexandia VA, USA.

Mauch, M. and Madanat, S. M. (2001). "Semiparametric Hazard Rate Models for Reinforced Concrete Bridge Deck Deterioration." *ASCE Journal of Infrastructure Systems*, 7(2), 49-57.

Mays, L. W. (ed.). (1989). "Reliability Analysis of Water Distribution Systems." ASCE Task Committee on Reliability Analysis of Water Distribution Systems.

Mays, L. W. (ed.). (2000). *Water distribution system handbook*. McGraw-Hill, New York.

McKim, R., Kathula, V. S. and Nassar, R. (2002). "The Development of Risk Ratios for Sewer Predition Modelling." *No-Dig Conference*, Montreal, QC, Canada.

McMullen, L. D. (1982). "Advanced Concepts in Soil Evaluation for Exterior Pipeline Corrosion." *AWWA Annual Conference*, Miami, USA.

Micevski, T., Kuczera, G. and Coombes, P. (2002). "Markov Model for Storm Water Pipe Deterioration." *ASCE Journal of Infrastructure Systems*, 8(2), 49-56.

Miller, R. B. (1993). "Personal Communications." CSIRO Division of Mathematics and Statistics, Glen Osmond, Australia.

Moglia, M., Burn, S. and Meddings, S. (2006). "Decision Support System for Water Pipeline Renewal Prioritisation." *ITcon*, 11, 237-256.

Moglia, M., Davis, P. and Burn, S. (2007). "Strong Exploration of a Cast Iron Pipe Failure Model." *Reliability Engineering & System Safety*, 93, 863-874.

Moglia, M., Davis, P. and Burn, S. (2008). "Strong Exploration of a Cast Iron Pipe Failure Model." *Reliability Engineering & System Safety*, 93, 863-874.

Moselhi, O. and Fahmy, M. (2008). "Discussion of 'Prediction of Water Pipe Asset Life Using Neural Networks' by D. Achim, F. Ghotb, and K. J. McManus." *Journal of Infrastructure Systems*, 14 (3), 272-273.

Nafi, A. and Kleiner, Y. (2009). "Considering Economies of Scale and Adjacent Infrastructure Works in Water Main Renewal Planning." *Computing and Control in the Water Industry*. Sept. 1-3, 2009, Sheffield, UK.

Nafi, A., Werey, C. and Llerena, P. (2008). "Water Pipe Renewal Using a Multiobjective Approach." *Canadian Journal of Civil Engineering*, 35(1), 87-94.

Najafi, M. and Kulandaivel, G. (2005). "Pipeline Condition Prediction Using Neural Network Models." *Pipelines*, ASCE, Hawaii, USA, 767-775.

Najjaran, H., Sadiq, R. and Rajani, B. (2006). "Fuzzy Expert System to Assess Corrosivity of Cast/Ductile Iron Pipes from Backfill Properties." *Computer Aided Civil and Infrastructure Engineering*, 21 (1), 67-77.

O'Day, K. (1982). "Organizing and analyzing leak and break data for making main replacement decisions." *Journal of AWWA*, Nov.

O'Day, D. K., Weiss, R. Chiavari, S., and Blair, D. (1986). "Water main evaluation for rehabilitation/replacement." Denver, CO: American Water Works Association Research Foundation; Cincinnati, OH: US-EPA.

Ong, S. K., Gaunt, J., Mao, F., Cheng, C. -L., Esteve-Agelet, L., and Hurburgh, C. (2008). "Impact of Hydrocarbons on PE/PVC Pipes and Pipe Gaskets." Water Research Foundation (*Report* 91204).

Pandey, M. D. (1998). "Probabilistic Models for Condition Assessment of Oil and Gas Pipeline." *NDT & E International* 31(5), 349-358.

Park, S. and Loganathan, G. V. (2002). "Optimal Pipe Replacement Analysis with a New Pipe Break Prediction Model." *Journal of the Korean Society of Water and Wastewater*, 16(6), 710-716.

Randall-Smith, M., Russell, A. and Oliphant, R. (1992). "Guidance Manual for the Structural Condition Assessment of the Trunk Mains." Water Research Centre, Swindon, UK.

Rajani, B. (2010). "Unpublished Client Report." National Research Council Canada.

Rajani, B., Makar, J., McDonald, S., Cheng-kuei, J., Viens, M. (2000). "Investigation of grey cast iron water mains to develop a methodology for estimating service life." American Water Works Association Research Foundation (AwwaRF) report, Denver, CO. USA.

Rajani, B. and Kleiner, Y. (2001). "Comprehensive Review of Structural Deterioration of Water Mains: Physically Based Models." *Urban Water*, 3(3), 151-164.

Rajani, B., and Kleiner, Y. and Sadiq, R. (2006). "Translation of Pipe Inspection Results into Condition Ratings Using the Fuzzy Synthetic Evaluation Technique." *Journal of Water Supply Research and Technology*, 55(1), 11-24

Rajani, B. and Makar, J. (1999). "A Methodoloty to Estimate Remaining Service Life of Grey Cast Iron Water Mains." Canadian *Journal of Civil Engineering*, 27, 1259-1272.

Rajani, B. and McDonald, S. (1995). "Water Mains Break Data on Different Pipe Materials for 1992-1993." A-7019. 1, National Research Council Canada, Ottawa.

Rajani, B. and Tesfamariam, S. (2004). "Uncoupled Axial, Flexural, and Circumferential Pipe-Soil Interaction Analysis of Partially Supported Jointed Water Mains." *Canadian Geotechnical Journal*, 41, 997-1010.

Rajani, B. and Tesfamariam, S. (2007). "Estimating Time to Failure of Cast-Iron Water Mains." *Water Management*, 160(WM2), 83-88.

Rajani, B. and Zhan, C. (1996). "On the Estimation of Frost Load." *Canadian Geotechnical Journal*, 33(4), 629-641.

Rajani, B., Zhan, C. and Kuraoka, S. (1996). "Pipe-Soil Interaction Analysis for Jointed Water Mains." *Canadian Geotechnical Journal*, 33(3), 393-404. f.

Reed, C. A., Robinson. J. and Smart, D. (2006). "Potential techniques for the assessment of joints in water distribution pipelines." American Water Works Association Research Foundation, Denver, CO.

Renaud, E., JC, D. M., Bremond, B. and Laplaud, C. (2007). "SIROCO, a Decision Support System for Rehabilitation Adapted for Small and Medium Size Water Distribution Companies." *2nd Leading Edge Conference on Strategic Asset Management*, Lisbon, Portugal, 17-19.

Rossum, J. R. (1969). "Prediction of Pitting Rates in Ferrous Metals from Soil Parameters." *Journal AWWA*, 61(6), 305-310.

Røstum, J. (2000). "Statistical Modelling of Pipe Failures in Water Networks," Norwegian University of Science and Technology, Trondheim, Norway.

Rostum, J., Bauer, R., Saugrove, S., Horold, S. and Schilling, W. (1999). "Predictive Service Life Models for Urban Water Infrastructure Management." *8th International Conference Urban Storm Drainage*, Sydney, Australia, 594-601.

Rostum. J., Kowalski, M. and Hulance, J. (2004). "User Mannual CARE-W Rehab Manager." WRc, Trondheim, UK.

Royer, M. D. (2005). "White Paper on Improvement of Structural Integrity Monitoring for Drinking Water Mains." Urban Watershed Management Branch, Water Supply and Water Resources Division, National Risk Management Research Laboratory, Edison, New Jersey.

Sadiq, R., Rajani, B. and Kleiner, Y. (2004). "Fuzzy-Based Method to Evaluate Soil Corrosivity for Prediction of Water Main Deterioration." *Journal of Infrastructure Systems*, 10(4), 149-156.

Sadiq, R., Imran S. A. and Kleiner Y. (2007). "Examining the impact of water quality on the integrity of distribution infrastructure." American Water Works Association Research Foundation (AwwaRF) report, Denver, CO. USA.

Shamir, U. and Howard, C. D. D. (1979). "An Analytic Approach to Scheduling Pipe Replacement." *Journal AWWA*, 71(5), 248-258.

Sipos, C. and Mirza, S. (2008). "Location and Evaluation of Underground Infrastructure." VDM Publishing—Verlag Dr. Müller Aktiengesellschaft & Co. KG, Saarbrücken, Germany.

Spangler, M. G. (1941). "The Structual Design of Flexible Pipe Culverts." Iowa Enineering Experimental Station Bullentin No. 53, Ames, Iowa, USA.

Stone, S., Dzuray, E. J., Meisegeier, D., Dahlborg, A. and Erickson, M. (2002). "Decision-Support Tools for Predicting the Performance of Water Distribution and Wasterwater Collection Systems." USEPA Contract GS-23F-9737H, Edison, NJ.

Spickelmire, B. (2002). "Corrosion Consideration for Ductile Iron Pipe." *Materials Performance*, 41, 16-23.

Tesfamariam, S., Rajani, B. and Sadiq, R. (2006). "Possibilistic Approach for Consideration of Uncertainties to Estimate Structural Capacity of Ageing Cast Iron Water Mains." *Canadian Journal of Engineering*, 33, 1050-1064.

Tran, H. D. (2007). "Investigation of Deterioration Models for Strom Water Pipe Systems," Victoria University, Australia.

TuGraz. (2006). "PiReM: Decision Support System for the Rehabilitation Management of Water Supply Systems." http: //portal. tugraz. at/portal/page/portal/TU _ Graz/Einrichtungen/Institute/Homepages/i2150/forschung/PIREM (March 2011).

USEPA. (1998). "Innovative Approaches for New and Existing Water Distribution Systems: Problem Assessment." National Risk Management Research Laboratory, Edison, New Jersey.

USEPA. (2007). Innovation and Research for Water Infrastruture for the 21st Century: Research Plan, USEPA.

USEPA. (2007a). "Findings and Recommendations for a Water Utility Sector Management Strategy." A Final Report Submitted by the Effective Utility Management Steering Committee to the Collaborating Organizations, American Public Works Association, American Water Works Association, Association of Metropolitan Water Agencies, National Association of Clean Water Agencies, National Association of Water Companies, U. S. Environmental Protection Agency and Water Environment Federation.

Vairavamoorthy, K., Gorantiwar, S. D., Yan, J., Galgale, H. M., Mohamed-Mansoor, M. A. and Moban, S. (2006). Risk Assessment of Contaminant Intrusion into Water Distribution Systems, Water, Engineering and Development Centre, Loughborough University, Leicestershire, UK.

Walski, T. M. (1982). "Economic Analysis of Rehabilitation of Water Mains." *Journal of Water Resources Planning and Management*, Vol. 108, pp. 296.

Walski, T. M. and Pelliccia, A. (1982). "Economic Analysis of Water Main Breaks." *Journal AWWA*, 74(3), 140-147.

Walski, T. M. (1984). *Analysis of Water Distribution Systems*. Van Nostrand Reinhold, New York.

Walski, T. M. (1985). "Cleaning and Lining vs. Parallel Pipe." *ASCE Journal of Water Resources Planning and Management*, Vol. 111, No. 1, pp. 43.

Walski, T. M. (1987). "Replacement Rules for Water Mains." Journal AWWA, 79(11), 33-37.

Walski, T., Wade, R., Sjostrom, J., Sharp, W. and Schlesinger, D. (1987). "Conducting a Pipe

Break Analysis for a Large City." AWWA National Conference, Kansas City, MO.

Watkins, R. K. and Spangler, M. G. (1958). "Some Characteristics of the Modulus of Passive Resistance of Soil—A Study in Similitude." Highway Research Board, 576-583.

Watson, T. G., Christian, C. D., Mason, A. J., Smith, M. H. and Meyer, R. (2004). "Bayesian-based Pipe Failure Model." Journal of Hydro Informatics, 6(4), 259-264.

Wirahadikusumah, R., Abraham, D. and Isely, T. (2001). "Challenging Issues in Modelling Deterioration of Combined Sewers." *ASCE Journal of Infrastructure Systems*, 7(2), 77-84.

WRc. (1986). "Sewer Rhabilitation Manual (2nd Edition)." Water Research Centre Plc, Wiltshire, UK.

WRc. (1993). "Manual of Sewer Condition Classification (3rd Edition)." Water Research Centre Plc, Wiltshire, UK.

WRc. (1994). "Sewer Rhabilitation Manual (3rd Edition)." Water Research Centre Plc, Wiltshire, UK.

WRc. (2001). "Sewer Rhabilitation Manual (4th Edition)." Water Research Centre Plc, Wiltshire, UK.

Wright, L. T., Heaney, J. P. and Dent, S. (2006). "Prioritizing Sanitary Sewers for Rehabilitation Using Least-Cost Classifiers." *ASCE Journal of Infrastructure Systems*, 12(3), 174-183.

Zhan, C. and Rajani, B. B. (1997). "On the Estimation of Frost Load in A Trench: Theory and Experiment." *Canadian Geotechnical Journal*, 34(3), 568-579.

Zhao, J. Q., McDonald, S. E. and Kleiner, Y. (2001). "Guidelines for Condition Assessment and Rehabilitation of Large Sewers." Institute for Research in Construction, National Research Council Canada, Ottawa.

Liu, Z., Kleiner, Y. and Rajani B. (2010). "Condition Assessment of Water Transmission and Distribution System." USEPA Report, Task 2. 2. Currently in review, to be published in 2010.

Zhou, Y., Vairavamoorthy, K. and Grimshaw, F. (2009). "Development of a Fuzzy Based Pipe Condition Assessment Model Using PROMETHEE." *The 29th World Environmental & Water Resource Congress*, Kansas City, Missouri, USA, 1-10.

缩 写 词

英文缩写	英 文 全 称	中文名称
AC	Asbestos Cement	石棉水泥管
AFTM	Accelerated Failure Time Model	加速失效时间模型
ALC	Active Leakage Control	主动漏损控制
AMI	Advanced Metering Infrastructure	高级计量体系
AMR	Automatic Meter Reading	自动抄表系统
ANN	Artificial Neural Network	人工神经网络
ARIMA	Auto Regressive Integrated Moving Average	自回归移动平均模型
ASCE	American Society of Civil Engineers	美国土木工程师协会
AWWA	American Water Works Association	美国给水工程协会
AWWARF	American Water Works Association Research Foundation	美国水工程协会研究基金会
AZP	Average Zone Point	区域平均压力点
BABE	Bursts and Background Estimates	-爆管和背景漏损评估
CARL	Current Annual Volume of Real Losses	目前年真实漏损水量
CCTV	Closed-Circuit TV	闭路电视
CCU	Cell Control Unit	无线电蜂窝控制单元
CSV	Comma Separated Values	字符分割值
DAS	Data Acquisition System	数据采集系统
DCU	Data Collector Unit	数据收集单元
DIKW	Data Information Knowledge Wisdom	数据信息知识智慧
DMA	District Meter Area	独立计量区
DSS	Decision Support System	决策支持系统
EGGA	Extended Global Gradient Algorithm	扩展全局梯度算法
ELL	Economic Level of Leakage	经济漏损水平
EM	Electromagnetic Meter	电磁流量计
EPR	Evolutionary Polynomial Regression	进化多项式回归
EPS	Extended Period Simulations	延时模拟
ESR	Elevated Service Reservoir	高位服务水池
EWRI	Environmental and Water Resources Institute	环境与水资源研究院
FAVAD	Fixed Area and Variable Area Discharges	固定面积和可变面积漏损
FCP	Fuzzy Composite Programming	模糊综合规划
FFT	Fast Fourier Transform	快速傅里叶变换
FIS	Fuzzy Inference System	模糊推理系统
fmGA	fast messy Genetic Algorithm	快速混乱遗传算法
FRD	Frequency Response Diagram	频率响应图
FSE	Fuzzy Synthetic Evaluation	模糊综合评价
FTM	Forward Transient Model	正演瞬态模型

续表

英文缩写	英 文 全 称	中文名称
GA	Genetic Algorithm	遗传算法
GGA	Global Gradient Algorithm	全局梯度算法
GIS	Geographical Information System	地理信息系统
GMDH	Group Method of Data Handling	成组数据处理法
GPIR	Ground Penetrating Imaging Radar	探地成像雷达
GPR	Ground Penetrating Radar	探地雷达
GPRS	General Packet Radio System	通用分组无线服务
GRG	General Reduced Gradient	广义简约梯度算法
GSM	Global Systems for Mobile	全球移动通信系统
GSS	Guaranteed Standards Scheme	承诺标准要则
HER	Hierarchical Evidential Reasoning	分级证据推理
HGA	Hybrid Genetic Algorithm	混合遗传算法
HGL	Hydraulic Grade Line	水力坡度线（水头）
ICF	Infrastructure Condition Factor	设施条件因子
ILI	Infrastructure Leaksge Index	供水设施漏损指数
IRF	Impulse Response Function	脉冲响应函数
IRM	Inverse Resonant Method	逆共振法
ITA	Inverse Transient Analysis	逆瞬态分析
IWA	International Water Association	国际水协
LPR	Linear Polarization Resistance	线性极化阻抗
LWF	Leakage Weighting Factor	漏损权重因子
MBR	Master Balancing Tank	总调节水塔
MIC	Microbial-Induced Corrosion	微生物诱发腐蚀
MIU	Meter Interface Unit	计量接口单元
MLD	Megaliters/Day	兆升/天
MLP	Multi-Layered Perceptrons	多层感知器
MNF	Minimum Night Flow	最小夜间流量
M-PVC	Modified Polyvinyl Chloride	改性聚氯乙烯
NDE	Nondestructive Evaluation	无损评估
NDT	Nondestructive Testing	无损测试
NFA	Node Flow Analysis	节点流量迭代分析
NFM	Night Flow Minimum	夜间最小流量
NHPP	Nonhomogeneous Poisson Process	非齐次泊松过程
NNF	Net Night Flow	夜间净流量
NOPF	Number of Previous Failures	先前故障次数
NRC	National Research Council	国家研究委员会

续表

英文缩写	英 文 全 称	中文名称
NRW	Non-Revenue Water	无收益水
ODBC	Open Database Connectivity	开放数据库互连技术
OECD	Organization for Economic Co-operation and Development	经济合作与发展组织
OFWAT	Office of Water Services	供水服务管理处
OPA	Overall Performance Assessment	整体性能评估
O-PVC	Oriented Polyvinyl Chloride	定向聚氯乙烯
PPCP	Prestressed Pressure Cylinder Pipes	预应力压力管
PDD	Pressure-Dependent Demand	压力相关需水量
PDLD	Pressure Dependent Leakage Detection	压力相关漏损检测
PE	Polyethylene	聚乙烯
PHM	Proportional Hazards Model	比例风险模型
PROMETHEE	Preference Ranking Organization Method for Enrichment Evaluation	偏好等级组织浓缩评价
PRV	Pressure Reducing Valve	减压阀
PSM	Peak Sequencing Method	峰值测序法
PSTN	Public Switched Telephone Network	公共交换电话网络
PSV	Pressure Sustaining Valve	稳压阀
PV	Present Value	现有价值
PVC	Polyvinyl Chloride	聚氯乙烯
RTS	Remote Telemetry System	远程遥测系统
SCADA	Supervisory Control and Data Acquisition	数据采集与监控系统
SI	Saturation Index	饱和指数
SIM	Service Incentive Mechanism	服务激励机制
SMS	Short Message Service	短信服务
SOM	Self Organizing Map	自组织映射
SPC	Statistical Process Control	统计过程控制
SWDM	Standing Way Difference Method	驻波差分法
TCE	Trichloroethylene	三氯乙烯
TDNN	Time Delay Neural Network	时间延迟神经网络
UARL	Unavoidable Annual Real Losses	不可避免的年真实漏损水量
ULF	Ultra Low Frequency	超低频
uPVC	Unplasticized Polyvinyl Chloride	硬聚氯乙烯
USEPA	US Environment Protection Agency	美国国家环境保护局
UU	United Utilities	英国联合供水公司
WAN	Wide Area Network	广域网
WIFI	Wireless Fidelity	无线局域网
WLTF	Water Loss Task Force	漏损控制小组

续表

英文缩写	英　文　全　称	中文名称
WMS	Work Management System	工作管理系统
WRC	Water Research Centre	水研究中心
WRF	Water Research Foundation	供水研究基金会
WTP	Water Treatment Plant	净水厂
XML	Extensible Mark-up Language	可扩展标记语言